中等职业教育机电类专业“十一五”规划教材

钳工基本技能训练

中国机械工业教育协会
全国职业培训教学工作指导委员会　组编
机电专业委员会
侯文祥　逯萍　主编

机 械 工 业 出 版 社

本教材是为适应“工学结合、校企合作”培养模式的要求，根据中国机械工业教育协会和全国职业培训教学工作指导委员会机电专业委员会组织制定的中等职业教育教学计划大纲编写的。本教材主要内容包括：钳工入门指导、平面划线、錾削、锯削、锉削、刮削、钻孔、锪孔、铰孔和攻套螺纹，以及锉配、矫正与弯形、铆接等知识。

本套教材包括公共课、专业基础课、专业课、技能课及企业生产实践，教学计划大纲、教材、电子教案（或课件）齐全，大部分教材还有配套的习题和习题解答。

本教材可供中等职业技术学校、技工学校、职业高中使用。

图书在版编目(CIP)数据

钳工基本技能训练/侯文祥，逯萍主编．—北京：机械工业出版社，2008.3（2024.3重印）

中等职业教育机电类专业“十一五”规划教材

ISBN 978-7-111-23415-9

Ⅰ. 钳…　Ⅱ. ①侯…②逯…　Ⅲ. 钳工-专业学校-教材　Ⅳ. TG9

中国版本图书馆 CIP 数据核字（2008）第 016958 号

机械工业出版社（北京市百万庄大街 22 号　邮政编码 100037）

策划编辑：荆宏智　邓振飞　责任编辑：邓振飞　责任校对：李秋荣

封面设计：马精明　责任印制：邓　博

北京盛通数码印刷有限公司印刷

2024 年 3 月第 1 版第 11 次印刷

184mm×260mm · 12.5 印张 · 303 千字

标准书号：ISBN 978-7-111-23415-9

定价：29.80 元

电话服务　　网络服务

客服电话：010-88361066　机　工　官　网：www.cmpbook.com

010-88379833　机　工　官　博：weibo.com/cmp1952

010-68326294　金　书　网：www.golden-book.com

 机工教育服务网：www.cmpedu.com

中等职业教育机电类专业"十一五"规划教材
编审委员会

主　任　郝广发　季连海

副主任　刘亚琴　周学奎　何阳春　林爱平　李长江　李晓庆
　　　　　徐　彤　刘大力　张跃英　董桂桥

委　员　(按姓氏笔画排序)
　　　　　于　平　王　军　王兆山　王泸均　王德意　方院生
　　　　　付志达　许炳鑫　杜德胜　李　涛　杨柳青(常务)
　　　　　杨耀双　何秉戌　谷希成　张　莉　张正明　周庆礼
　　　　　孟广斌　赵杰士　郝晶卉　荆宏智(常务)　姜方辉
　　　　　贾恒旦　奚　蒙　徐卫东　章振周　梁文侠　喻勋良
　　　　　曾燕燕　蒙俊健　戴成增

策划组　荆宏智　徐　彤　何月秋　王英杰

《钳工基本技能训练》编审人员

主　编　侯文祥　逯　萍
编　者　杜德胜　黄浩伟　王卫东　张世伦
主　审　杨柳青

序

为贯彻《国务院关于大力发展职业教育的决定》精神，落实文件中提出的中等职业学校实行“工学结合、校企合作”的新教学模式，满足中等职业学校、技工学校和职业高中技能型人才培养的要求，更好地适应企业的需要，为振兴装备制造业提供服务，中国机械工业教育协会和全国职业培训教学工作指导委员会机电专业委员会共同聘请有关行业专家制定了中等职业学校6个专业10个工种新的教学计划、大纲，并据此组织编写了这6个专业的“十一五”规划教材。

这套新模式的教材共近70个品种。为体现行业领先的策略，编出特色，扩大本套教材的影响，方便教师和学生使用，并逐步形成品牌效应，我们在进行了充分调研后，才会同行业专家制定了这6个专业的教学计划，提出了教材的编写思路和要求。共有22个省（市、自治区）的近40所学校的专家参加了教学计划大纲的制定和教材的编写工作。

本套教材的编写贯彻了“以学生为根本，以就业为导向，以标准为尺度，以技能为核心”的理念，“实用、够用、好用”的原则。本套教材具有以下特色：

1. 教学计划大纲、教材、电子教案（或课件）齐全，大部分教材还有配套的习题集和习题解答。

2. 从公共基础课、专业基础课，到专业课、技能课全面规划，配套进行编写。

3. 按“工学结合、校企合作”的新教学模式重新制定了教学计划、教学大纲，在专业技能课教材的编写时也进行了充分考虑，还编写了第三学年使用的《企业生产实习指导》。

4. 为满足不同地区、不同模式的教学需求，本套教材的部分科目采用了“任务驱动”形式和传统编写方式分别进行编写，以方便大家选择使用；考虑到不同学校对软件的不同要求，对于《模具CAD/CAM》课程，我们选用三种常用软件各编写了一本教材，以供大家选择使用。

5. 贯彻了“实用、够用、好用”的原则，突出“实用”，满足“够用”，一切为了“好用”。教材每单元中均有学习目标，本章小结、复习思考题或技能练习题，对内容不做过高的难度要求，关键是使学生学到干活的真本领。

本套教材的编写工作得到了许多学校领导的重视和大力支持以及各位老师的热烈响应，许多学校对教学计划大纲提出了很多建设性的意见和建议，并主动推荐教学骨干承担教材的编写任务，为编好教材提供了良好的技术保证，在此对各个学校的支持表示感谢。

由于时间仓促，编者水平有限，书中难免存在某些缺点或不足，敬请读者批评指正。

中国机械工业教育协会
全国职业培训教学工作指导委员会
机电专业委员会

前　　言

本书是为贯彻《国务院关于大力发展职业教育的决定》精神，落实中等职业学校实行“工学结合、校企结合”的新教学模式，满足中等职业学校的教学要求，更好地适应企业用人需要，根据最新制定的《钳工基本技能训练》教学大纲的基本要求编写的。本书适合于中等职业技术学校的机械类或近机械类专业学生作为教材使用，也可作为职业技术培训教材或有关人员自学用书。

随着科学技术的迅速发展，对技能型人才的要求也越来越高。作为培养技能型人才的中等职业技术学校，原来传统的教学模式及教材已不能完全适应现今教学的要求，本书采用最新国家标准，根据培养目标的需求，对教材内容进行了适当的调整，补充了一些新知识和训练实例，注重培养学生良好的综合素质、实践能力和创新能力，使教材更规范、更实用。本书图文并茂，内容丰富，章前有技能训练目标，章后有小结，各章均附有技能训练思考题，供教学参考。

本书由侯文祥、逯萍主编，杜德胜、黄浩伟、王卫东、张世伦参编，由杨柳青审稿。

由于时间仓促，且编者水平有限，书中难免有纰漏之处，欢迎广大读者品证指正。

编　者

目　录

课题一　钳工入门指导

技能训练目标：

1. 了解钳工技能训练场地。

2. 了解钳工常用设备的操作和工、量、夹具的维护和保养。

3. 熟悉钳工技能训练场地的规章制度及安全文明生产要求。

技能训练重点、难点：

钳工常用设备及安全文明生产要求。

技能训练内容：

一、钳工技能训练的主要内容

钳工主要从事零件加工、机械设备的装配和修理以及各种工具、夹具、量具、模具、刀具和各种专用设备的制造和修理。

随着机械工业的高速发展，钳工的工作范围日益广泛，并且专业分工更细，如分成装配钳工、修理钳工、模具钳工等。不论哪种钳工，首先都应全面掌握钳工的技术知识和各项基本操作技能，如划线、錾削、锉削、刮削、锯削、钻孔、扩孔、锪孔、铰孔、攻螺纹和套螺纹、矫正和弯曲、铆接、粘接、研磨以及基本测量技能和简单的热处理工艺等，然后再根据分工进一步学习，掌握好零件加工及产品和设备的装配和修理等技能。

钳工基本操作技能是进行产品生产的基础，也是钳工专业技能的基础，因此，必须熟练掌握，才能在今后的工作中逐步做到得心应手，运用自如。

钳工基本操作技能的项目较多，各项技能的学习、掌握又具有一定的相互依赖关系，因此要求我们必须循序渐进，由易到难，由简单到复杂，按要求一步一步地学习、掌握每项操作。还要自觉遵守纪律，有吃苦耐劳的精神，严格按照每个课题的要求进行操作，只有这样，才能很好地完成基础训练。

二、钳工工作场地合理组织

钳工技能训练场地是指钳工固定的工作地点。合理组织和安排好钳工技能训练场地，是保证产品质量和安全文明生产的一项重要措施。

1）主要设备的布局要合理适当：钳工工作台应放在光线适宜、工作方便的地方。面对面使用钳工工作台时，应在两个工作台中间安置安全网。砂轮机和钻床应设置在场地边缘，以保证安全。

2）正确摆放毛坯和工件：毛坯和工件要分别摆放整齐，并尽量放在工件搁架上，以免磕碰。

3）合理摆放工具、夹具和量具：常用工具、夹具和量具应放在工作位置附近，取用方便，不应任意堆放，以免损坏。工具、夹具和量具用后应及时清理、维护和保养并且妥善放置。

4）工作场地应保持清洁：训练后安排值日生对设备进行清理、润滑、保养。并把工作场地打扫干净。

三、钳工常用设备

1. 钳桌

（1）钳桌　钳桌用来安装台虎钳，放置工具、量具和工件等。其高度为800～900mm，钳桌上虎钳的高度一般多以钳口高度恰好与肘齐平为宜，见图1-1，钳桌长度和宽度则随工作需要而定。

（2）钳桌的安全要求

1）操作者站在钳桌的一面工作，对面不允许有人。钳桌周围除操作者站在一面外，其余三面必须安装适当安全网，钳桌必须安装牢固，不允许被用作铁砧。

2）钳桌上使用照明电压不得超过36V。

3）钳桌上杂物要及时清理，工具、量具和刃具分开放置，以免混放损坏，如图1-2所示。

图1-1　台虎钳的高度

图1-2　钳桌及工具摆放

4）摆放工具时，不能让工具伸出钳桌边缘，以免其被碰落而砸伤人脚。

2. 台虎钳

（1）台虎钳（见图1-3）　台虎钳是用来夹持工件的通用夹具，有固定式、回转式两种结构类型，如图1-3所示。

回转式结构台虎钳及其工作原理：

台虎钳主体部分用铸铁制成，它由固定钳身4和活动钳身1组成，活动钳身通过方形导轨与固定钳身的方形导轨配合，可作前后滑动，并与安装在固定钳身内的螺母5配合，当摇动手柄12使丝杠13旋转时，可带动活动钳身相对于固定钳身作进退移动，起到夹紧或放松工件的作用。弹簧11靠挡圈10和销9固定在丝杠上，其作用是当放松丝杠时，可使活动钳身能及时退出。在固定钳身和活动钳身上各装有钢质钳口3，并用螺钉2固定。钳口工作面上制有交叉网状纹路，使工件夹紧后不易产生滑动，且钳口经过热处理淬硬，具有较好的耐磨性。当夹持工件的精加工表面时，为了避免夹伤工件表面，可用护口片（用纯铜片或铝

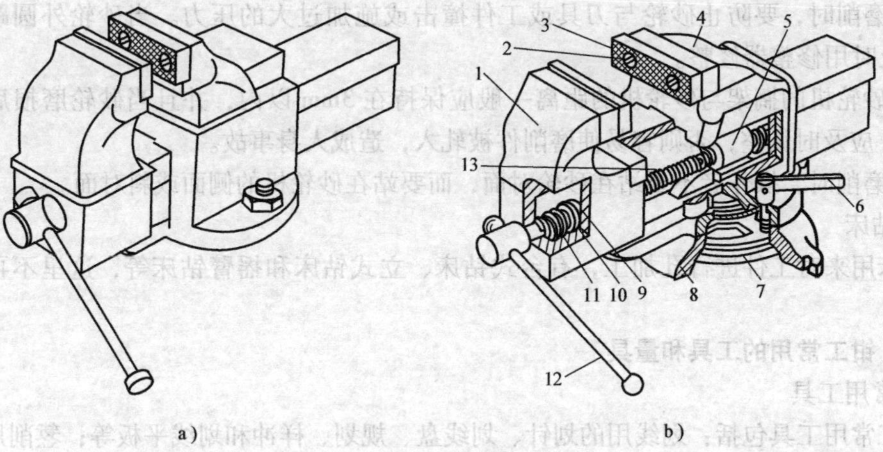

图 1-3　台虎钳

a）固定式台虎钳　b）回转式台虎钳

1—活动钳身　2—螺钉　3—钳口　4—固定钳身　5—螺母　6、12—手柄　7—夹紧盘　8—转座　9—销　10—挡圈　11—弹簧　13—丝杠

片制成）盖在钢钳口上再夹紧工件。固定钳身装在转座 8 上，并能绕转座轴线转动，当转到所需位置时扳动手柄 6 使夹紧螺钉旋紧，便可在夹紧盘 7 的作用下把固定钳身紧固。转座上有 3 个螺栓孔，用以将台虎钳固定在钳台上。

（2）台虎钳的规格　台虎钳的规格以钳口宽度来表示，有 100mm、125mm、150mm 等多种。

（3）台虎钳使用的安全要求

1）台虎钳在钳台上安装时，必须使固定钳身的钳口处于钳台边缘以外，以保证夹持长条形工件时，工件的下端不受钳台边缘的阻碍。

2）夹紧工件时要松紧适当，只能用手板紧手柄，不得借助其他工具加力。

3）强力作业时，应尽量使力方向朝向固定钳身。

4）不允许在活动钳身和光滑平面上用锤子敲击作业。

5）对丝杠、螺母等活动表面要经常清洗、润滑，以防生锈。

（4）台虎钳操作与保养练习　通过对台虎钳进行拆装实践练习，了解台虎钳的结构，熟悉各个手柄的作用，对工件进行夹紧、松开及回转盘的转动、固定等基本动作练习，并进行台虎钳的日常保养练习。

3. 砂轮机

（1）砂轮机（见图 1-4）　砂轮机用来刃磨錾子，钻头和刮刀等刀具或其他工具等，也可用来磨去工件或材料上的毛刺、锐边、氧化皮等。砂轮机主要由砂轮、电动机、机体组成，砂轮质地硬而脆，工作时转速较高，因此使用砂轮机时应遵守操作规程，严防发生因砂轮碎裂而造成的人身事故。

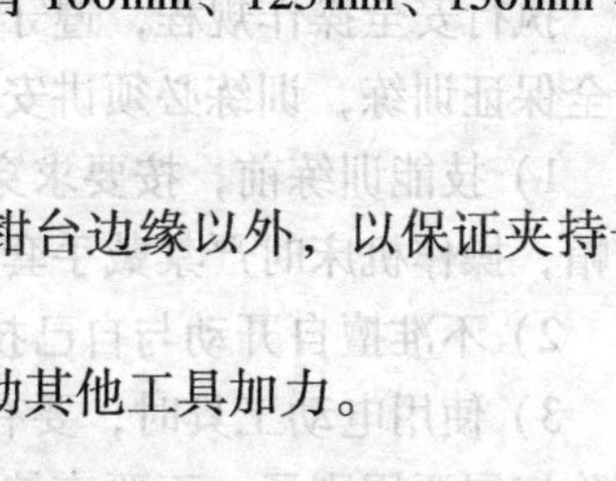

图 1-4　砂轮机

（2）砂轮机使用安全要求

1）砂轮的旋转方向应正确，使磨屑向下方飞离砂轮。

2）起动后，应等砂轮机转速达到正常后再进行磨削。

3）磨削时，要防止砂轮与刀具或工件撞击或施加过大的压力。当砂轮外圆跳动严重时，应及时用修整器修整。

4）砂轮机的搁架与砂轮机的距离一般应保持在3mm以内，并且当砂轮磨损后（直径变小时）应及时调整，否则容易使磨削件被轧入，造成人身事故。

5）磨削时，操作者不要站在砂轮对面，而要站在砂轮机的侧面或斜对面。

4. 钻床

钻床用来对工件进行孔加工，有台式钻床、立式钻床和摇臂钻床等，这里不再详细说明。

四、钳工常用的工具和量具

1. 常用工具

钳工常用工具包括：划线用的划针、划线盘、规划、样冲和划线平板等；錾削用的锤子和各种錾子；锉削用的各种锉刀；锯削用的手锯和锯条；孔加工用的麻花钻、锪钻和铰刀；攻螺纹和套螺纹用的各种丝锥、板牙和铰杠、板牙架；刮削用的各种平面刮刀和曲面刮刀；各种扳手和旋具等。

2. 常用量具

钳工常用量具包括：金属直尺、刀口形直尺、刀口形直角尺、高度游标卡尺、游标卡尺、千分尺、游标万能角度尺、百分表、塞尺、正弦规、量块、水平仪等。

五、安全文明生产的要求

执行安全操作规程，遵守劳动纪律，严格按工艺要求操作是保证产品质量的重要前提。安全保证训练，训练必须讲安全。

1）技能训练前，按要求穿戴好劳动保护用品（工作服和劳保鞋）。女同学必须戴好工作帽，操作机床时严禁戴手套。

2）不准擅自开动与自己技能训练无关的机床设备。

3）使用电动工具时，要有绝缘防护和安全接地措施。使用砂轮机时，要戴好防护眼镜。清除切屑要用刷子，不要直接用手清除或嘴吹。

六、分配技能训练位置

1）确定自己技能训练的钳台、台虎钳、工具箱的位置。

2）熟悉台虎钳的结构并进行拆装实践，清除油污，注油等维护保养训练。

七、现场参观，讨论总结

1）参观历届学生在技能训练时加工的合格工件和产品。

2）参观本校技能训练车间或工厂的加工车间，使学生开阔眼界、拓展思维。

3）观看钳工技能训练教学光盘。

4）组织学生讨论，谈感想，并制定自己的训练目标和计划。

本课题小结

1）在训练过程中，严格遵守安全文明操作规范，提高对安全文明训练重要性的认识。

2）通过参观和学习，直接了解一线生产工人忘我的劳动精神。

技能训练思考题

1. 你对钳工技能训练有什么认识和想法?
2. 为什么要遵守技能训练场地安全文明生产要求和规章制度?

课题二　平面划线

技能训练目标：

1. 掌握平面划线基准线的确定和一般划线方法。

2. 正确使用平面划线工具。

3. 划线操作应达到线条清晰、粗细均匀、圆弧连接圆滑。尺寸误差不大于 ±0.3mm。

技能训练重点、难点

重点：平面划线工具的使用及划线方法。

难点：划线基准的确定。

技能训练内容：

一、相关工艺知识

1. 划线

划线是指在毛坯或工件上，用划线工具划出待加工部位的轮廓线或作为基准的点、线。划线分平面划线和立体划线。

（1）平面划线　只需在一个平面上划线即在工件的两坐标系内进行的划线，称为平面划线。

（2）立体划线　同时在工件的三个坐标系内进行的划线，称为立体划线。

2. 划线的作用

1）确定工件上各加工面的加工位置和加工余量。

2）可全面检查毛坯的形状和尺寸是否符合图样，是否满足加工要求。

3）当在坯料上出现某些缺陷的情况下，往往可通过划线时的“借料”方法来补救。

4）在板料上按所划加工线下料，可做到合理排样，合理使用材料。

3. 平面划线时基准线的确定

（1）平面划线时的基准形式　所谓基准，就是用来确定生产对象上几何要素的几何关系所依据的那些点、线、面。平面划线时，一般只要确定好两根相互垂直的基准线，就能把平面上所有形面的相互关系确定下来。根据工件形体的不同，平面上相互垂直的基准线有如下三种形式：

1）两条互相垂直的平面投射线（图 2-1a 中的两条垂直平面投射线）。

2）两条互相垂直的中心线（图 2-1b 中的 ϕ25mm 孔中心线）。

3）一条中心线和它的垂直平面投射线（图 2-1c 中的支座孔中心和底平面投射线）。

（2）基准线的确定　图样上所用的基准称为设计基准，划线时所用的基准称为划线基准。划线基准应与设计基准一致，并且划线时必须从基准线开始，也就是说先确定好基准线的位置，然后再依次划其他形面的位置线及形状线，才能减少不必要的尺寸换算，使划线方便、准确。但是，在图样上有很多线条及其相互位置尺寸，究竟哪个是设计基准呢？由于设计基准总是工件主要形面的位置线与相关尺寸最多的线（面）或者是已加工面。因此，只

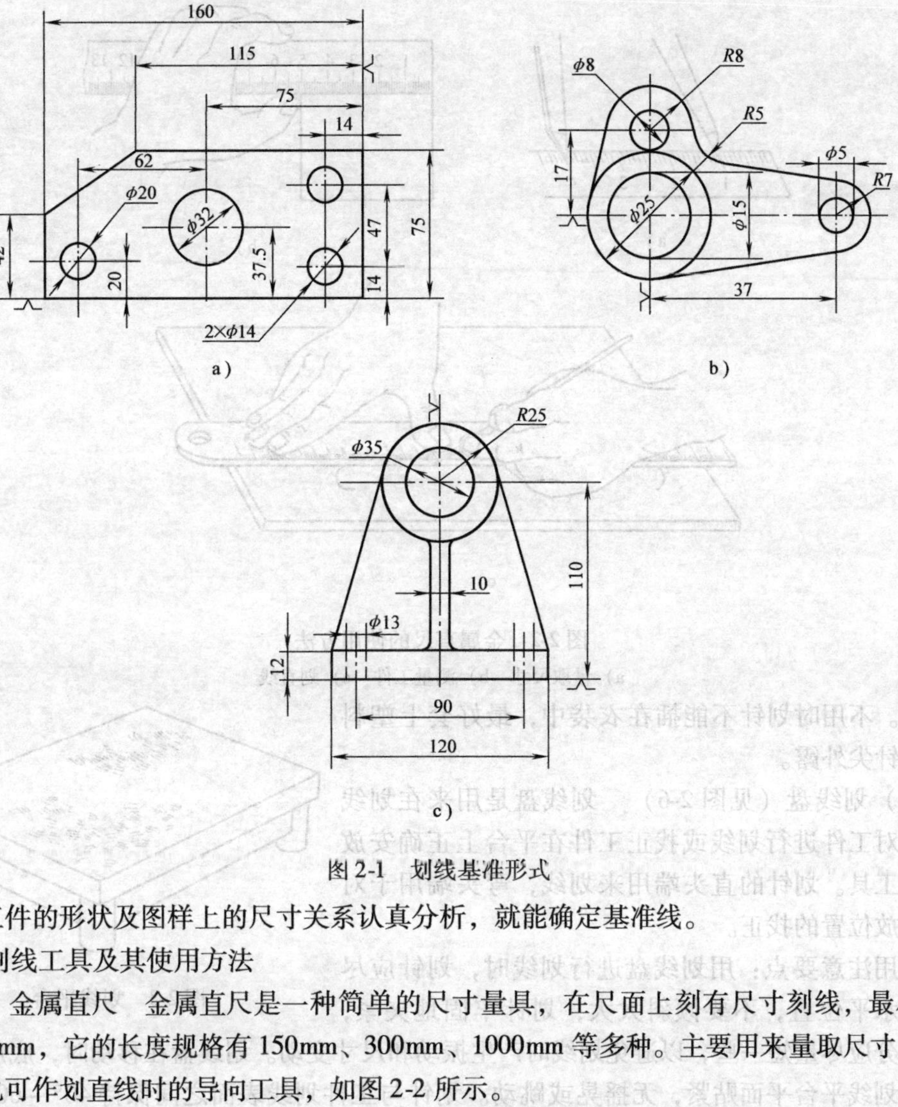

图 2-1　划线基准形式

要根据工件的形状及图样上的尺寸关系认真分析，就能确定基准线。

4. 划线工具及其使用方法

（1）金属直尺　金属直尺是一种简单的尺寸量具，在尺面上刻有尺寸刻线，最小分度值为 0.5mm，它的长度规格有 150mm、300mm、1000mm 等多种。主要用来量取尺寸，测量工件，也可作划直线时的导向工具，如图 2-2 所示。

（2）划线平台（见图 2-3）　划线平台又称划线平板，它由铸铁制成，工作表面经过精刨或刮削，作为划线时的基准平面。划线平台一般用木架搁置，放置时应使平台工作表面保持水平。

使用注意要点：平台工作表面应经常保持清洁；工件和工具在平台上都要轻拿轻放，不可损伤其工作表面；用后要擦拭干净，并涂油防锈。

（3）划针（见图 2-4）　用来在工件上划线条。它用弹簧钢丝或高速钢制成，直径一般为 $\phi3 \sim 5$mm，尖端磨成 15° ~ 20°的尖角，并经热处理淬火使之硬化。有的划针在尖端部位焊有硬质合金，耐磨性更好。

使用注意要点：用金属直尺和划针划连接两点的直线时，应先用划针和金属直尺定好后一点的划线位置，然后调整金属直尺使之与另一点的划线位置对准，再划出两点的连接直线。划线时针尖要紧靠导向工具的边缘，上部向外侧倾斜 15° ~ 20°，向划线移动方向倾斜约 45° ~ 75°，如图 2-5 所示。针尖要保持尖锐，划线要尽量一次划成，使划出的线条既清晰

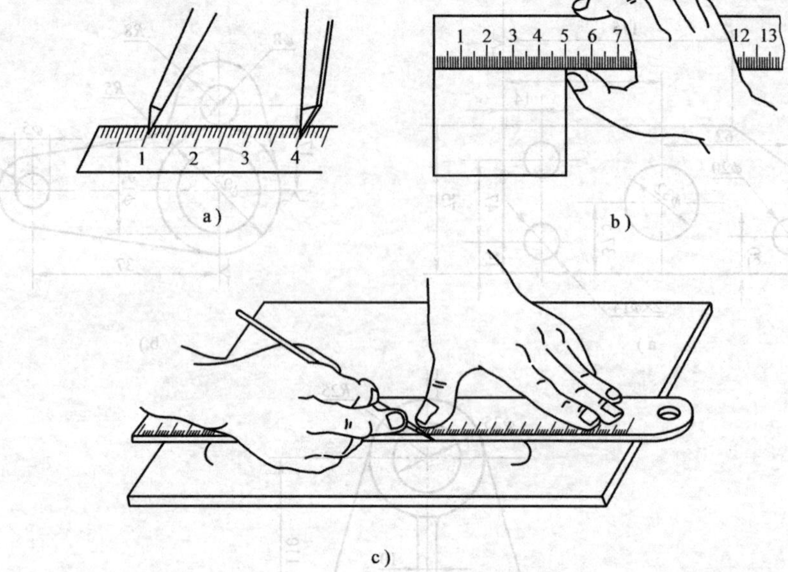

图 2-2　金属直尺的使用方法

a）量取尺寸　b）测量工件　c）划直线

又准确。不用时划针不能插在衣袋中，最好套上塑料管不使针尖外露。

（4）划线盘（见图 2-6）　划线盘是用来在划线平台上对工件进行划线或找正工件在平台上正确安放位置的工具。划针的直头端用来划线，弯头端用于对工件安放位置的找正。

图 2-3　划线平台

使用注意要点：用划线盘进行划线时，划针应尽量处于水平位置，不要倾斜太大，划针牢固地夹紧，伸出部分应尽量短一些，以避免划线时产生振动和尺寸变动。划线盘在移动时，底座底面始终要与划线平台平面贴紧，无摇晃或跳动。划针与工件划线表面之间保持 40° ~60°的夹角（沿划线方向），以减小划线阻力和防止针尖扎入工件表面。划较长直线时，应采用分段连

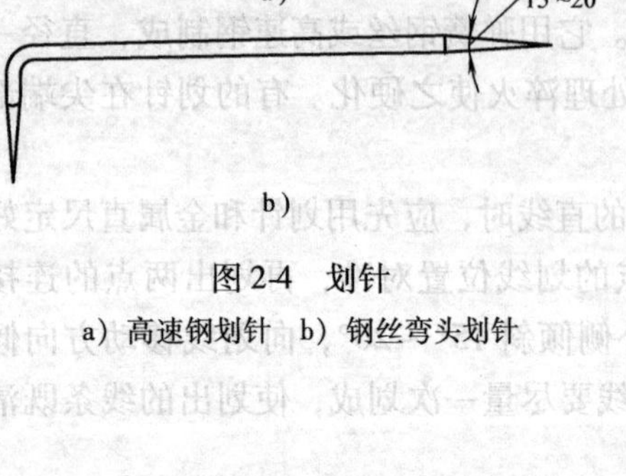

图 2-4　划针

a）高速钢划针　b）钢丝弯头划针

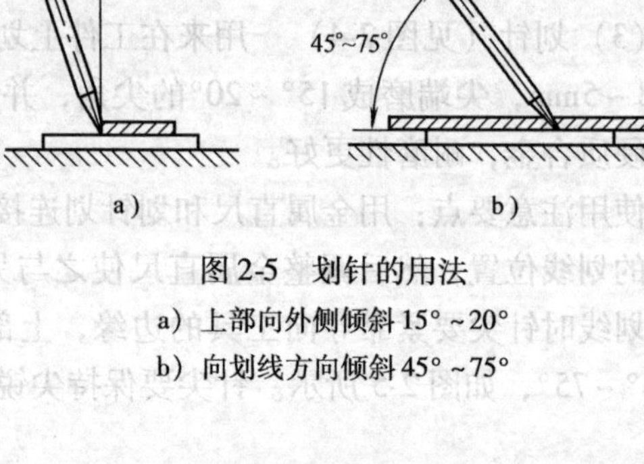

图 2-5　划针的用法

a）上部向外侧倾斜 15° ~20°

b）向划线方向倾斜 45° ~75°

接划法，这样可对各段的首尾作校对检查，避免在划线过程中由于划针的弹性变形和划线盘本身的移动所造成的划线误差。划线盘用毕后应使划针处于直立状态，保证安全和减少所占的空间。

（5）高度尺　图2-7a所示为普通高度尺，由金属直尺和底座组成，用以给划线盘量取高度尺寸。图2-7b所示为高度游标卡尺，它附有划针脚，能直接表示出高度尺寸，其读数值一般为0.02mm，可作为精密划线工具。

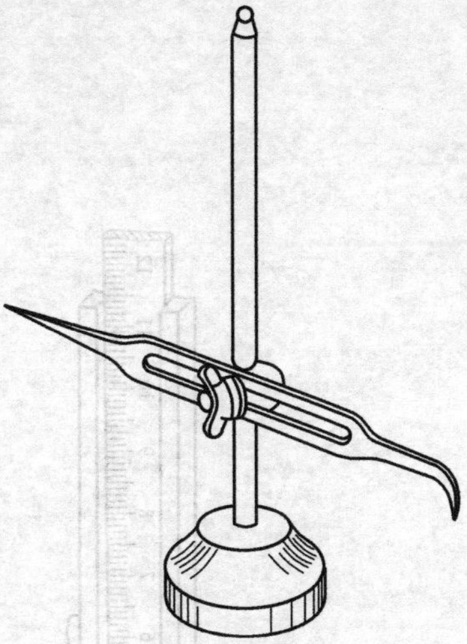

图2-6　划线盘

（6）划规（见图2-8）　划规可用来划圆和圆弧，等分线段，等分角度以及量取尺寸等。

使用注意要点：划规两脚的长短要磨的稍有不同，而且两脚合拢时脚尖应能靠紧，这样才可划出尺寸较小的圆弧。划规的脚尖应保持尖锐，以保证划出的线条清晰。用划规划圆时，作为旋转中心的一脚应加以较大的压力，另一脚则以较轻的压力在工件表面上划出圆或圆弧，以避免中心滑动，如图2-9所示。

（7）样冲　样冲用于在工件所划加工线条上打样冲眼（冲点），作加强界限标志（称检验样冲眼）和作划圆弧或钻孔时的定位中心（称中心样冲眼）。它一般用工具钢制成，尖端处淬硬，其顶尖角度在用于加强界限标记时大约为40°，用于钻孔中心时约取60°。

打样冲眼的方法：先将样冲外倾使尖端对准线的正中，然后再将样冲立直打眼，如图2-10所示。

打样冲眼的要求：位置要准确，样冲眼不可偏离线条，如图2-11所示。在曲线上样冲眼的间距要小些，如直径小于20mm的圆周线上应有4个样冲眼，而直径大于20mm的圆周线上应有8个以上样冲眼；在直线上样冲眼的间距可大些，但短直线至少有三个样冲眼；在线条的交叉转折处必须有样冲眼；样冲眼的深浅要掌握适当，在薄壁上或光滑表面上样冲眼要浅，粗糙表面上要深些。

（8）直角尺（见图2-12a）　直角尺是划线时常用作划平行线（图2-12b）或垂直线（图2-12c）的导向工具，也可用来找正工件平面在划线平台上的垂直位置。

（9）游标万能角度尺（见图2-13）　游标万能角度尺常用于划角度线。

5. 划线涂料

为了使划出的线条清楚，一般都要在工件的划线部位涂上一层薄而均匀的涂料。常用的涂料有石灰水、酒精色溶液和硫酸铜溶液，石灰水（常在其中加入适量的牛皮胶来增加其附着力）一般用于表面粗糙的铸、锻毛坯上的划线；酒精色溶液（在酒精中加漆片和紫蓝颜料配成）和硫酸铜溶液用于已加工表面上划线。

二、技能训练作业

1. 技能训练操作图（见图2-14和图2-15）

2. 技能训练准备

（1）工、量具　金属直尺、划规、锤子、样冲，直角尺、划线平板、涂料和游标万能角度尺。

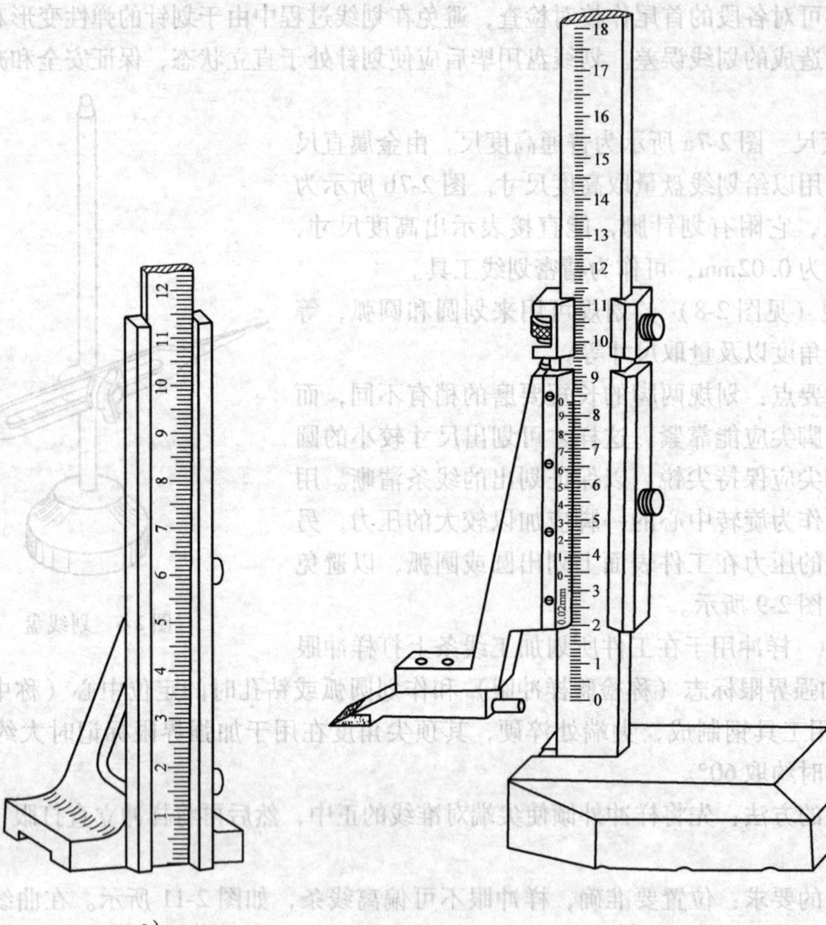

a）　　　　　　　　　　　　b）

图 2-7　高度尺

a）普通高度尺　b）高度游标卡尺

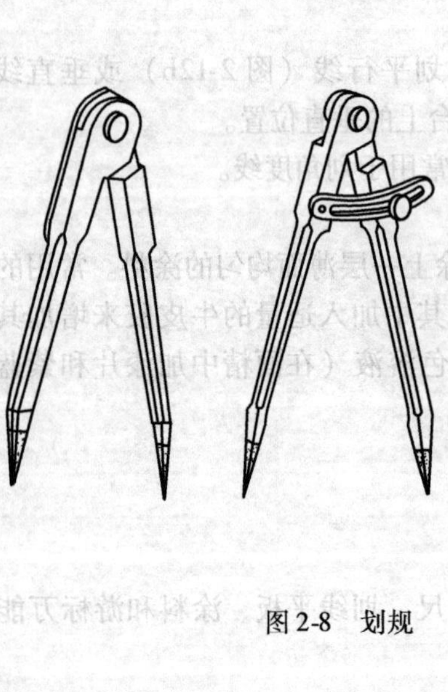

图 2-8　划规

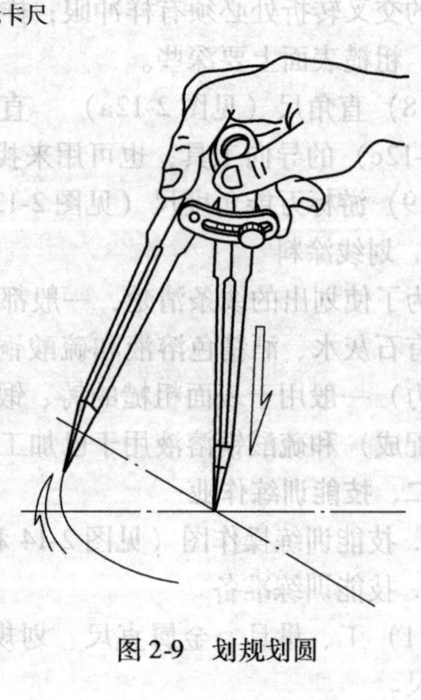

图 2-9　划规划圆

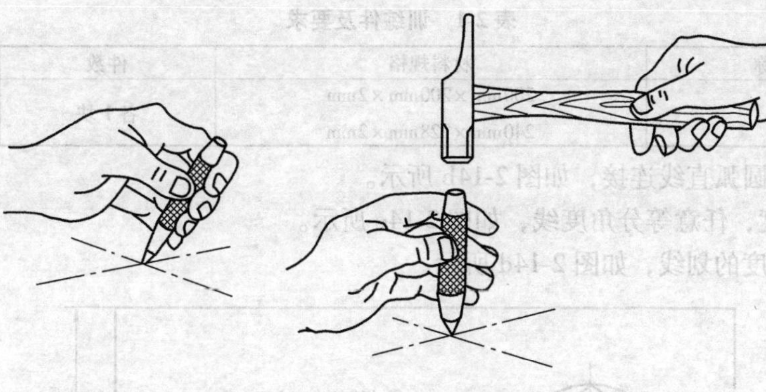

图 2-10　样冲的使用方法

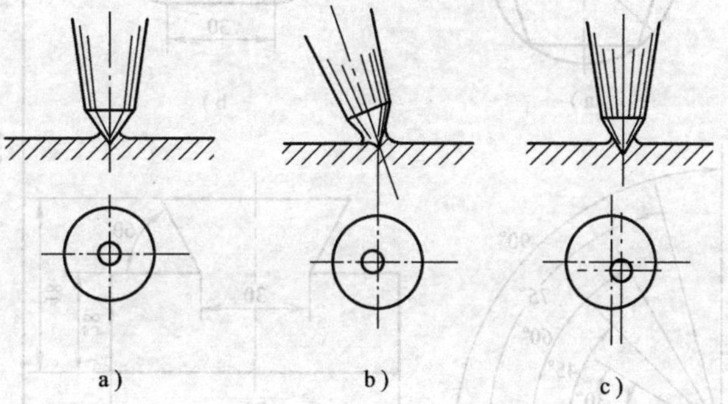

图 2-11　样冲眼

a）正确　b）不垂直　c）偏心

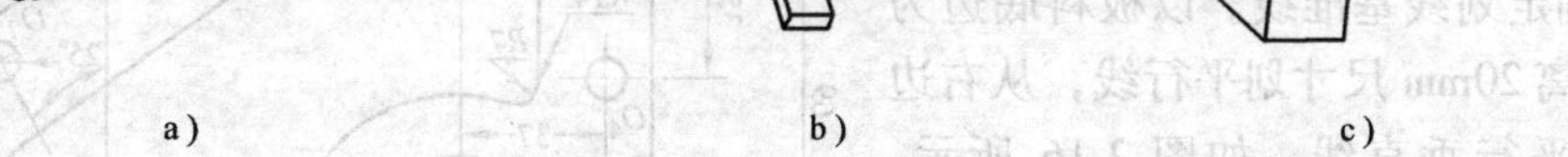

图 2-12　直角尺及其使用

（2）训练件　训练件及要求见表 2-1。

3. 技能训练步骤

（1）作图 1

1）准备好所用的划线工具，并对训练工件进行清理和划线前的表面涂色。

2）根据图形，在铁板上合理安排好各图位置。

3）选定好划线基准，确定划线方法，依次完成以下操作：

①　内接五边形划线，如图 2-14a 所示。

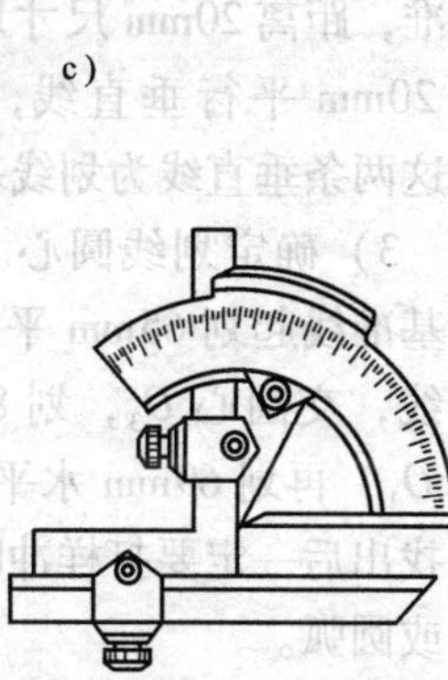

图 2-13　游标万能角度尺

表 2-1　训练件及要求

训练件名称	材料规格	件数	工时/h
薄铁板	200mm×200mm×2mm 240mm×228mm×2mm	各1块	5

② 平键的圆弧直线连接，如图 2-14b 所示。

③ 90°角度，任意等分角度线，如图 2-14c 所示。

④ 燕尾角度的划线，如图 2-14d 所示。

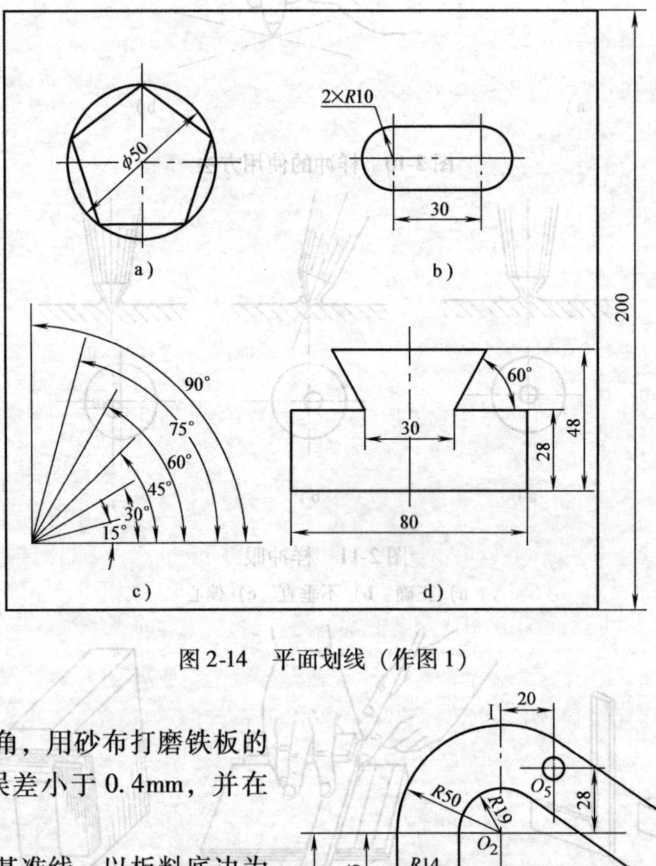

图 2-14　平面划线（作图 1）

（2）作图 2

1）去毛刺倒角，用砂布打磨铁板的表面，使平面度误差小于 0.4mm，并在表面涂色。

2）确定划线基准线。以板料底边为基准，距离 20mm 尺寸划平行线，从右边划 20mm 平行垂直线，如图 2-16 所示。以这两条垂直线为划线基准。

3）确定划线圆心。如图 2-17 所示，以基准线起划 65mm 平行线得Ⅱ-Ⅱ，Ⅲ-Ⅲ线，交圆心 O_3，划 84mm 铅垂线得圆心 O_1，再划 69mm 水平线得圆心 O_2。圆心找出后一定要打样冲眼，以便用划规划圆或圆弧。

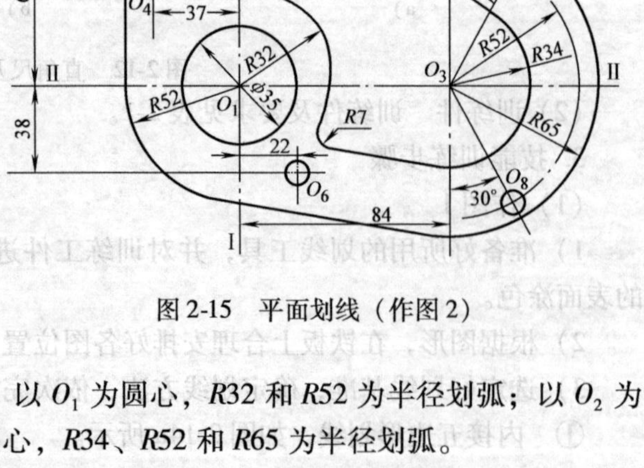

图 2-15　平面划线（作图 2）

4）划出已知圆弧线。如图 2-18 所示，以 O_1 为圆心，$R32$ 和 $R52$ 为半径划弧；以 O_2 为圆心，$R19$ 和 $R50$ 为半径划弧；以 O_3 为圆心，$R34$、$R52$ 和 $R65$ 为半径划弧。

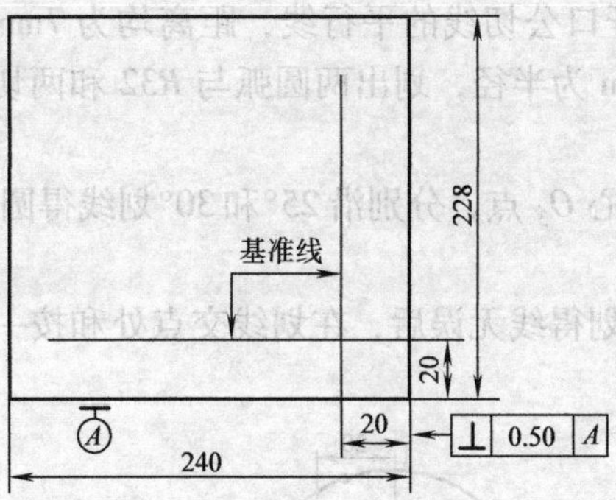

图 2-16　划基准线

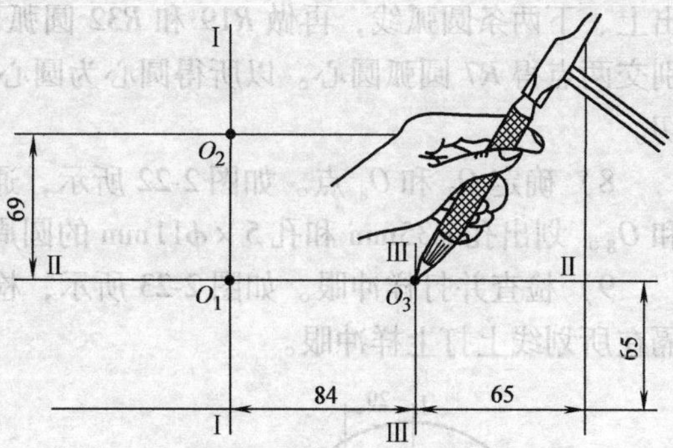

图 2-17　确定划线圆心

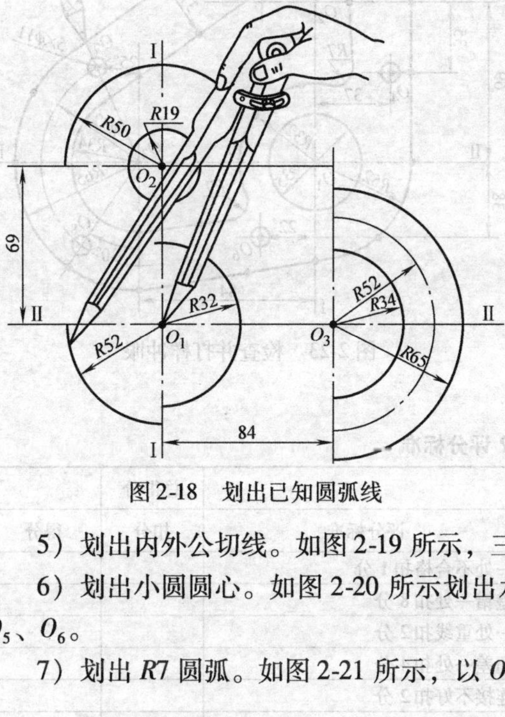

图 2-18　划出已知圆弧线

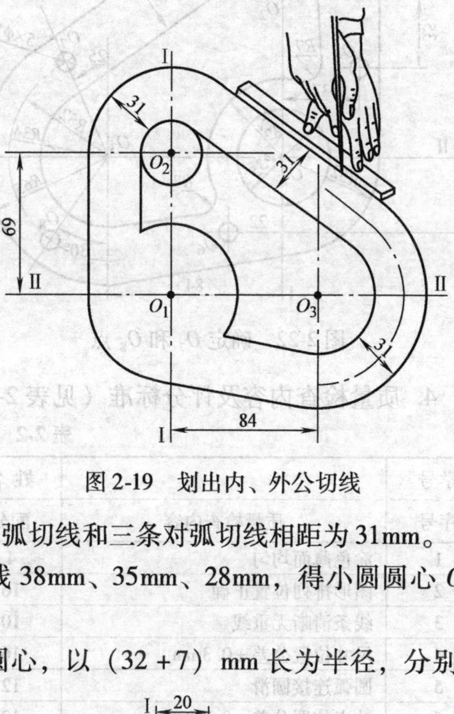

图 2-19　划出内、外公切线

5）划出内外公切线。如图 2-19 所示，三条内弧切线和三条对弧切线相距为 31mm。

6）划出小圆圆心。如图 2-20 所示划出水平线 38mm、35mm、28mm，得小圆圆心 O_4、O_5、O_6。

7）划出 $R7$ 圆弧。如图 2-21 所示，以 O_1 为圆心，以（32 + 7）mm 长为半径，分别划

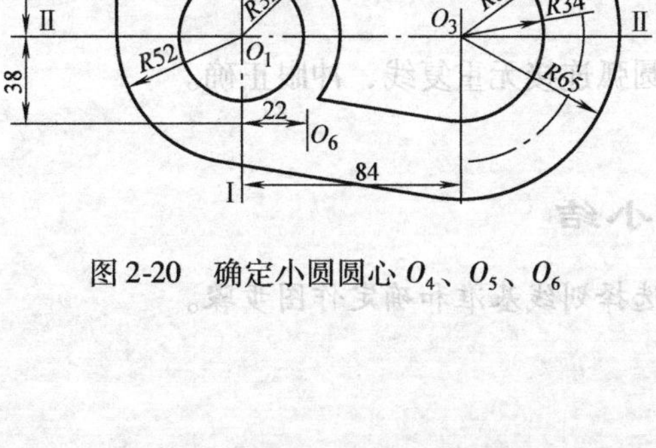

图 2-20　确定小圆圆心 O_4、O_5、O_6

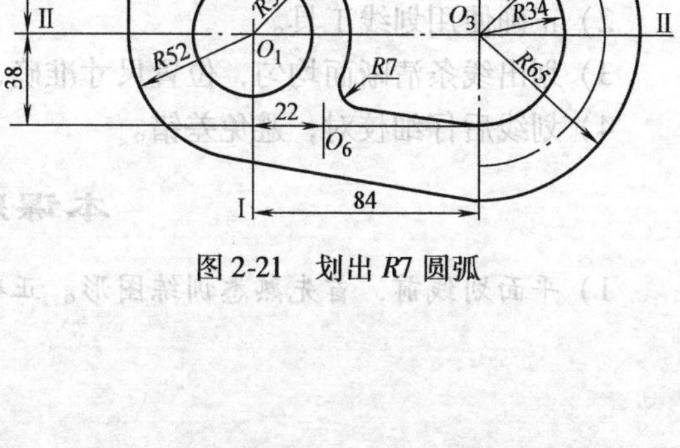

图 2-21　划出 $R7$ 圆弧

出上、下两条圆弧线，再做 $R19$ 和 $R32$ 圆弧两条开口公切线的平行线，距离均为 7mm，分别交两点得 $R7$ 圆弧圆心。以所得圆心为圆心，7mm 为半径，划出两圆弧与 $R32$ 和两切线相切。

8）确定 O_7 和 O_8 点。如图 2-22 所示，通过圆心 O_3 点，分别沿 25°和 30°划线得圆心 O_7 和 O_8。划出孔 ϕ35mm 和孔 5×ϕ11mm 的圆周线。

9）检查并打样冲眼。如图 2-23 所示，检查所划得线无误后，在划线交点处和按一定间隔在所划线上打上样冲眼。

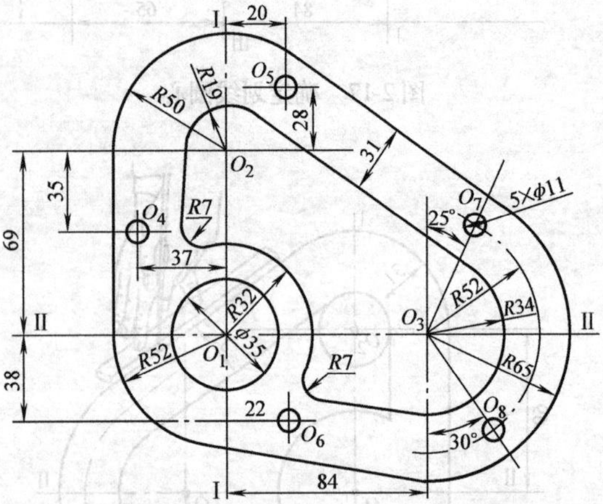

图 2-22　确定 O_7 和 O_8 点

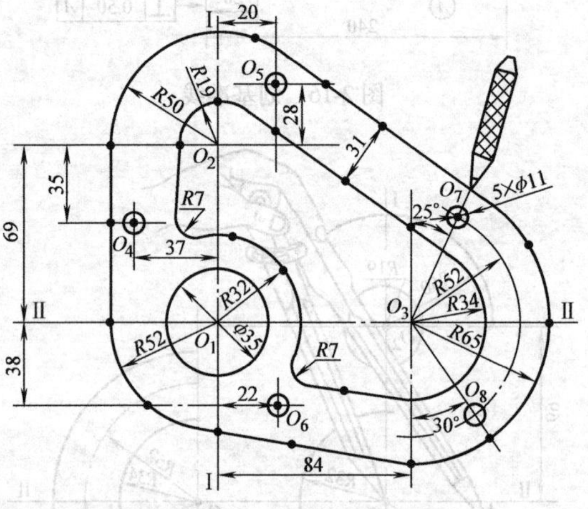

图 2-23　检查并打样冲眼

4. 质量检查内容及评分标准（见表 2-2）

表 2-2　作图 2 评分标准

学号		姓 名		总得分	
序号	质量检查内容	配分	评分标准	扣分	得分
1	涂色薄而均匀	4	一处不合格扣 1 分		
2	图形排列位置正确	16	差错一处扣 8 分		
3	线条清晰无重线	10	一处重线扣 2 分		
4	尺寸位置公差 ±0.3mm	16	超差一处扣 4 分		
5	圆弧连接圆滑	12	连接不好扣 2 分		
6	冲点位置公差 ±0.3mm	12	冲偏一处扣 2 分		
7	样冲眼分布合理	10	一处不合理扣 2 分		
8	角度误差小于 1°	10	超差 1°扣 5 分		
9	安全与文明生产	10	违反一项扣 5 分		
10	场地记录				

三、注意事项

1）为了熟悉作图方法，技能训练前可在纸上进行画图练习。

2）正确使用划线工具。

3）划出线条清晰而均匀，位置尺寸准确，圆弧连接无重复线，冲眼正确。

4）划线后仔细校对，避免差错。

本课题小结

1）平面划线前，首先熟悉训练图形。正确选择划线基准和确定作图步骤。

2）保证划线尺寸准确性，划出线条细而清楚无重线。圆弧连接圆滑及冲眼正确，画面干净。

技能训练思考题

1. 平面划线时基准线怎样确定？常见的划线基准有哪几种？
2. 根据图 2-24 所示的车床托架写出划线步骤。
3. 根据图 2-25 所示在铁板上练习划线。

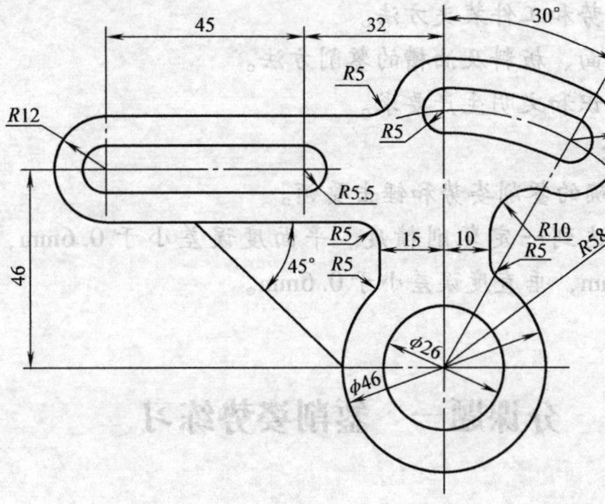

图 2-24　平面划线——车床托架

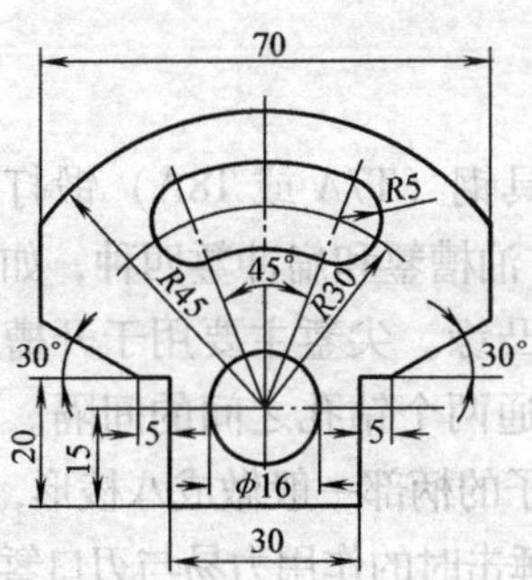

a）

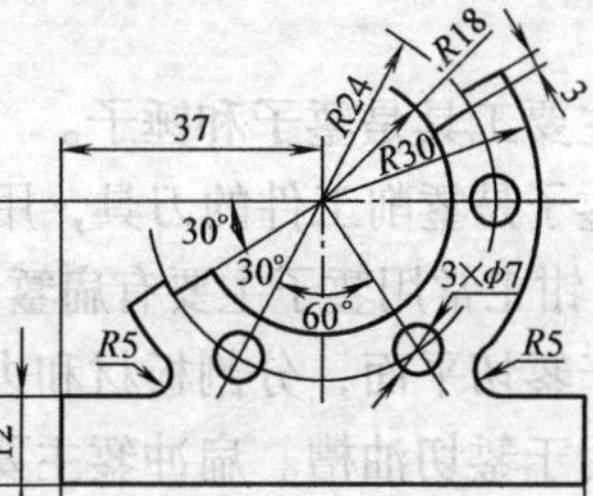

b）

技术要求

1. 各尺寸线条位置公差 ±0.3 。
2. 各线段直线、曲线联接错位小于线宽。
3. 线条清晰，冲眼整齐、准确。

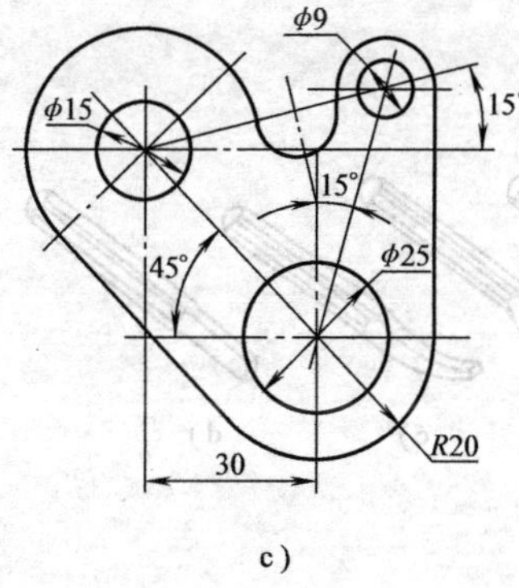

c）

图 2-25　平面划线

课题三　錾　　削

技能训练目标：

1. 掌握各种錾子的刃磨和热处理方法。
2. 掌握正确的錾削姿势和工件装夹方法。
3. 掌握狭平面、大平面、板料及油槽的錾削方法。
4. 了解錾削时安全知识和文明生产要求。

技能训练重点、难点：

重点：錾削时掌握正确的錾削姿势和锤击要领。

难点：錾削平面时，达到一定錾削精度。平面度误差小于0.6mm，平行度误差小于0.6mm，尺寸误差小于1mm，垂直度误差小于0.6mm。

分课题一　錾削姿势练习

一、相关工艺知识

用锤子打击錾子对金属工件进行切削加工的操作叫錾削。

1. 錾削工具

錾削所用的主要工具是錾子和锤子。

（1）錾子　錾子是錾削工件的刀具，用碳素工具钢（T7A或T8A）锻打成形后再进行刃磨和热处理而成。钳工常用錾子主要有扁錾、尖錾、油槽錾和扁冲錾四种，如图3-1所示。

扁錾主要用于錾切平面，分割板材和去毛刺、凸缘。尖錾主要用于开槽及分割曲线形板材。油槽錾主要用于錾切油槽。扁冲錾主要用于打通两个钻孔之间的间隔。

錾子的楔角主要根据加工材料的硬软来决定。錾子的柄部一般做成八棱形，见图3-2c，便于控制錾刃方向。头部做成圆锥形，顶端略带球面，使锤击时的作用力易与刃口錾切方向一致。

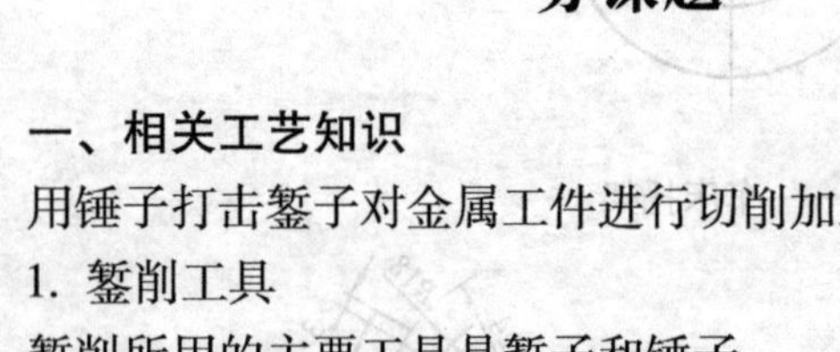

图3-1　常用錾子

a）扁錾　b）尖錾　c）油槽錾　d）扁冲錾

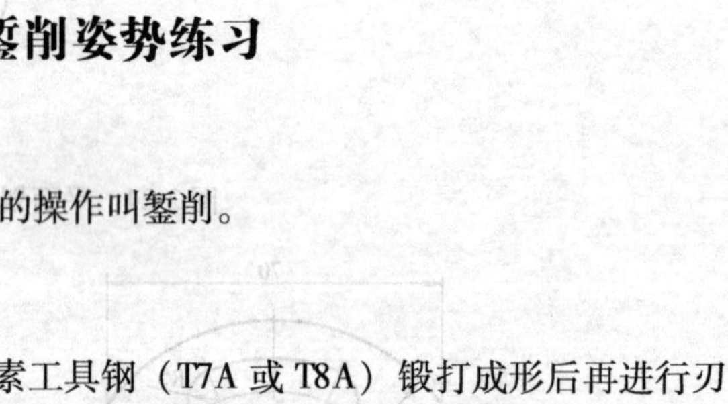

图3-2　扁錾的结构

（2）锤子　锤子是钳工常用的敲击工具，由锤头，木柄和楔子组成如图 3-3 所示。锤子规格以锤头的重量来表示，有 0.46kg、0.69kg 和 0.92kg 等多种。锤头用 T7A 钢制成，并经热处理淬硬。木柄用比较坚韧的木材制成，常用的 0.69kg 锤子柄长约 350mm。木柄装入锤孔后用楔子楔紧，以防锤头脱落，如图 3-4 所示。

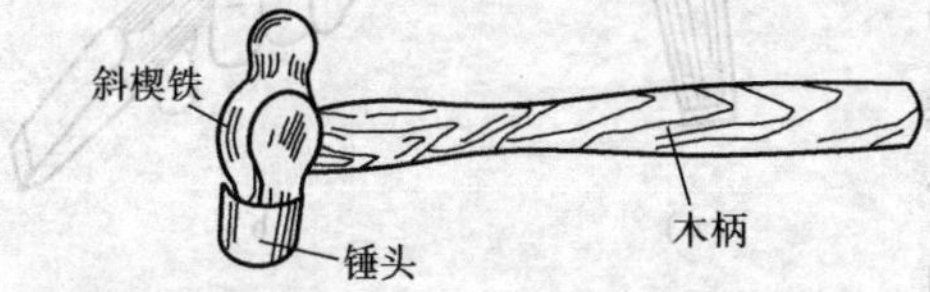

图 3-3　锤子

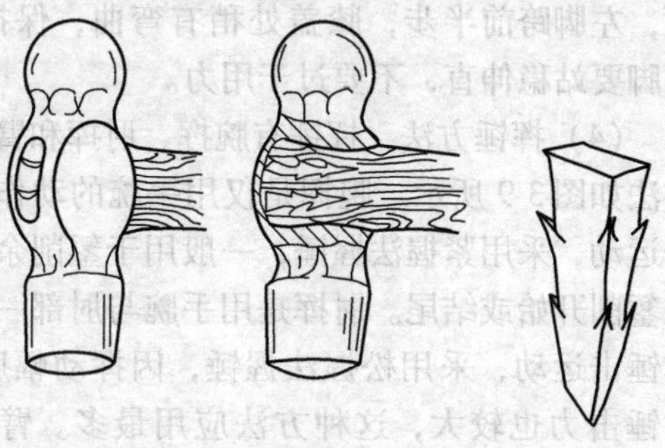

图 3-4　锤柄端打入楔子

2. 錾削姿势

（1）锤子握法

1）紧握法：用右手五指紧握锤柄，大拇指合在食指上，虎口对准锤头方向（木柄椭圆的长轴方向），木柄尾端露出约 15 ~ 30mm。在挥锤和锤击过程中，五指始终紧握，如图 3-5 所示。

2）松握法：只用大拇指和食指始终握紧锤柄。在挥锤时，小指、无名指、中指则依次放松；在锤击时，又以相反的次序收拢握紧，如图 3-6 所示。这种握法的优点不易疲劳，且锤击力大，比较自然。

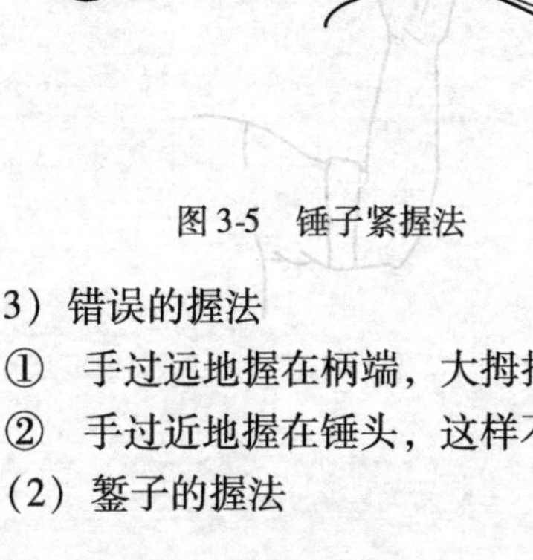

图 3-5　锤子紧握法

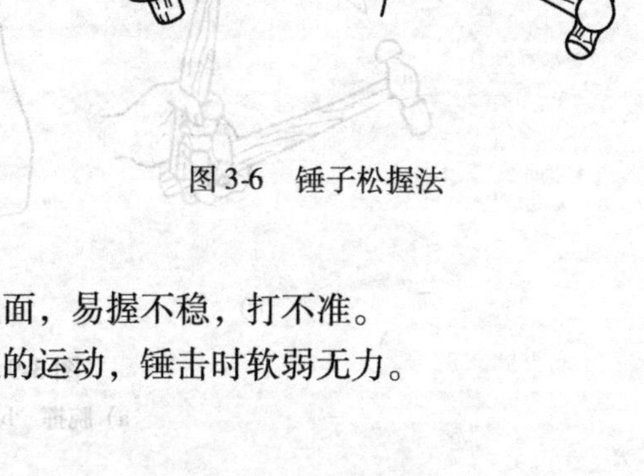

图 3-6　锤子松握法

3）错误的握法

① 手过远地握在柄端，大拇指放在锤柄上面，易握不稳，打不准。

② 手过近地握在锤头，这样不能利用手腕的运动，锤击时软弱无力。

（2）錾子的握法

1）正握法：手心向下，腕部伸直，用中指和无名指握住錾子，小指自然合拢，食指和大拇指自然伸直地松靠，錾子头部伸出约 20mm，如图 3-7a 所示。

2）反握法：手心向上，手指自然捏住錾子，手掌悬空，如图 3-7b 所示。

（3）站立姿势　操作时的站立位置如图 3-8 所示。身体与台虎钳中心线大致成 45°角，且略向前倾，左脚跨前半步，膝盖处稍有弯曲，保持自然，右脚要站稳伸直，不要过于用力。

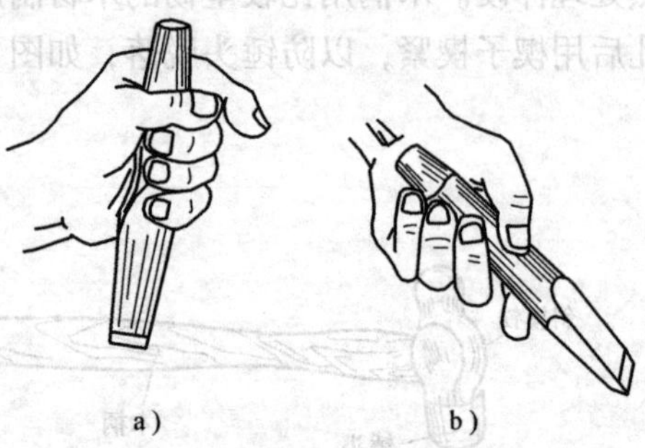

图 3-7　錾子握法

a）正握法　b）反握法

（4）挥锤方法　挥锤有腕挥、肘挥和臂挥三种方法如图 3-9 所示。腕挥是仅用手腕的动作进行锤击运动，采用紧握法握锤，一般用于錾削余量较少及錾削开始或结尾。肘挥是用手腕与肘部一起挥动作锤击运动，采用松握法握锤，因挥动幅度较大，故锤击力也较大，这种方法应用最多。臂挥是手腕、肘和全臂一起挥动，其锤击力最大，用于需要大力錾削的工件。

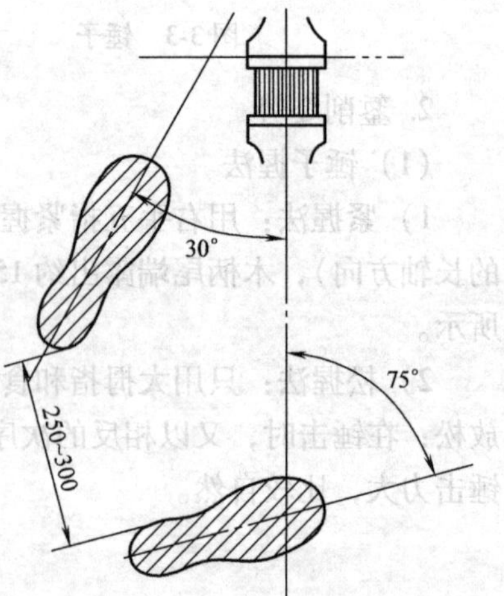

图 3-8　錾削时的站立位置

（5）锤击速度　錾削时的锤击要稳、准、狠，其动作要一下一下有节奏地进行，一般在肘挥时约 40 次/min 左右，腕挥时约 50 次/min。

锤子敲下去应具有一定动能，以增加锤击的力量。锤子从它的质量 m 和手或手臂提供给它的速度 v 获得动能，其计算公式是 $E_k = mv^2/2$，故当锤子的质量增加一倍，动能也增加一倍，而速度增加一倍，则动能将是原来的四倍。

（6）锤击要领

1）挥锤：肘收臂提，举锤过肩；手腕后弓，三指微松；锤面朝天，稍停瞬间。

2）锤击：目视錾刃，臂肘齐下；收紧三指，手腕加劲；锤錾一线，锤走弧形；左脚着力，右腿伸直。

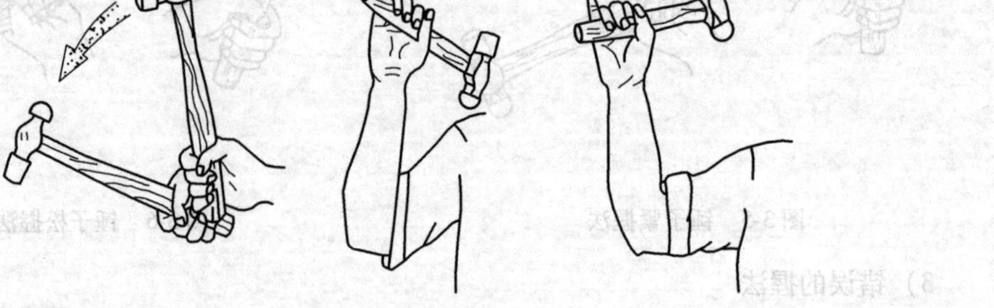

图 3-9　挥锤方法

a）腕挥　b）肘挥　c）臂挥

3）要求：稳——速度节奏40次/min；准——命中率高；狠——锤击有力。

3. 安全文明生产的注意事项

1）技能练习件在台虎钳中必须夹紧，伸出高度一般以离钳口10～15mm为宜，同时工件下面要加木衬垫。

2）发现锤子木柄有松动或损坏时，要立即装牢或更换；木柄上不应沾有油，以免使用时从手中滑出。

3）若錾子头部有明显的毛刺，应及时磨去。

4）锤子应放置在台虎钳右边，柄部不可露在钳台外面，以免掉下砸伤脚；錾子应放在台虎钳的左边。

二、技能训练作业

1. 技能训练作业图（见图3-10）

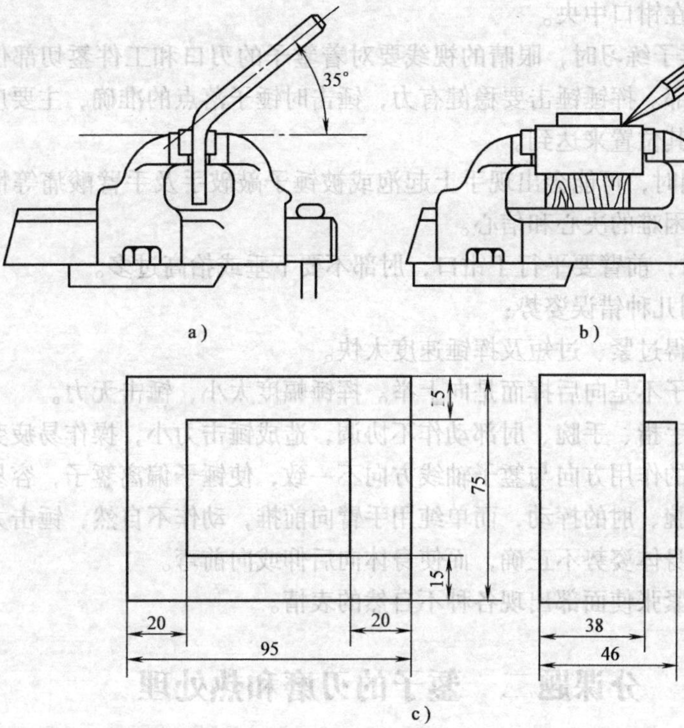

图3-10　錾削姿势练习

a）用呆錾子进行锤击练习　b）用无刃口錾子进行模拟练习　c）实习件备料图

2. 训练准备（见表3-1）

表3-1　训练用工具及工件

训练工件名称	材料	材料来源	下道工序	件数	工时/h
呆錾子	Q235	备料（锻）	—	1	—
无刃口錾子	T7A或（T8A）	备料（锻）	—	1	—
长方铁坯件	HT150	备料（铸）	分课题三	1	—

1）每人准备一把锤子和木衬垫。

2）每人一块有台阶长方铁铸件，见图3-10c，作无刃口錾削练习和錾削平面的练习。

3. 训练步骤

1）錾削姿势的训练分三步进行。第一步将呆錾子夹紧在台虎钳的中间位置作锤击练习，如图 3-10a 所示。左手按握錾要求握住呆錾子柄部，作两小时的挥锤和锤击练习。要求采用松握法挥锤，达到站立位置和挥锤的姿势动作基本正确以及有较高锤击命中率。

2）第二步将长方铁毛坯夹紧在台虎钳中间，下面垫好木垫（见图 3-10b），用无刃口錾子对着凸肩部份进行模拟錾削姿势的练习。统一采用正握法握錾，松握法挥锤。要求站立位置、握錾方法和挥锤的姿势动作正确规范，锤击力量逐步加强。

3）第三步錾削必须在握錾，挥锤的姿势动作和锤击力量达到实际錾削技能时，才可以在下一课题用刃磨好的錾子，把长方铁的凸台錾平。

三、注意事项

1）要正确使用台虎钳，夹紧时不应在台虎钳的手柄上加套管子扳紧或用锤子敲击台虎钳手柄，工件要夹紧在钳口中央。

2）使用无刃口錾子练习时，眼睛的视线要对着錾子的刃口和工件錾切部位。不可把视线对着錾子的锤击头部。挥锤锤击要稳健有力，锤击时锤子落点的准确，主要应靠掌握和控制好手的运动轨迹及其位置来达到。

3）初次练习錾削时，可能会出现手上起泡或被锤子敲破手及手臂酸痛等情况，应作好思想准备，树立克服困难的决心和信心。

4）左手握錾子时，前臂要平行于钳口，肘部不要下垂或抬高过多。

5）避免下面所列几种错误姿势：

① 握锤子柄握得过紧、过短及挥锤速度太快。

② 挥锤时，锤子不是向后挥而是向上举。挥锤幅度太小，锤击无力。

③ 挥锤时由于手指、手腕、肘部动作不协调，造成锤击力小，操作易疲劳。

④ 锤子锤击力的作用方向与錾子轴线方向不一致，使锤子偏离錾子，容易敲到手上。

⑤ 锤击时不靠腕、肘的挥动，而单纯用手臂向前推，动作不自然，锤击力也小。

⑥ 站立位置和身体姿势不正确，而使身体向后仰或向前弯。

⑦ 锤击时过于紧张使面部出现各种不自然的表情。

分课题二　錾子的刃磨和热处理

一、相关工艺知识

1. 扁、尖錾的刃磨要求

錾子的几何形状及合理的角度值要根据用途及加工材料的性质而定。

錾子的楔角 β_o 的大小，要根据被加工材料的硬软来决定。錾削较软的金属，β_o 可取 30°～50°錾削；较硬的金属，β_o 可取 60°～70°，一般硬度的钢件或铸铁，β_o 可取 50°～60°。

尖錾的切削刃的长度应与槽宽相对应，两个侧面间的宽度应从切削刃起向柄部逐渐变狭窄，使錾槽时能形成 1°～3°的副偏角，以避免錾子在錾槽时被卡住，同时保证槽的侧面錾削平整。

切削刃要与錾子的几何中心线垂直，且应在錾子的对称平面上。扁錾的切削刃可略带弧形，其作用是：在平面上錾去微小的凸起部分时切削刃两边的尖角不易损伤平面的其他部分。前、后刃面要光洁、平整。

2. 錾子刃磨方法

1）双手握持錾子，两手一前一后，前端用手的大拇指和食指捏住，其他三指自然弯曲，小指下部支持在固定的托板上，另一手的五指轻轻捏住錾身，如图 3-11 所示。如图 3-12 所示，先刃磨两个刃面，后磨两腮面，全宽移动要平稳。

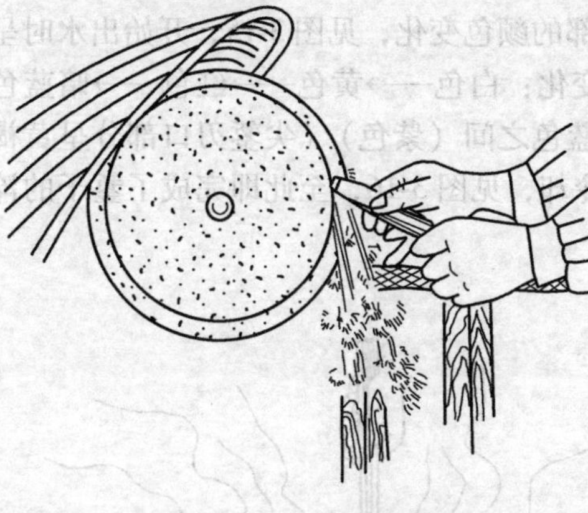

图 3-11 錾子刃磨握持法

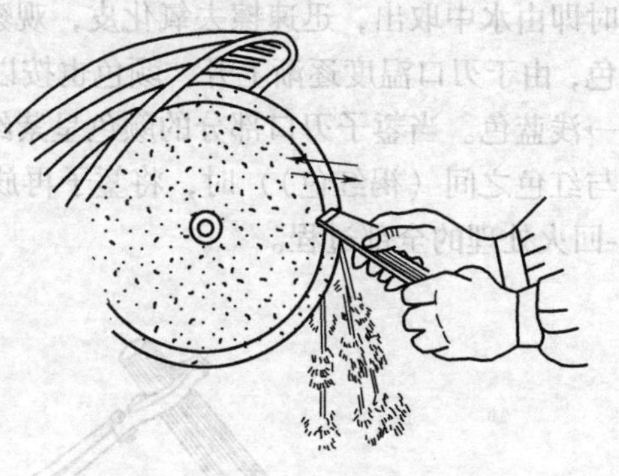

图 3-12 錾子刃面和腮面的刃磨

2）磨刃口时，切削刃应高于砂轮水平中心线，在砂轮全宽上左右移动，并要控制錾子的方向和位置，保证磨出所需要的楔角值 β_o。刃磨时，加在錾子上的压力不宜过大，左右移动要平稳、均匀，并要经常蘸水冷却，以防切削刃退火，如图 3-13 所示。

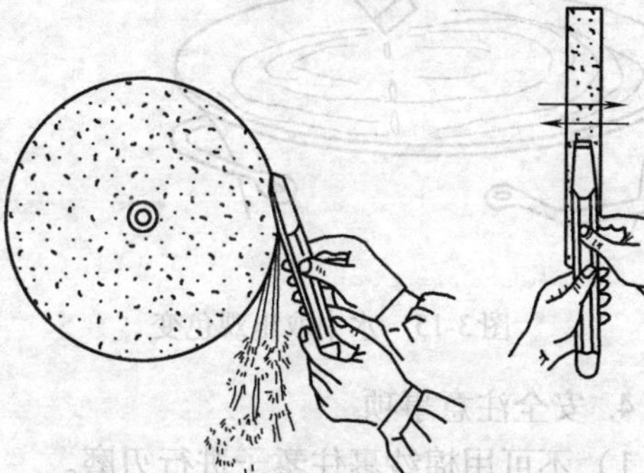

图 3-13 錾子刃口的刃磨

3. 热处理方法

錾子的热处理包括淬火和回火两个过程，其目的是为了使錾子切削部分具有较高的硬度和一定的韧性。

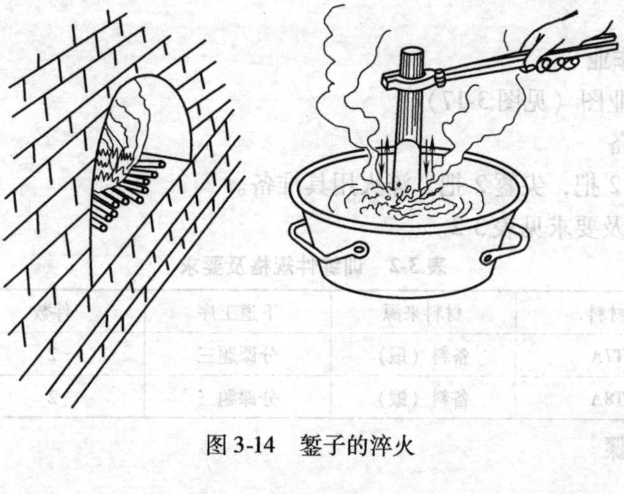

图 3-14 錾子的淬火

（1）淬火　若錾子的材料为 T7A 或 T8A 钢时，可把錾子切削部分约 20mm 长的一端，均匀加热到 750 ~ 780℃（呈樱红色）后迅速垂直地把錾子放入冷水中冷却（浸入深度约 5 ~ 6mm），即完成淬火，如图 3-14 所示。

注意事项：錾子放在水中冷却时，应沿着水面缓慢地移动。其目的是：加速冷却，提高淬火硬度；使淬硬部分与不淬硬部分不致有明显的界线，避免錾子在此线上断裂。

（2）回火　錾子的回火是利用本身的余热进行的。当淬火的錾子露出水面的部分呈黑色时即由水中取出，迅速擦去氧化皮，观察錾子刃部的颜色变化，见图 3-15，开始出水时呈白色，由于刃口温度逐渐上升，颜色也按以下规律变化：白色⟶黄色⟶红色⟶暗蓝色⟶浅蓝色。当錾子刃口部分的颜色呈紫红色与暗蓝色之间（紫色）（尖錾刃口部分呈黄褐色与红色之间（褐红色））时，将錾子再放在水中冷却，见图 3-16，至此即完成了錾子的淬火-回火处理的全部过程。

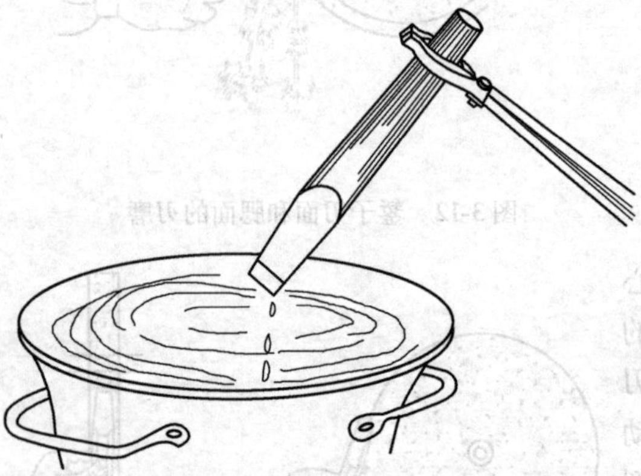

图 3-15　水中取出观色变

图 3-16　再次投入水中冷却

4. 安全注意事项

1）不可用棉纱裹住錾子进行刃磨。

2）在砂轮机前刃磨时，必须戴好防护眼镜，防止切屑飞溅伤害眼睛。

3）在砂轮机上刃磨錾子时，必须遵守砂轮机的安全操作规则，以免发生人身、设备事故。

二、技能训练作业

1. 技能训练作业图（见图 3-17）

2. 技能训练准备

1）工具：扁錾 2 把，尖錾 2 把，淬火用具准备。

2）训练件规格及要求见表 3-2。

表 3-2　训练件规格及要求

训练件名称	材料	材料来源	下道工序	件数	工时/h
扁錾	T7A	备料（锻）	分课题三	2	
尖錾	T8A	备料（锻）	分课题三	2	

3. 技能训练步骤

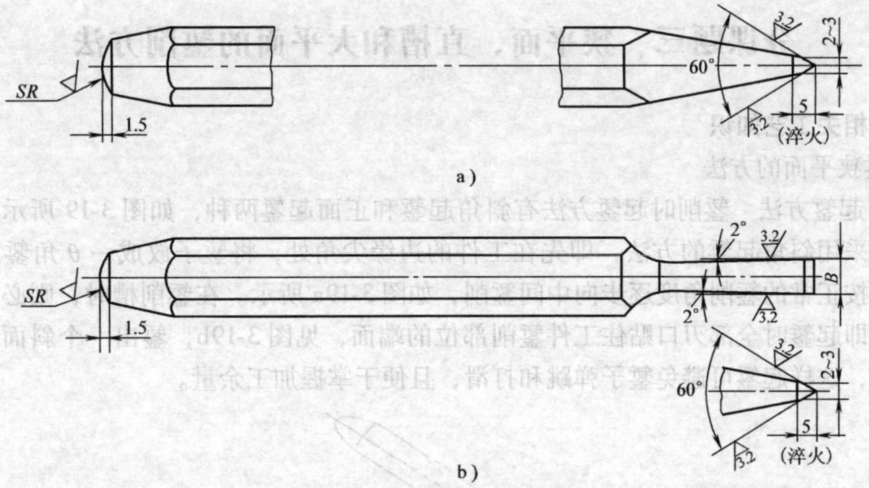

图 3-17　刃磨和热处理扁、尖錾

a）扁錾　b）尖錾

1）首先用 4mm 扁铁在砂轮机上作刃磨楔角的练习。

2）刃磨扁錾，其楔角可用角度样板检查，如图 3-18 所示。

3）刃磨尖錾，刃口宽度尺寸可按加工槽的宽度再放大些。

4）在火炉上加热錾子，然后在水中对錾子进行淬火和回火的热处理过程。

三、注意事项

1）必须仔细观察教师在刃磨錾子的演示动作，包括：淬火时加热到什么颜色（控制加热温度）；淬火时淬入水中深度和动作；什么时候取出；在錾子刃部出现什么颜色时再次放入水中以及刃磨錾子的动作过程等，做到心中有数，才能在实际操作时避免盲目性。

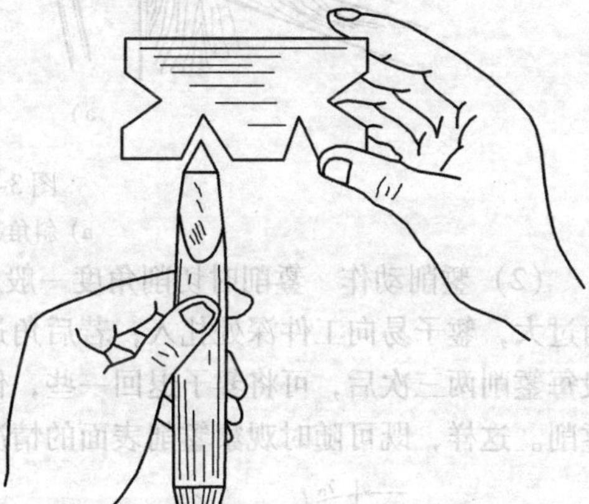

图 3-18　用角度样板检查錾子楔角

2）加热时，錾子的颜色往往与炉火颜色分辨不清，应适时取出观看，防止加热温度过高，不能达到淬火要求，同时要注意不要多看炉子火光，使眼睛发花，出现辨不清回火颜色的情况。

3）刃磨錾子时，左右压力控制不匀，使錾子刃口倾斜是操作中常见的问题，要注意避免。

4）使用砂轮时，要防患于未然，千万不能疏忽大意，防止事故的发生。

四、技能训练安排

1）由于砂轮机和淬火设备的局限。本课题可与分课题三交叉轮换进行技能练习。

2）进行刃磨錾子和热处理练习时，必须分组，练习前应认真听教师的讲解。

3）在火炉中进行錾子加热时，对其颜色变化全过程（直至发白溶化）及回火时传热温度升高时颜色变化的全过程进行示教，观察、演示。

分课题三　狭平面、直槽和大平面的錾削方法

一、相关工艺知识

1. 錾狭平面的方法

（1）起錾方法　錾削时起錾方法有斜角起錾和正面起錾两种，如图 3-19 所示。在錾削平面时应采用斜角起錾的方法，即先在工件的边缘尖角处，将錾子放成一 θ 角錾出一个斜面，然后按正常的錾削角度逐步向中间錾削，如图 3-19a 所示。在錾削槽时，则必须采用正面起錾，即起錾时全部刃口贴住工件錾削部位的端面，见图 3-19b，錾出一个斜面，然后按正常錾削，这样起錾可避免錾子弹跳和打滑，且便于掌握加工余量。

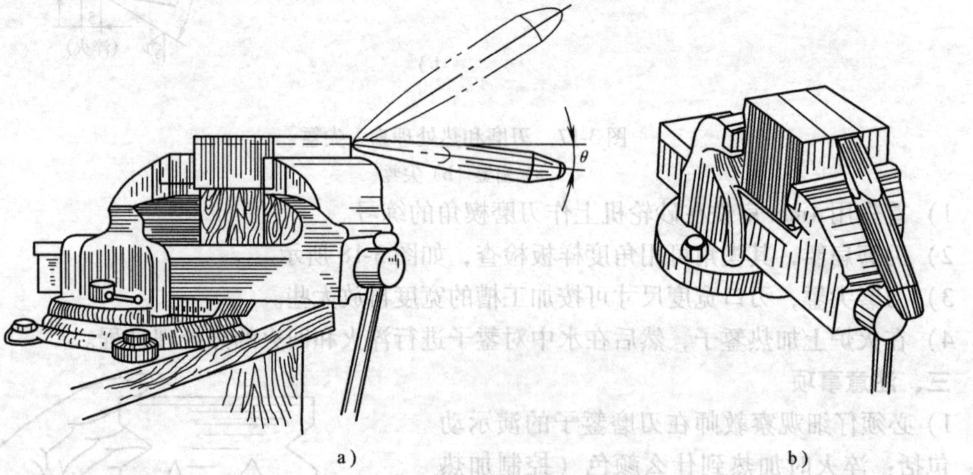

图 3-19　起錾方法

a）斜角起錾　b）正面起錾

（2）錾削动作　錾削时切削角度一般应使后角 α_o 在 5°～8°之间，如图 3-20 所示。若后角过大，錾子易向工件深处扎入；若后角过小，錾子易从錾削部位滑出。在錾削过程中，一般每錾削两三次后，可将錾子退回一些，作一次短暂的停顿，然后再将刃口顶住錾削处继续錾削。这样，既可随时观察錾削表面的情况，又可使手臂肌肉有节奏地得到放松。

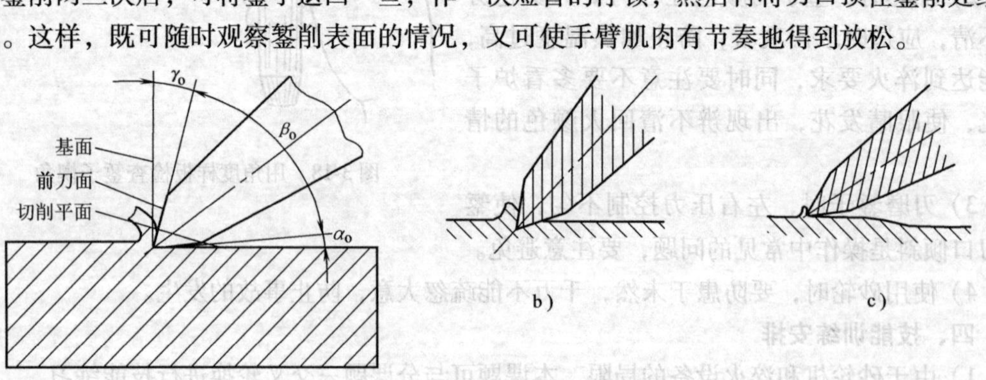

图 3-20　錾削时的切削角度

a）錾削角度　b）后角太大　c）后角太小

（3）尽头地方的錾法　在一般情况下，当錾削接近尽头约 10～15mm 时，必须调头錾去余下的部分，如图 3-21a 所示。当錾削脆性材料，例如錾削铸铁和青铜时更应如此，否则尽头处就会崩裂，如图 3-21b 所示。

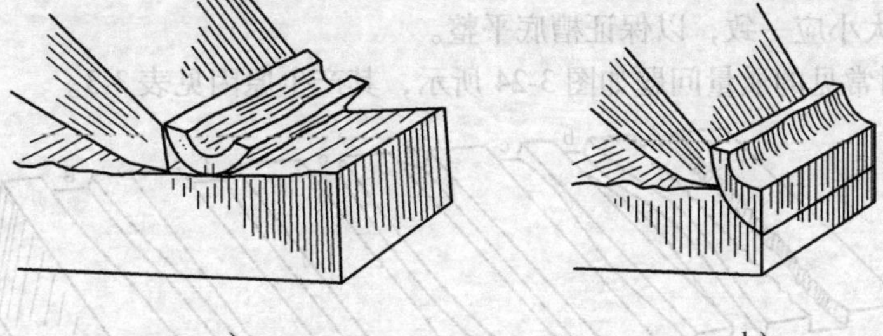

图 3-21　尽头地方的錾法
a）正确　b）不正确

2. 錾直槽的方法

（1）直槽的用途

1）作键槽。

2）作錾削大平面时工艺槽，如图 3-22 所示。在錾削大平面时，先用尖錾以适当的间隔开出工艺直槽，再用扁錾将槽间凸起部分錾平，这样既便于控制錾削的尺寸精度，又可使錾削省力。

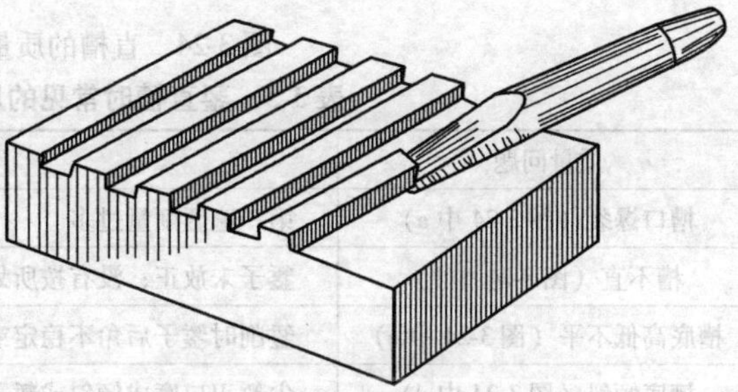

图 3-22　錾削大平面时先开槽

（2）錾直槽的方法

1）根据图样要求划出加工线条，如图 3-23 所示。

2）根据直槽的宽度修磨好尖錾。

3）采用正面起錾，即对准划线槽錾出一个小斜面，再逐步进行錾削。

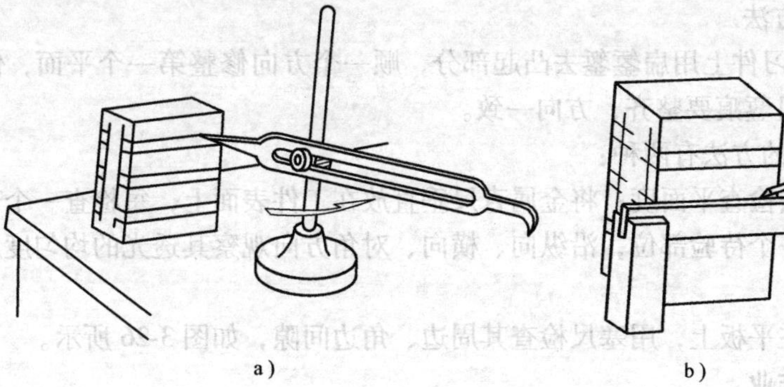

图 3-23　划直槽线
a）划线盘划直槽线　b）直角尺划直槽

4）錾削量的确定

①　第一遍錾削要根据线条（以一条线条为依据）将槽的方向錾直，錾削量一般不超

过 0.5mm。

② 以后的每次錾削量根据槽深的不同而定，一般采用 1mm 左右。

③ 最后一遍的修整量应在 0.5mm 之内。

5）锤击要领。錾削直槽时，应使用手腕挥锤法，用力大小要适当，防止錾子刃端崩裂，同时，用力大小应一致，以保证槽底平整。

6）錾直槽时常见的质量问题如图 3-24 所示，其产生原因见表 3-3。

图 3-24 直槽的质量问题的各种形式

表 3-3 錾直槽时常见的质量问题及其产生原因

质量问题	产生原因
槽口爆裂（图 3-24 中 a）	第一遍錾削量过多
槽不直（图 3-24 中 b）	錾子未放正；没有按所划的线条进行錾削；调头錾削时未在同一直线上
槽底高低不平（图 3-24 中 c）	錾削时錾子后角不稳定或锤击力大小不一
槽底倾斜（图 3-24 中 d）	尖錾刃口磨成倾斜或錾子斜放錾削
槽口喇叭口（图 3-24 中 e）	尖錾的刃口两端已钝或碎裂；在同一直槽上錾削，尖錾刃磨多次，而使刃口宽度缩小
槽向一面斜（图 3-24 中 f）	每次起錾位置向一面偏移
与基面不平行（图 3-24 中 g）	每一遍錾削时方向未把稳，没按照划线进行錾削

3. 錾大平面的方法

1）在錾直槽练习件上用扁錾錾去凸起部分，顺一个方向修整第一个平面，使其平面度误差小于 0.5mm，且錾痕要整齐，方向一致。

2）检查平面度的方法有两种：

① 直尺透光法检查平面度：将金属直尺垂直放在工件表面上，每检查一个部位后，提起来再轻轻放在另一个待验部位，沿纵向、横向、对角方向观察其透光的均匀度，如图 3-25 所示。

② 将工件放在平板上，用塞尺检查其周边、角边间隙，如图 3-26 所示。

二、技能训练作业

1. 錾直槽作业图（见图 3-27 和图 3-28）

2. 技能训练准备

1）工、量具：扁錾、尖錾、木垫块，软钳口、金属直尺等。

2）训练件规格及要求见表 3-4。

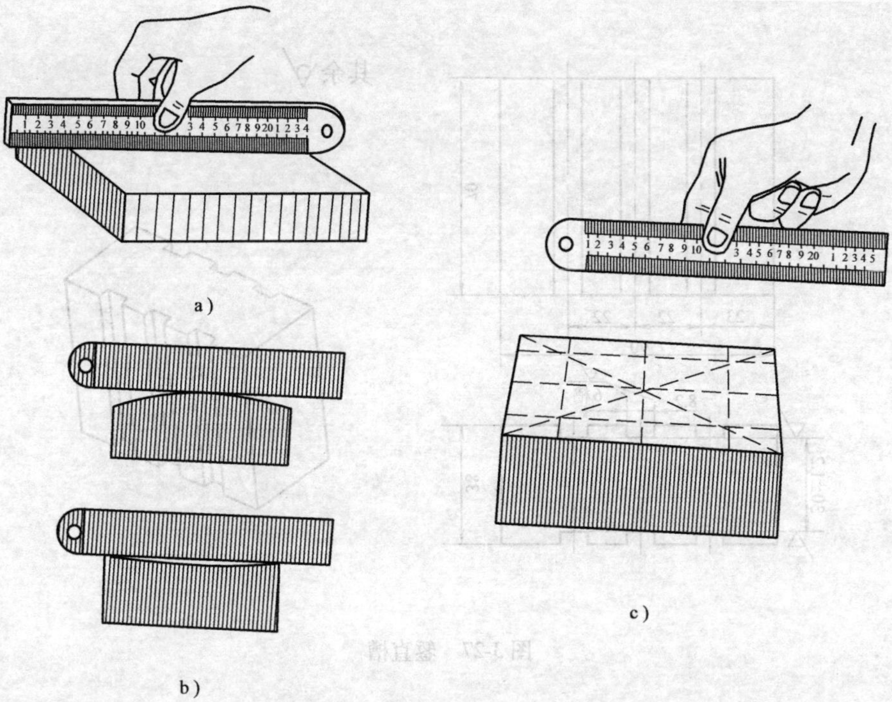

图 3-25 用直尺检查平面度

a）金属直尺拿法 b）用透光法检查平面度 c）平面上检查部位

3. 训练步骤

（1）錾直槽

1）检查来料尺寸，在加工表面涂上划线涂料。

2）按图样尺寸划线。直槽线可利用平板和划线盘划线，见图 3-23a，也可以用直角尺和划针划出直槽线如图 3-23b 所示。

3）根据直槽的宽度修整刃磨好两把尖錾，达到使用要求。

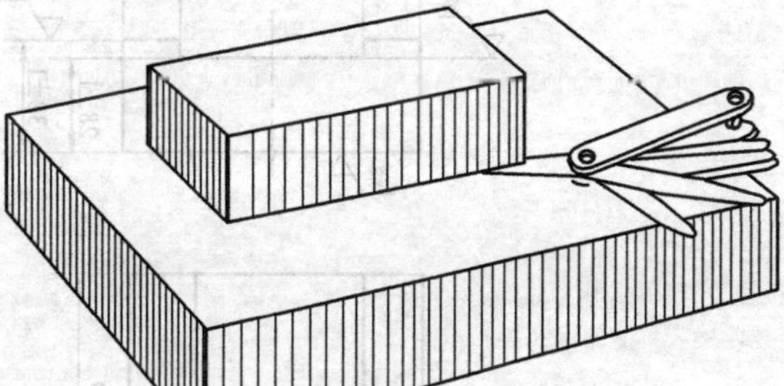

图 3-26 在平板上用塞尺检查平面度

4）錾第一条槽。按正面起錾，先沿线条以 0.5mm 的錾削量錾第一遍，再按直槽的深度分几次錾削，最后一遍作平整修平。

表 3-4 训练材料

训练件名称	材料	材料来源	下道工序	件数	工时/h
长方铁	HT 150	由分课题一转来	錾平面	1	3
长方铁	HT 150	备料 95mm × 75mm × 36mm	课题五分课题一	1	3

5）依次錾削第二、三、四、五、六条槽，检查全部槽錾削质量。待质量检查和评分。

（2）錾大平面

1）检查坯料尺寸，加工表面涂上划线涂料。

2）按图形尺寸先划直槽线，根据槽宽修整，刃磨好尖錾。

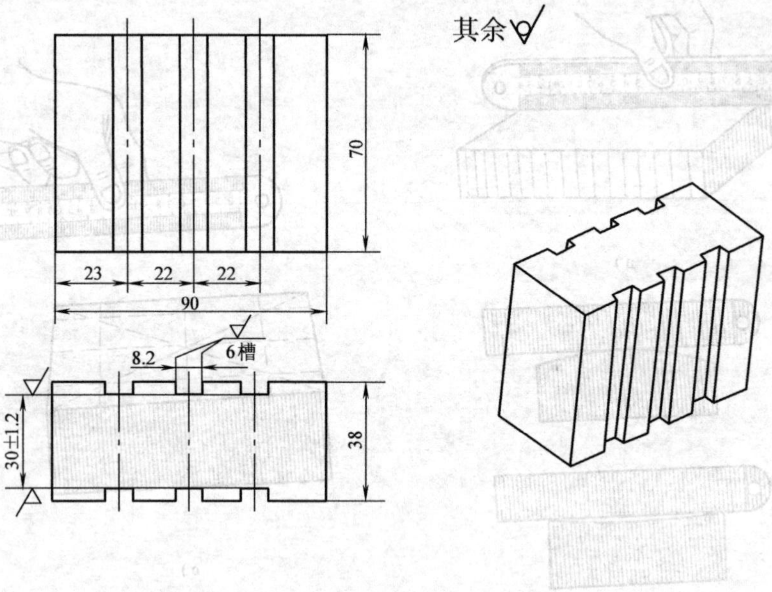

图 3-27　錾直槽

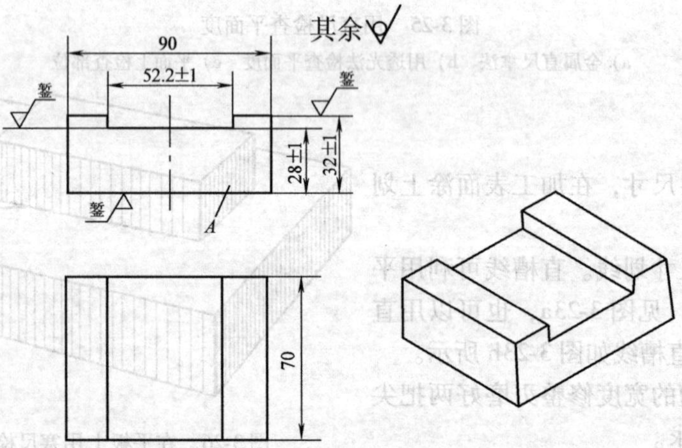

图 3-28　錾大平面

3）錾削直槽达到深度要求，并作修整修平的錾削。

4）用扁錾并采用较大的錾削量先錾去 A 面上各槽间凸起部分；在基本錾平后，再作一次细錾修整，使平面的平面度误差小于 0.7mm（用直尺透光法检查平面度误差），尺寸误差 ±1mm（用金属直尺直接量取），且錾痕整齐，方向一致。

5）以 A 面为基准划出厚度尺寸为 28mm 的加工线。按图样要求錾去中间部分并达到尺寸（28 ±1）mm 的要求，使面的平面度误差小于 0.7mm。

6）錾去凸台面的余量，并保证尺寸 32mm。

4. 质量检查内容及评分标准（见表 3-5）

表 3-5　质量检查内容及评分标准

学号			姓名		总得分	
项目	序号	质量检查内容	配分	评分标准	扣分	得分
錾直槽	1	槽深尺寸（30±1.2）mm	24	每对8分		
	2	槽宽尺寸8.2mm	24	每槽4分		
	3	侧面、底面直线度误差≤0.7mm	18	每槽3分		
	4	槽面外形好	18	每槽3分		
	5	安全文明生产要求	16	每项8分		
錾大平面	1	A面平面度误差≤0.7mm	10	超差全扣		
	2	（32±1）mm	20	超差全扣		
	3	（28±1）mm	20	超差全扣		
	4	（52.2±1）mm	10	超差全扣		
	5	錾痕平整，6面	24	每面4分		
	6	安全文明生产要求	16	每项8分		

三、注意事项

1）錾直槽时，起錾时錾子刃口要摆平，且刃口的一侧需与槽位线对齐。同时，起錾后的斜面口尺寸应与槽形一致。

2）錾削时，錾子要放正、放稳，其刃口不能倾斜；锤击力要均匀适当，使錾痕整齐，槽形正确，这样也不易使錾子损坏。另外每錾一条槽最好用一把錾子，这样可以控制槽宽上下一致。

3）第一遍錾削时，必须根据一条划线线条为基准进行，并保证把槽錾直。第一遍的錾削精度对整个槽的錾削质量起着重要作用，如果第一遍把槽錾斜或弯曲，这条槽就不易錾好。

4）练习前应先了解錾削直槽时可能出现的质量问题及其产生原因（见图3-24和表3-3），以便在练习时能及时加以注意，防止出现质量问题。

5）錾削大平面时应采用较大的錾削量。进行粗錾时，要把注意力集中在为进一步巩固正确的錾削姿势以及不断提高锤击力量和落点准确性上，同时要注意操作上的安全和防止工件端部产生崩裂现象。

6）精錾平面时，要点是掌握錾子的正确刃磨，錾子的握正、握稳和切削角的及时调整、变化，以及锤击力量的均匀适当和及时调整变化等，使平面錾削平整。

7）为了使所划出的平面加工线成为控制尺寸的正确界线，在按上述步骤划出各对应面的平面加工线后，还需在加工好一个面后，再以该面为基准，作第二次划线，以消除已加工面对已划平面加工线之间误差。

8）錾削平面时常见的质量问题及其产生原因（见表3-6），并加以注意。

表 3-6　錾平面时常见的质量问题及其产生原因

质量问题	产生原因
表面粗糙	1）錾子刃口爆裂或刃口卷刃、不锋利 2）锤击力不均匀 3）錾子头已锤平，使受力方向经常改变

（续）

质量问题	产生原因
表面凹凸不平	1）錾削中，后角在一段过程中过大，造成錾面凹下 2）錾削中，后角在一段过程中过小，造成錾面凸起
表面有梗痕	1）左手未将錾子握正、握稳，使錾子刃口倾斜，錾削时刃角梗入 2）錾子刃磨时刃口磨成中凹
崩裂或塌角	1）錾到尽头时未调头錾，使棱角崩裂 2）起錾量太多造成塌角
尺寸超差	1）起錾尺寸不准 2）测量检查不及时

分课题四　錾削钢件

一、相关工艺知识

1. 钢件的錾削特点

1）钢件是韧性材料，錾削时应始终保持錾子锋利，其楔角一般可取50°~60°。

2）錾削钢件时，錾子可蘸油，以减少摩擦，使錾削省力并可降低錾削表面的表面粗糙度值，同时能对錾子进行冷却，提高錾子的使用寿命。

3）錾钢件时，錾子刃口或刃口角容易梗入工件，故要特别注意掌握切削角度和錾削量的选择。

4）钢件在粗錾时切屑是卷屑，在精錾时切屑呈针状，要注意防止其刺伤手。

2. 工件的尺寸和平行度误差的测量方法

1）用外卡钳测量工件尺寸的方法：外卡钳是一种间接量具，用作测量尺寸时，必须先在工件上度量后，再与带读数的量具进行比较，才能得出读数；或者先在带读数的量具上度

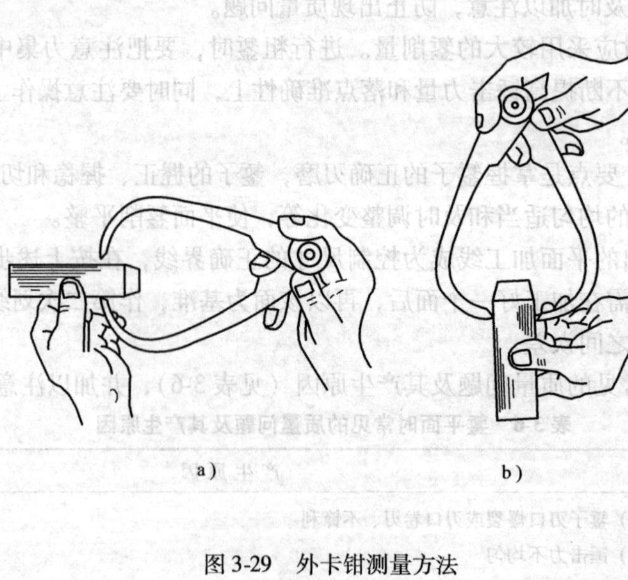

a）　　b）

图3-29　外卡钳测量方法
a）透光法　b）感觉法

量出必要的尺寸后，再去度量工件。用作测量平行面间的尺寸差值时，则可直接用比较法得出。

测量方法如图3-29所示。当工件误差较大时，可用透光法来判断其尺寸差值的大小，见图3-29a，此时，外卡钳一卡脚测量面始终抵住工件基准面，观察另一卡脚测量面与被测表面的透光情况，当工件误差较小时，要用感觉法测量，比较测量时的松紧感觉，来判断尺寸差值大小。此时，最好利用卡钳的自重由上向下垂直测量，见图3-29b，以便于控制测量力。选择卡钳测量面的开度尺寸，应保证在测量时靠卡钳自重通过工件，又有一定摩擦。

测量时，两卡脚的测量面与工件接触要正确，见图3-30，其控制方法是使卡脚处于测量时感觉最松的位置。

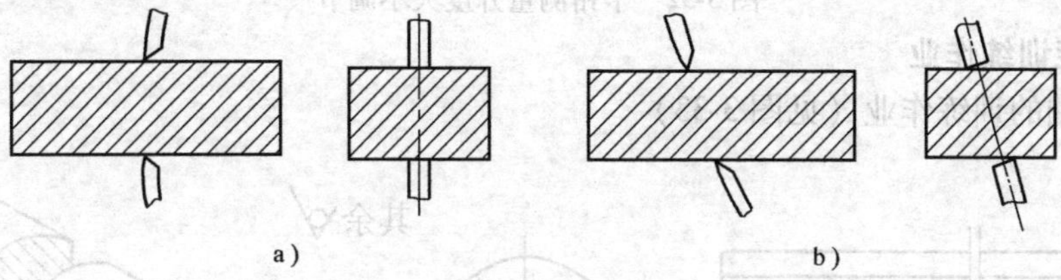

图3-30　外卡钳测量面与工件的接触

a) 正确　b) 错误

2) 外卡钳两卡脚测量面间尺寸的调节。外卡钳在金属直尺上量取尺寸时（见图3-31a)，一个卡脚的测量面要紧靠金属直尺的端面，另一个卡脚的测量面调节到对准所取尺寸的刻线，且两测量面的连线应与金属直尺平行，视线要垂直于金属直尺的刻线面。外卡钳在标准量规上量取尺寸时（见图3-31b)，应调节到使卡钳稍有摩擦感觉的情况下通过。调节卡钳开度大小的方法，如图3-32所示。需要调小时，可在台虎钳上或其他金属上敲击卡钳外侧，使其逐步缩小，需要调大时，可在棒料上敲击卡钳的内侧，使其逐步张大。卡钳量取尺寸后，要放好，不要碰撞，以防尺寸发生变动。

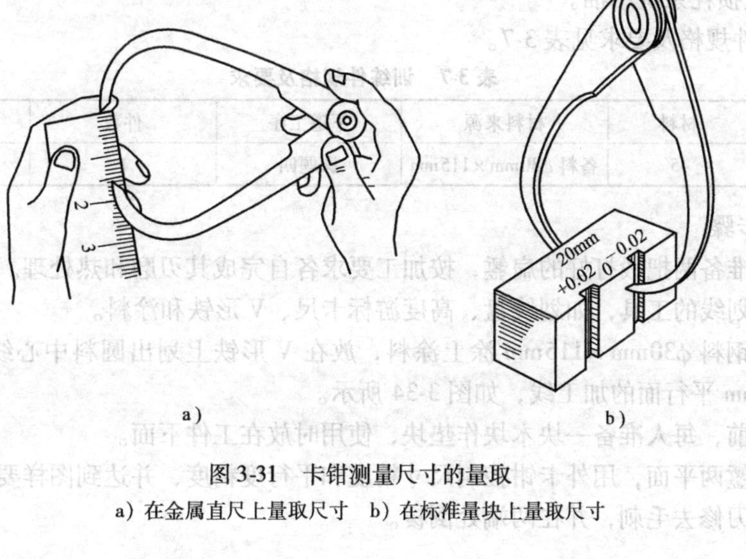

图3-31　卡钳测量尺寸的量取

a) 在金属直尺上量取尺寸　b) 在标准量块上量取尺寸

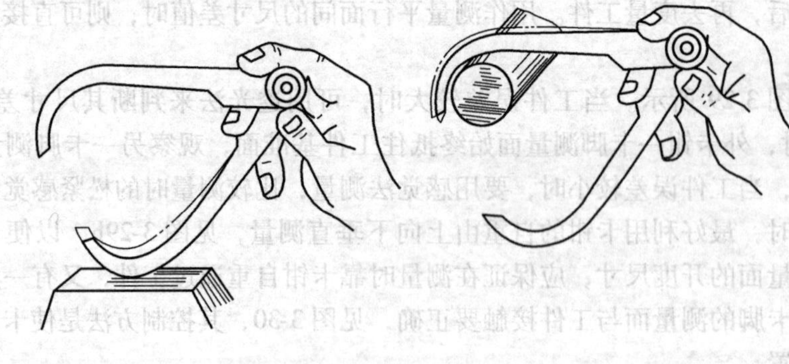

a) b)

图 3-32 卡钳测量开度大小调节

二、技能训练作业

1. 削边轴的训练作业（见图 3-33）

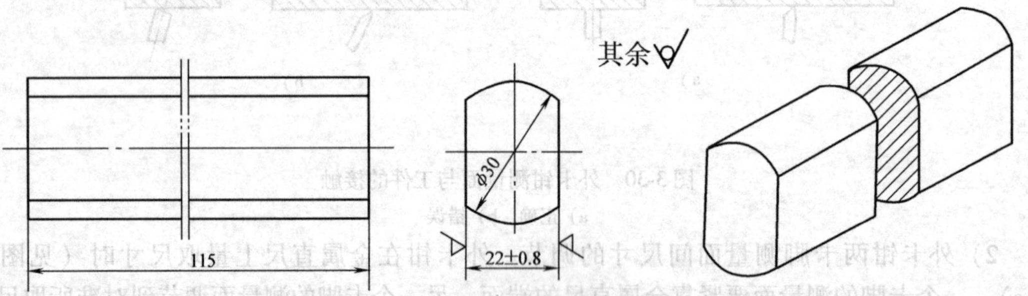

技术要求

22mm尺寸处最大与最小尺寸的差值不得大于1mm。

图 3-33 錾削削边轴

2. 训练准备

1）工、量具：扁錾、尖錾、锤子、木垫块、外卡钳、划针、金属直尺、V 形铁、划线盘、塞尺、全损耗系统用油。

2）训练件规格及要求见表 3-7。

表 3-7 训练件规格及要求

训练件的名称	材料	材料来源	下道工序	件数	工时/h
削边轴	45	备料 ϕ30mm × 115mm	课题四	1	6

3. 训练步骤

1）每人准备两把锻打好的扁錾，按加工要求各自完成其刃磨和热处理。

2）准备划线的工具，如划线盘、高度游标卡尺、V 形铁和涂料。

3）将圆钢料 ϕ30mm × 115mm 涂上涂料，放在 V 形铁上划出圆料中心线，以中心线为基准划出 22mm 平行面的加工线，如图 3-34 所示。

4）錾削前，每人准备一块木块作垫块，使用时放在工件下面。

5）粗细錾两平面，用外卡钳控制尺寸精度和平行度精度，并达到图样要求。

6）用锉刀修去毛刺，并在两端处倒棱。

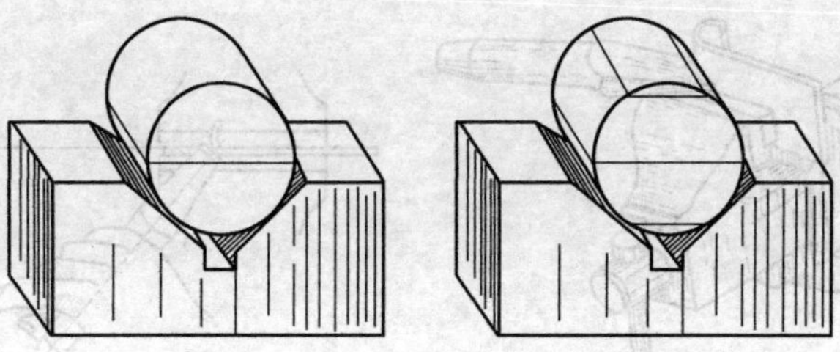

图 3-34　圆料工件在 V 形铁上划线
a）划出中心线　b）中心线的平行尺寸线

4. 质量检查内容和评分标准（见表 3-8）

表 3-8　质量检查内容和评分标准

学号			姓名		总得分	
	序号	质量检查内容	配分	评分标准	扣分	得分
錾削削边轴	1	尺寸（22 ±0.8）mm	30	超差 0.2mm 扣 15 分，超过 0.4mm 全扣		
	2	平面度误差≤0.6mm	20	每面 10 分		
	3	平行度误差≤1mm	20	超差 0.2mm 扣 10 分，超过 0.4mm 全扣		
	4	錾痕整齐	10	目测，一处缺陷扣 5 分		
	5	文明安全生产	20	每项 10 分		

三、注意事项

1）尖錾淬火长度稍短些，其淬火硬度可比扁錾稍硬些，当錾子采用材料是 T7 可 T8 钢时，应淬“黄火”为好，便于修整平面。

2）錾削钢件平面时，保持正确的錾削姿势和锤击力量。

3）錾削钢件圆弧面时，注意錾削余量的控制和切削角度的掌握。其楔角可小于 50°，以便于錾削。

4）在作修整平面时，采用手腕挥锤，并注意锤击力的适当应用。

5）经常用锤子敲断卷起来的切屑，避免在錾子打滑时刺伤手。

分课题五　錾切板料和錾削油槽的方法

一、相关工艺知识

1. 錾切板料

切断薄板料（厚度在 2mm 以下），可将其夹在台虎钳上錾切，如图 3-35 所示。錾切时，将板料按所划加工线夹成与钳口平齐，用扁錾沿着钳口并斜对着板料（约成 45°角）自右向左錾切。

对尺寸较大的板料或錾切线有曲线而不能在台虎钳上錾切，可在铁砧或旧平板上进行，如图 3-36 所示。此时，作切断用的錾子其切削刃应磨有适当的弧形，使前后錾痕便于连接

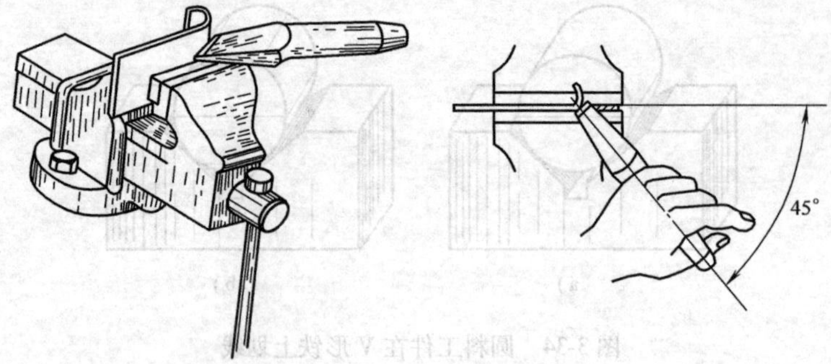

图 3-35　在台虎钳上錾切板料

齐整，如图 3-37a、b 所示。

当錾切直线段时，錾子的切削刃的宽度可宽些(用扁錾)，錾切曲线段时，刃宽应根据其曲率半径而定，使錾痕能与曲线基本一致。錾切时，应由前向后錾，开始时錾子应放斜些似剪切状，然后逐步放垂直依次錾切，如图 3-37c、d 所示。

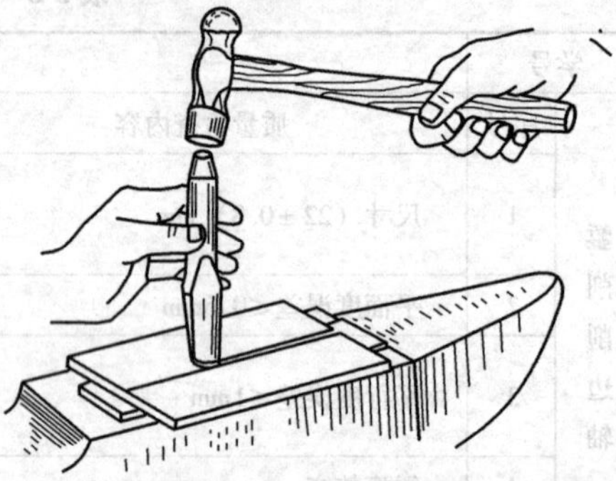

图 3-36　在铁砧上錾切板料

2. 錾削油槽

（1）油槽的作用和加工要求　油槽的作用是向运动机件的摩擦部位输送和储存润滑油，因此要求油槽必须和机体的润滑油道相连，槽形粗细均匀，深浅一致，槽面光洁圆滑。

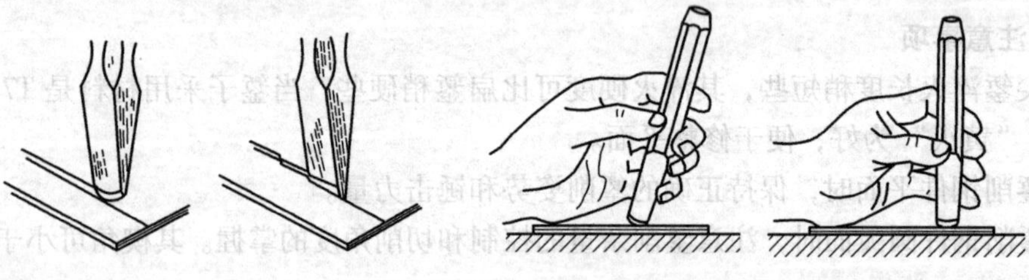

a)　　b)　　c)　　d)

图 3-37　錾切板料方法

a) 用圆弧刃錾，錾痕易齐整　b) 用平刃錾，錾痕易错位

c) 先倾斜錾切　d) 后垂直錾切

（2）油槽錾的合理几何形状和刃磨要求　油槽錾切削刃的形状应和图样上油槽断面形状刃磨一致。其楔角大小仍根据被錾切材料的性质而定，在铸铁上錾削油槽时，楔角可取 60°～70°。錾子的后面（圆弧面），其两侧应逐步向后缩小，保证錾削时切削刃各点都能形成一定的后角，并且后面应用磨石进行修光，以减小錾出的油槽表面粗糙度值。在曲面上錾油槽的錾子，为了保证錾削过程中的后角基本一致，錾体前部应锻成弧形，如图 3-38 所示。此时錾子圆弧刃刃口的中心点在錾子整体中心线的延长线上，使錾削时的锤击作用力方向能

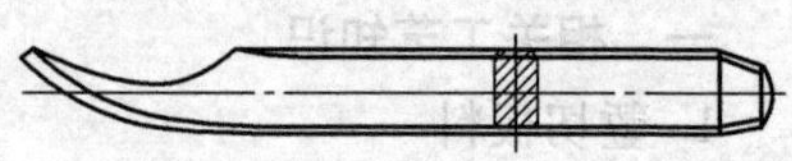

图 3-38　油槽錾的形状

朝向刃口的錾切方向。

（3）錾削油槽的方法　先在工件表面根据油槽的位置尺寸划线，可按油槽的宽度划两条线，也可先划一条中心线。在平面上錾油槽，起錾时錾子要慢慢地加深至尺寸要求，錾到尽头时刃口必须慢慢地翘起，保证槽底圆滑过渡；在曲面上錾油槽，錾子倾斜情况应随着曲面而变动，使錾削时的后角不变，如图3-39所示。油槽錾好后，再修去槽边的毛刺。

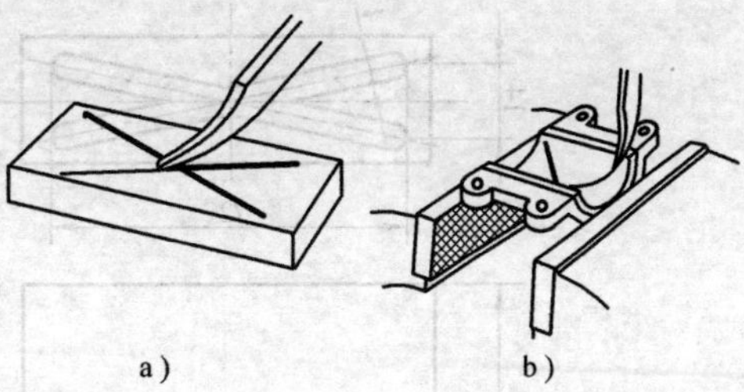

图3-39　錾削油槽

a）在平面上錾油槽　b）在曲面上錾油槽

二、技能训练作业

1. 錾切板料作业图（见图3-40）

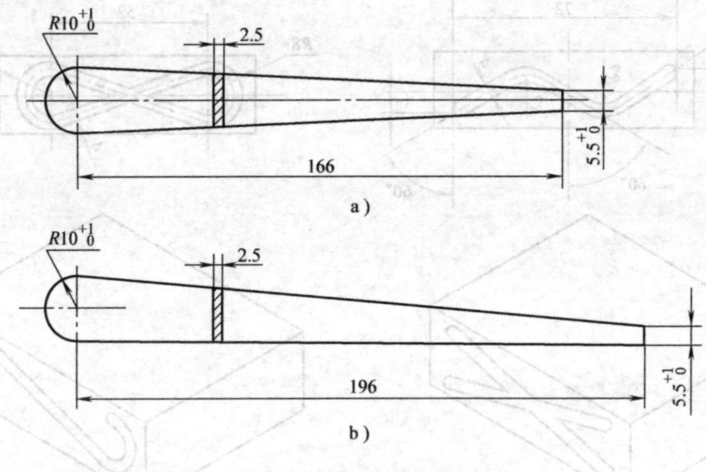

图3-40　錾切板料

a）内卡钳脚落料　b）外卡钳脚落料

2. 錾削油槽的作业图（见图3-41）

3. 训练准备

1）工、量具：扁錾、尖錾、油槽錾、锤子、木垫块、软钳口、划针、划规、金属直尺、样冲、涂料、铁砧。

2）训练件规格及要求见表3-9。

表3-9　训练件规格及要求

训练件的名称	材料	材料来源	下道工序	件数	工时/h
内卡钳脚落料	45	备料170mm×22mm×2.5mm	—	2	2
外卡钳脚落料	45	备料200mm×22mm×2.5mm	—	2	2
长方铁	HT150	由分课题三转来	—	2	2

4. 技能训练步骤

（1）錾切板料

1）先用1mm厚的铁皮边角料在台虎钳铁砧上作直线切断练习。

2）用2mm厚的铁皮边角料在铁砧或旧平板上作曲线切断练习。

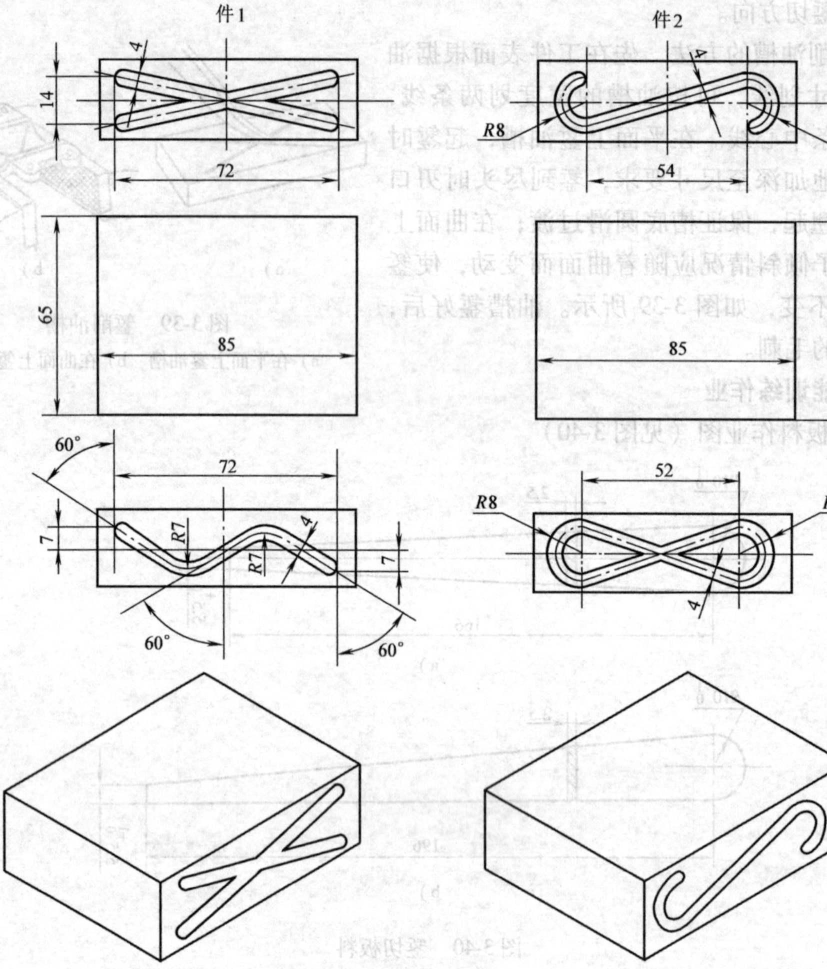

图 3-41　錾削带油槽的方铁

3）在内外卡脚的备料工件上涂色，按图形划线。在台虎钳和铁砧上按线錾切，达到錾痕齐整，尺寸正确。

（2）錾削油槽

1）备好一把油槽錾，按加工油槽的断面形状和尺寸要求，完成其修整刃磨工作。

2）按训练图形的油槽形状和尺寸，在长方铁两侧面上划出油槽加工线。

3）先錾削件 1 上的直油槽，然后錾削件 2 上圆弧形油槽。

4）用锉刀修去槽边毛刺。

三、注意事项

1）在台虎钳上錾切板料时，錾切线要与钳口夹平、夹齐，且要夹持牢固。

2）在台虎钳上錾切时，錾子的后刀面部分要与钳口平面贴平，刃口略向上翘，以防錾坏钳口表面。

3）在铁砧上錾切时，錾子刃口必须先对齐錾切线并成一定斜度，要防止后一錾与前一錾错开，使錾切下来的边弯弯曲曲，同时，錾子要錾到铁砧上，如不用垫铁时，应该使錾子在板料上錾出全部錾痕后再敲断或扳断。

4）錾削油槽时，首先把油槽錾的圆弧面在砂轮或磨石上刃磨光洁圆滑，其刃口形状应与油槽断面形状的要求相符，使錾削后能得到宽、深尺寸都符合要求的光洁、圆滑的油槽，可先在废工件上作试錾练习，看符合要求后再在工件上錾削。

5）在油槽錾削中要保持錾削角度一致，采用腕挥法锤击，锤击力量均匀，使錾出的油槽深浅一致，槽面光滑。

6）錾油槽一般要求一次成形，必要时可进行一定的修整。如在錾削中发现錾削方向开始偏离要求或槽深发生变化等倾向，必须及时加以纠正。

本课题小结

1）掌握正确的錾削姿势。錾削动作连贯、规范、协调自然。锤击落点准确，达到稳、准、狠的要求。

2）遵守训练场地的规章制度和安全文明的要求。

技能训练思考题

1. 錾削如图3-42所示的十字形槽。
2. 錾削时的安全文明生产要求有哪些?
3. 试述錾子的刃磨及热处理方法。

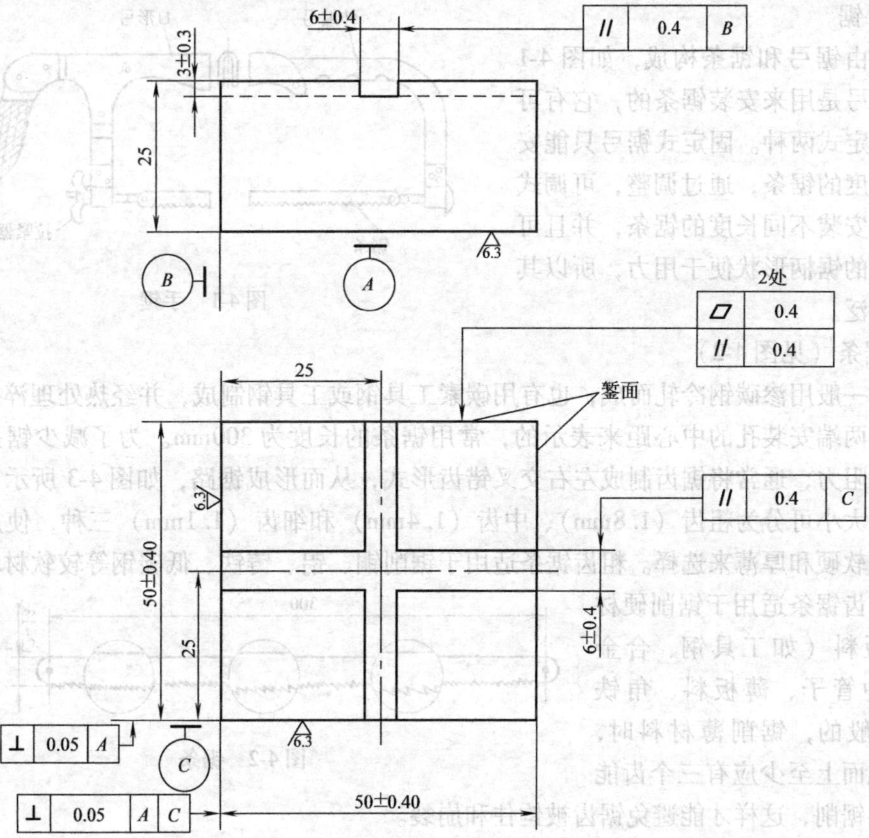

图3-42　錾削十字形槽

课题四 锯 削

技能训练目标:

1. 掌握正确的锯削姿势，能对各种型材进行正确的锯削，并达到一定的锯削精度。
2. 能根据不同的材料正确选用锯条，并能正确装夹。
3. 了解锯条损坏和产生废品原因。
4. 做到安全和文明操作。

技能训练重点、难点:

重点：保证锯削的精度，锯条折断的原因和防止方法，锯缝产生歪斜的几种因素。

难点：锯削工件时，保证锯缝平直、位置尺寸正确。

技能训练内容:

一、相关工艺知识

用手锯对材料或工件进行切断或切槽的操作叫锯削。

1. 手锯

手锯由锯弓和锯条构成，如图 4-1 所示。锯弓是用来安装锯条的，它有可调式和固定式两种。固定式锯弓只能安装一种长度的锯条；通过调整，可调式锯弓可以安装不同长度的锯条，并且可调式锯弓的锯柄形状便于用力，所以其应用较广泛。

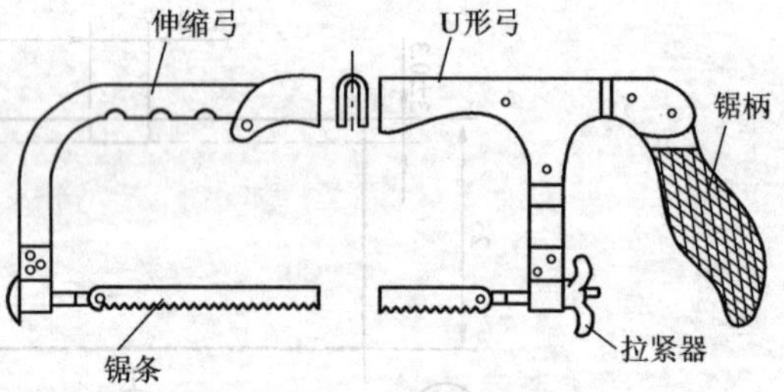

图 4-1 手锯

2. 锯条（见图 4-2）

锯条一般用渗碳钢冷轧而成，也有用碳素工具钢或工具钢制成，并经热处理淬硬。锯条长度是以两端安装孔的中心距来表示的，常用锯条的长度为 300mm。为了减少锯条在锯削时的摩擦阻力，通常将锯齿制成左右交叉错齿形式，从而形成锯路，如图 4-3 所示。锯条根据齿距的大小可分为粗齿（1. 8mm）、中齿（1. 4mm）和细齿（1. 1mm）三种，使用时应根据材料的软硬和厚薄来选择。粗齿锯条适用于锯削铜、铝、铸铁、低碳钢等较软材料或较厚工件；细齿锯条适用于锯削硬材料或薄板料（如工具钢、合金钢、各种管子、薄板料、角铁等）。一般的，锯削薄材料时，在锯削截面上至少应有三个齿能同时参加锯削，这样才能避免锯齿被钩住和崩裂。

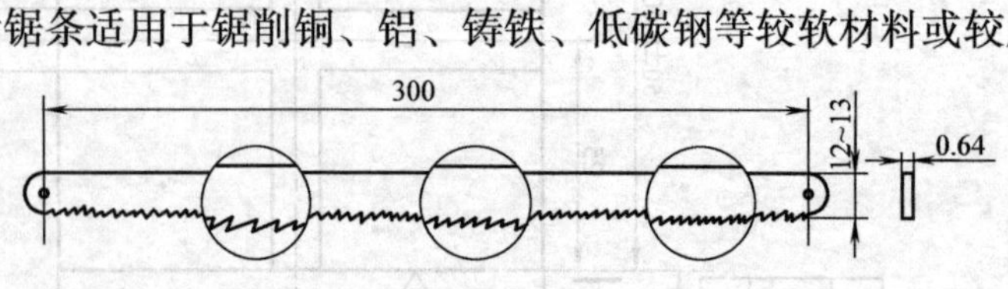

图 4-2 锯条

3. 使用手锯时的握法、姿势、压力及速度

（1）握法 右手满握锯柄，左手轻扶锯弓前端，如图 4-4 所示。

（2）姿势　锯削时站立位置和身体摆动姿势与錾削站立位置基本相似，摆动要自然，如图 4-5 所示。

（3）压力　锯削时，推力和压力由右手控制，左手主要配合右手扶正锯弓，压力不要过大。手锯推出时为切削行程，应施加压力；返回行程不切削，不加压力作自然拉回；工件将锯断时压力要小。

（4）速度　锯削时一般采用小幅度的上下摆动式运动，即手锯推进时，身体略向前倾，双手随着压向手锯的同时，左手上翘，右手下压，回程时右手上抬，左手自然跟回。对锯缝底面要求平直的锯削，必须采用直线运动。锯削运动的速度一般为 40 次/min 左右，锯削硬材料时速度要慢一些，锯削软材料速度要快一些，同时，锯削行程应保持均匀，返回行程的速度应相对快些。

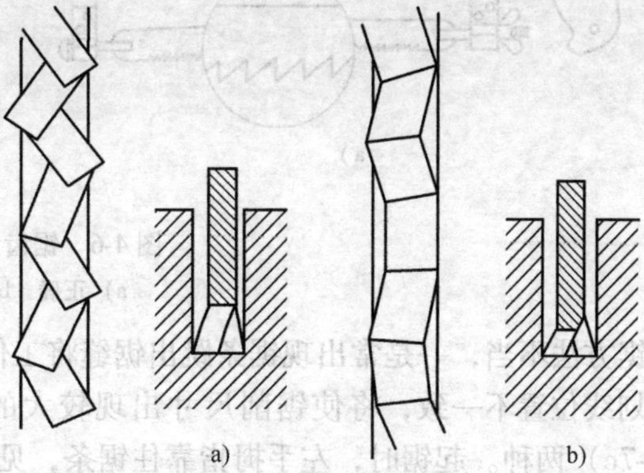

图 4-3　锯路

a）交叉形　b）波浪形

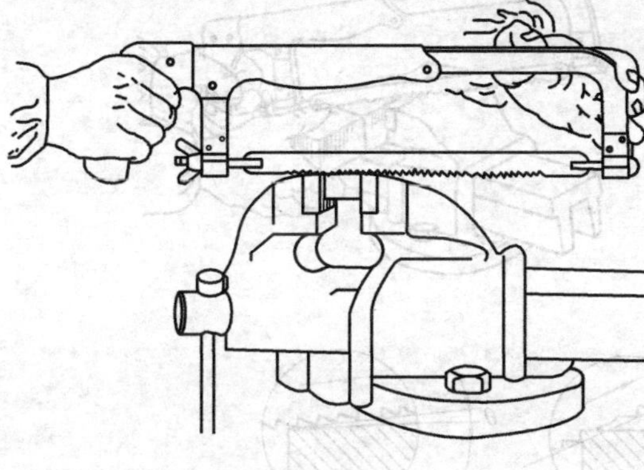

图 4-4　手锯的握法

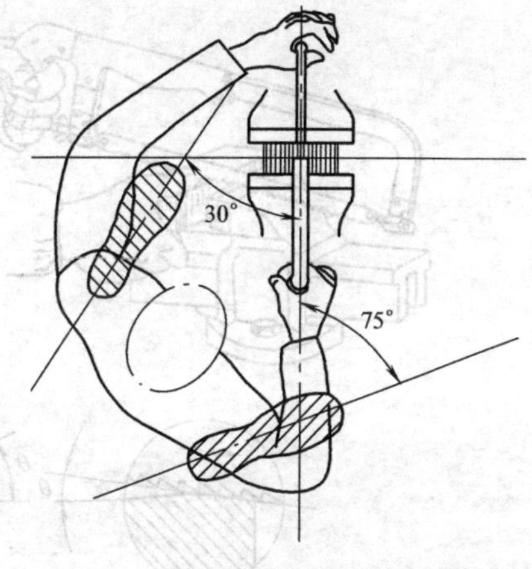

图 4-5　锯削时的站立步位和姿势

4. 锯削的操作方法

（1）工件的夹持　工件一般应夹在台虎钳的左面，以便操作；工件伸出钳口不应过长，应使锯缝离开钳口侧面约 20mm，防止工件在锯削时产生振动；锯缝要与钳口侧面保持平行（使锯缝线与铅垂线方向一致），便于控制锯缝不偏离划线线条；夹紧要牢靠，同时要避免将工件夹变形和夹坏已加工面。

（2）锯条的安装　手锯在向前推时才起切削作用，因此锯条安装应使齿尖方向朝前（图 4-6a），如果装反了（图 4-6b），则锯齿前角为负值，就不能锯削了。在调节锯条松紧时，翼形螺母不宜旋得太紧或太松：太紧时锯条受力太大，在锯削中用力稍有不当就会折断；太松则锯削时锯条容易扭曲，也会折断，而且锯出的锯缝容易歪斜。其松紧程度以用手扳动锯条时，感觉硬实即可。安装好锯条后，要保证锯条平面与锯弓中心平面平行，不得倾斜和扭曲，否则锯削时锯缝极易歪斜。

（3）起锯方法　起锯是锯削工作的开始，起锯质量的好坏，直接影响锯削质量。如果

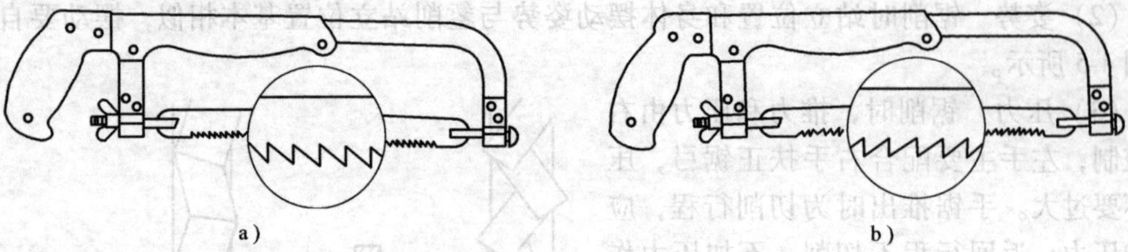

图 4-6　锯齿齿尖的方向

a）正确　b）不正确

起锯方法不当，一是常出现锯条跳出锯缝将工件拉毛或者引起锯齿崩裂，二是起锯后的锯缝与划线位置不一致，将使锯削尺寸出现较大的偏差。起锯有远起锯（图 4-7a）和近起锯(4-7c）两种。起锯时，左手拇指靠住锯条，见图 4-8，使锯条正确地锯在所需要的位置上，且行程要短，压力要小，速度要慢。起锯角 θ 约在 15°左右。如果起锯角太大，见图 4-7b，则起锯不易平稳，尤其近起锯时锯齿会被工件棱边卡边引起崩裂。但起锯角也不宜太小，否则，由于锯齿与工件同时接触的齿数较多，不易切入材料，多次起锯往往容易发生偏离，使工件表面锯出许多锯痕，影响表面质量。

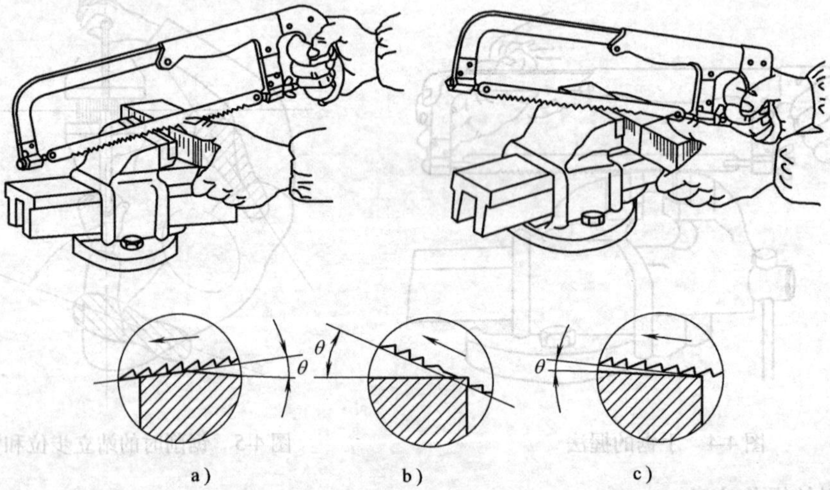

图 4-7　起锯方法

a）远起锯　b）起锯角太大　c）近起锯

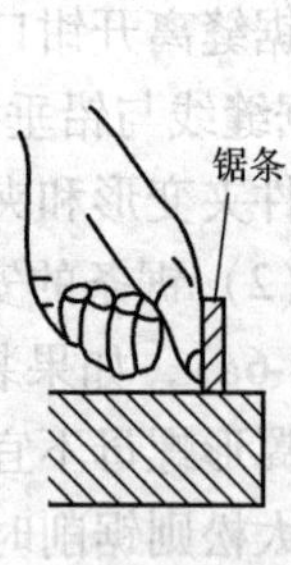

图 4-8　用拇指引导起锯

一般情况下采用远起锯较好，因为远起锯锯齿是逐步切入材料，锯齿不易卡住，起锯也较方便。近起锯时，若掌握不好要领，锯齿会被工件的棱边卡住，此时也可采用向后拉手锯作倒向起锯，使起锯时接触的齿数增加，再作推进起锯就不会被棱边卡住。起锯锯到槽深有 2～3mm 时，锯条已不会滑出槽外，这时左手拇指可离开锯条，扶正锯弓逐渐使锯痕向后（向前）成为水平，然后往下正常锯削。正常锯削时应使锯条的全部有效齿在每次行程中都参加切削。

5. 各种型材的锯削方法

（1）棒料的锯削　锯削棒料时，如果锯削的断面要求平整，则应从开始连续锯到结束，中途不停顿。若锯出的断面要求不高，则可分几个方向锯下，这样，由于锯削面变小而容易锯入，可提高工作效率。

（2）管子的锯削　锯削管子前，可划出垂直于轴线的锯削线，由于锯削时对划线的精度要求不高，最简单的方法用矩形纸条（划线边必须直）按锯削尺寸绕住工件外圆，见图 4-9，然后用滑石划出。锯削时必须把管子夹正。对于薄壁管子和精加工过的管子，应夹在有 V 形槽的两木衬之间以防管子夹扁和夹坏表面，如图 4-10 所示。

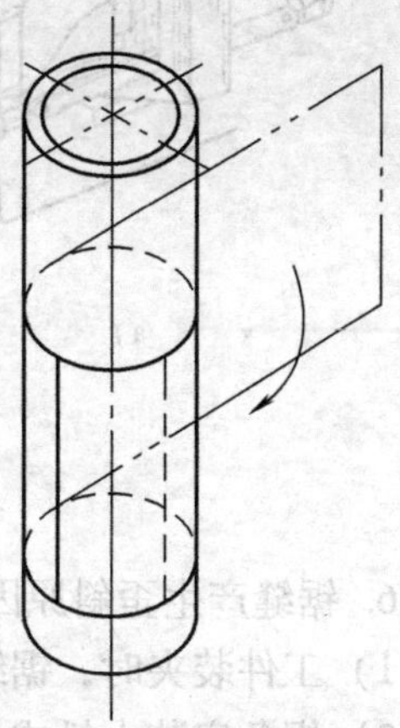
图 4-9　管子锯削线的划法

锯削薄壁管子时，不可在一个方向从开始连续锯削到结束，否则锯齿易被管壁钩住而崩裂。正确的方法应是先从一个方向锯到管子内壁处，然后把管子向推锯的方向转过一定的角度，并连接原锯缝再锯到管子的内壁处，如此逐渐改变方向不断转锯，直到锯断为止，如图 4-10b 所示。

（3）薄板料的锯削　锯削薄板料时，应尽可能从宽面上锯下去。当只能在板料的狭面上锯下去时，可用两块木板夹持，连木块一起锯下，避免锯齿钩住板料，同时也增加了板料的刚度，使其在锯削时不发生颤动，如图 4-11a 所示。也可以把薄板料直接夹在台虎钳上，用手锯作横向斜推锯，使锯齿与薄板接触的齿数增加，避免锯齿崩裂，如图 4-11b 所示。

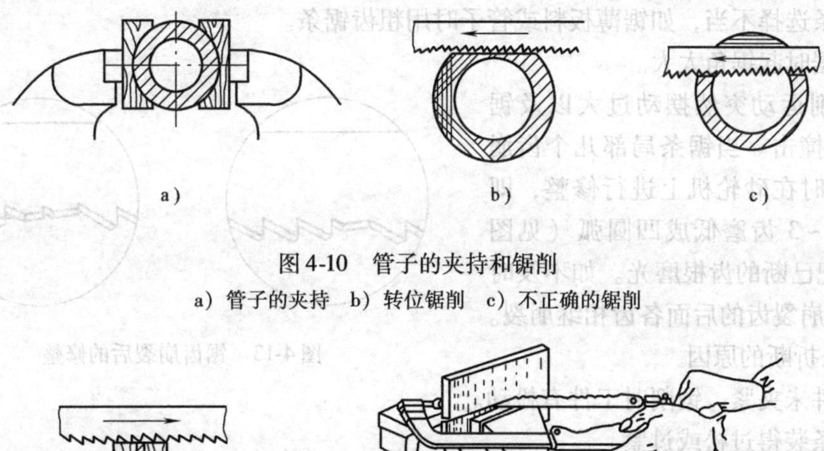

图 4-10　管子的夹持和锯削

a）管子的夹持　b）转位锯削　c）不正确的锯削

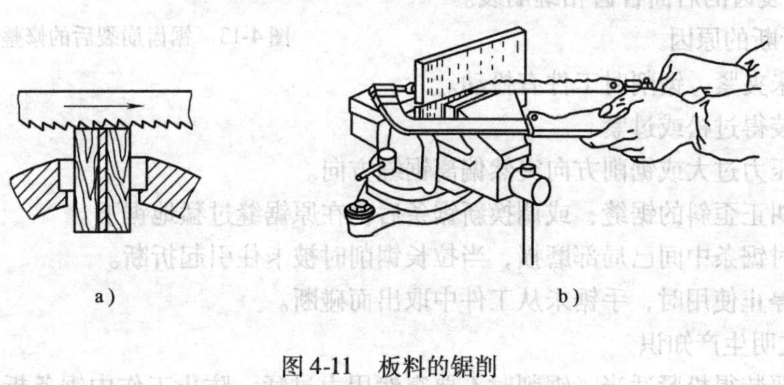

图 4-11　板料的锯削

a）锯条运动的方向　b）锯削姿势

（4）深缝锯削　当锯缝的深度超过锯弓的高度时，见图 4-12a，应将锯条转过 90°重新装夹，使锯弓转到工件的旁边，见图 4-12b，当锯弓横下来其高度仍不够时，也可把锯条装夹成使锯齿朝向锯内进行锯削，如图 4-12c 所示。

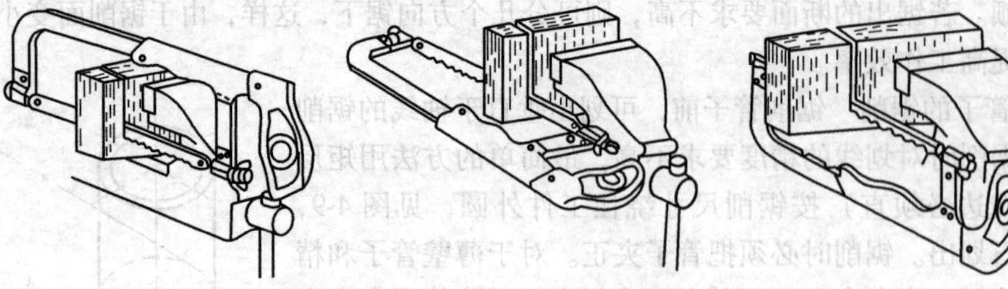

a） b） c）

图 4-12　深缝的锯削

a）锯弓与深缝平行　b）锯弓与深缝垂直　c）反向锯削

6. 锯缝产生歪斜原因

1）工件装夹时，锯缝线未能与铅垂线方向一致。

2）锯条安装太松或相对锯弓平面扭曲。

3）使用锯齿两面磨损不均的锯条。

4）锯削压力过大使锯条左右偏摆。

5）锯弓未扶正或用力歪斜，使锯条背偏离锯缝的中心平面，而斜靠在锯削断面的一侧。

7. 锯齿崩裂的原因

1）锯条选择不当，如锯薄板料或管子时用粗齿锯条。

2）起锯时起锯角太大。

3）锯削运动突然摆动过大以及锯齿有过猛的撞击。当锯条局部几个齿崩裂后，应及时在砂轮机上进行修整，即将相邻的 2 ~ 3 齿磨低成凹圆弧（见图 4-13），并把已断的齿根磨光。如不及时处理，会使崩裂齿的后面各齿相继崩裂。

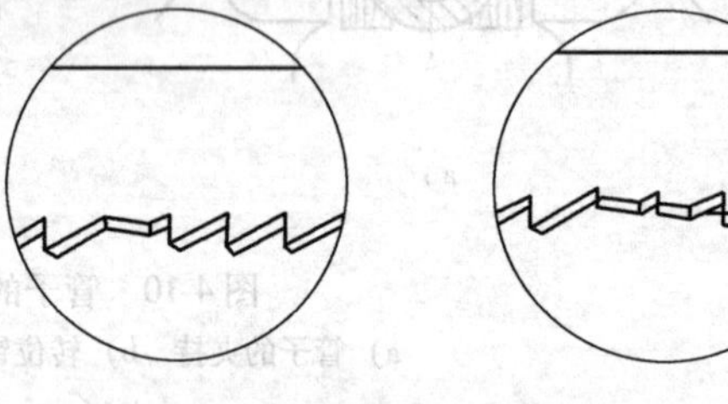

图 4-13　锯齿崩裂后的修整

8. 锯条折断的原因

1）工件未夹紧，锯削时工件有松动。

2）锯条装得过松或过紧。

3）锯削压力过大或锯削方向突然偏离锯缝方向。

4）强行纠正歪斜的锯缝，或调换新锯条后仍在原锯缝过猛地锯下。

5）锯削时锯条中间已局部磨损，当拉长锯削时被卡住引起折断。

6）中途停止使用时，手锯未从工件中取出而碰断。

9. 安全文明生产知识

1）锯条要装得松紧适当，锯削时不要突然用力过猛，防止工作中锯条折断从锯弓上崩出伤人。

2）工件快锯断时，压力要小，避免压力过大使工件突然断开，手向前冲造成事故。一般在工件将要锯断时，要用左手扶住工件要断开部分，避免其掉下砸伤脚。

3）锯削工作完毕后，必须清扫擦净钳台和台虎钳，保持工作场地清洁整齐。

二、技能训练作业

1. 技能训练作业图（见图4-14和图4-15）

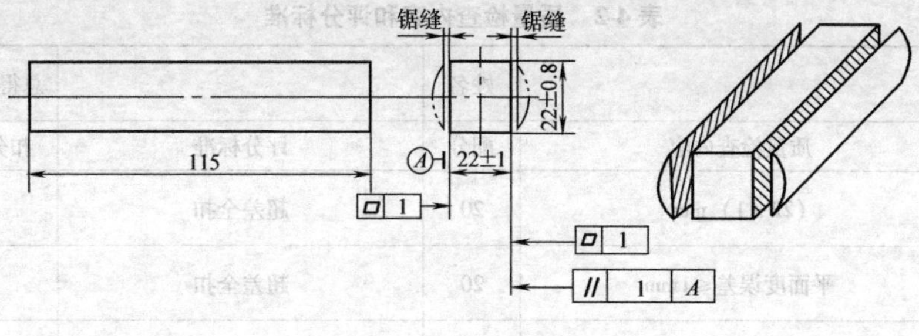

图4-14　锯削长方体

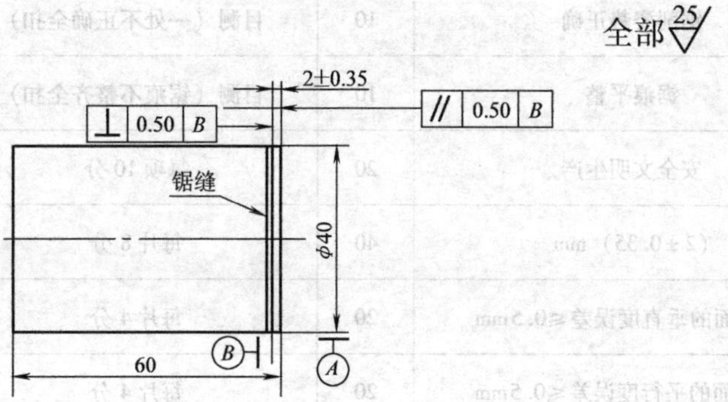

图4-15　锯削圆钢片

2. 训练准备

1）工、量具：划针、样冲、锤子、锯弓、划线盘、锯条、V形铁、金属直尺、外卡钳、涂料、全损耗系统用油等。

2）训练件的规格及要求见表4-1。

表4-1　训练件规格及要求

训练件名称	材料	材料来源	下道工序	件数	工时/h
锯削长方体	45	由课题三分课题四转来	—	1	3
锯削圆钢片	45	备料圆钢 ϕ40mm×60mm	—	5	2

3. 训练步骤：

（1）锯削长方体

1）将工件放在V形铁上，按图样要求划出锯削尺寸线22mm。

2）工件垂直地夹在台虎钳左面，其锯削线与垂线方向一致。

3）锯削时，正确选用锯条，要求纵向锯，锯痕平整；达到尺寸22±1mm及锯削断面的平面度误差小于1mm的要求。

（2）锯削圆钢片

1）按图样要求划第一锯削片2mm尺寸加工线。

2）按锯削棒料方法锯下第一片，并达到尺寸精度、垂直度误差和平行度误差的要求。

3）按照锯削第一片的方法依次锯削余下的4片。

4）复检各片尺寸。

4. 质量检查内容和评分标准（见表4-2）

表4-2 质量检查内容和评分标准

学号			姓名		总得分	
项目	序号	质量检查内容	配分	评分标准	扣分	得分
锯削长方体	1	（22±1）mm	20	超差全扣		
	2	平面度误差≤1mm	20	超差全扣		
	3	与 *A* 面的平行度误差≤1mm	20	超差全扣		
	4	锯削姿势正确	10	目测（一处不正确全扣）		
	5	锯痕平整	10	目测（锯痕不整齐全扣）		
	6	安全文明生产	20	每项10分		
锯削圆钢片	1	（2±0.35）mm	40	每片8分		
	2	与 *A* 面的垂直度误差≤0.5mm	20	每片4分		
	3	与 *B* 面的平行度误差≤0.5mm	20	每片4分		
	4	表面粗糙度 $R_a<25\mu m$	10	每片2分，升高一级全扣		
	5	安全文明生产	10	每项5分		

三、注意事项

1）锯削练习时，必须注意工件的装夹及锯条的安装是否正确，并要注意起锯方法和切锯角度，以免一开始锯削就造成废品和锯条损坏。

2）初学锯削，锯削速度不易掌握，往往推出速度过快，这样容易使锯条很快磨钝。同时也常出现摆动姿势不自然，摆动幅度过大等错误姿势，应注意及时纠正。

3）要适时注意锯缝的平直情况，及时借正（歪斜过多再作借正时，就不能保证锯削的质量）。

4）锯削钢件时，可加些润滑油，以减少锯条与锯削断面的摩擦并能冷却锯条，可以提高锯条的使用寿命。

5）锯削完毕，应将锯弓上张紧翼形螺母适当放松但不要拆下锯条（防止锯弓上的零件失散），并将其妥善放好。

本课题小结

1）本课题练习时，注意锯削姿势自然、正确，及时改正锯削中的错误动作。

2）锯削训练的目的：保证锯削质量，其尺寸精度、形位精度和表面粗糙度值达到图样要求。

3）要达到锯缝平直，位置尺寸正确的惟一途径是勤学苦练，用脑练习。

技能训练思考题

1. 锯削中怎样保证锯缝平直，位置尺寸正确？
2. 锯削训练中安全文明生产的注意事项有哪些？
3. 锯削如图4-16所示工件。

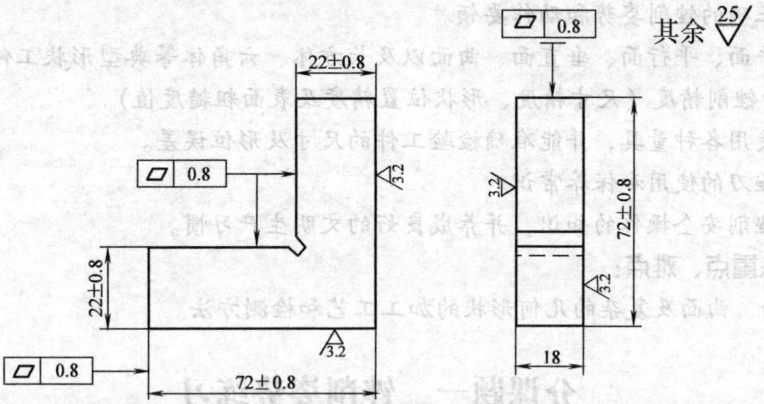

图4-16　锯削直角块

课题五　锉　　削

技能训练目标:

1. 掌握正确的锉削姿势和动作要领。

2. 掌握平面、平行面、垂直面、曲面以及长方体、六角体等典型形状工件的锉削技能，并达到一定的锉削精度（尺寸精度、形状位置精度及表面粗糙度值)。

3. 正确使用各种量具，并能准确检验工件的尺寸及形位误差。

4. 了解锉刀的使用和保养常识。

5. 了解锉削安全操作的知识，并养成良好的文明生产习惯。

技能训练重点、难点:

各种平面、曲面及复杂的几何形状的加工工艺和检测方法。

分课题一　锉削姿势练习

一、相关工艺知识

1. 锉刀

(1) 锉刀的构造　锉刀用高碳工具钢 T12 或 T13 制成，经热处理后切削部分的硬度可达 62 ~ 72HRC。

锉刀由锉身和锉柄两部分组成。锉刀各部分名称如图 5-1 所示。锉刀面是锉削的主要工作面。锉刀面在前端做成凸弧形，上下两面都有主锉纹和辅锉纹形成的锉齿，便于进行锉削。

锉刀边是指锉刀的两个侧面，没有齿的边叫光边。另一边有齿纹叫边锉纹。光边的作用是在锉削内直角的一个面时，不会碰伤另一相邻的面。

锉刀舌的作用是连接锉身与锉柄。锉柄是木质的，在安装孔的一端应套有铁箍。

(2) 锉刀的种类　锉刀分钳工锉、异形锉和整形锉等多种。

钳工锉按其断面形状不同，又分齐头扁锉、尖头扁锉、方锉、三角锉、半圆锉和圆锉 6 种。

整形锉也叫什锦锉或组锉，主要用于修整工件上的细小部位。通常以 5 把、6 把、8 把、10 把、12 把为一组。

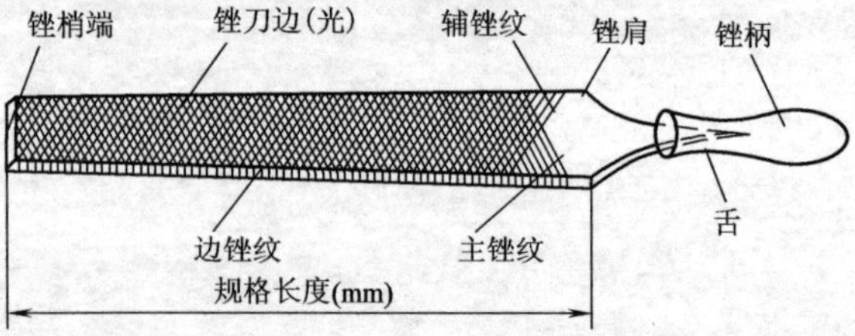

图 5-1　锉刀的构造

异形锉用来加工零件的特殊表面，有刀形锉、椭圆锉、丰圆锉、单面三角锉等。

(3) 锉刀的规格　锉刀规格分尺寸规格和齿纹的粗细规格。

1) 锉刀的尺寸规格：钳工锉、锯锉、特殊钟表锉、木锉的尺寸规格是指自锉梢端至锉肩之间的距离；整形锉、异形锉和钟表锉的全长即为其尺寸规格。如扁锉常用的有 100mm

(4in)，150mm（6in）、200mm（8in）、250mm（10in）、300mm（12in）等。

2）锉刀的齿纹粗细规格是按锉刀齿纹的齿距大小来表示的，其粗细等级分以下几种：

1 号锉纹——用于粗锉刀，齿距为 2.3 ~ 0.83mm。

2 号锉纹——用于中粗锉刀，齿距为 0.77 ~ 0.42mm。

3 号锉纹——用于细锉刀，齿距为 0.33 ~ 0.25mm。

4 号锉纹——用于双细锉刀，齿距为 0.25 ~ 0.20mm。

5 号锉纹——用于油光锉，齿距为 0.20 ~ 0.16mm。

（4）锉柄的装拆方法　装锉柄前，先在木柄中间钻出相应的孔，并检查木柄头的铁圈（箍）是否落掉，因为若无铁圈，锉刀舌插入木柄后木柄会裂开。检查好后将锉刀舌插入，然后用左手轻握锉柄，右手将锉身扶正，逐步装紧，最后用锤子敲击锉柄，使其紧固，如图 5-2a 所示。图 5-2b 所示是在台虎钳上拆锉柄的方法。

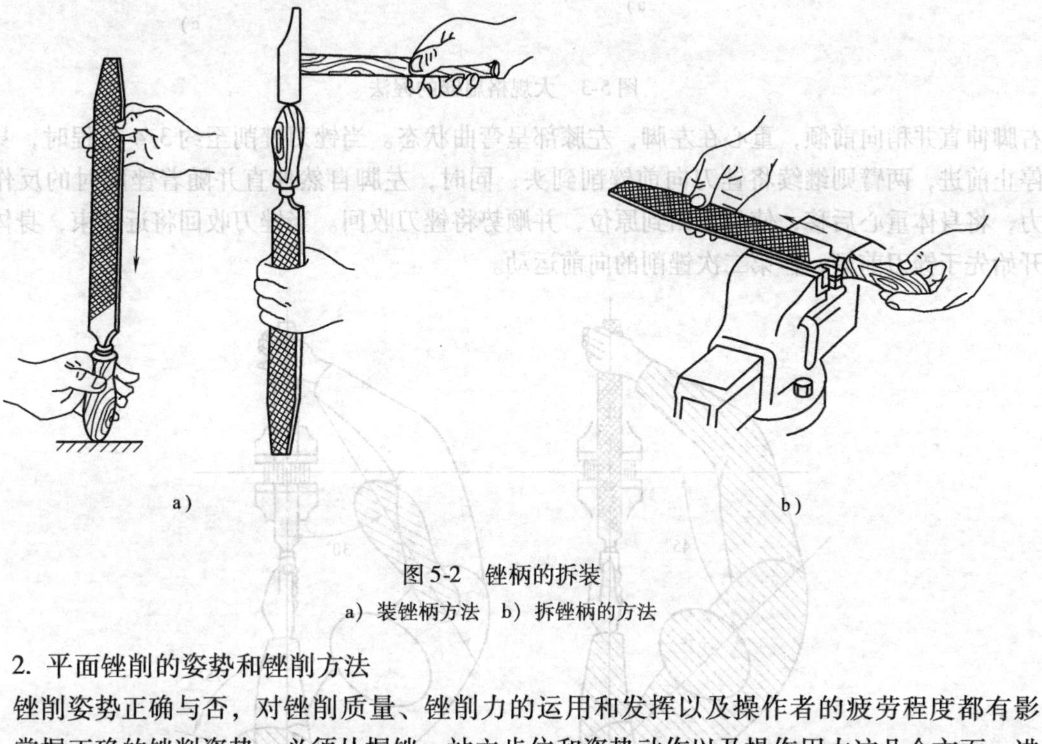

图 5-2　锉柄的拆装

a）装锉柄方法　b）拆锉柄的方法

2. 平面锉削的姿势和锉削方法

锉削姿势正确与否，对锉削质量、锉削力的运用和发挥以及操作者的疲劳程度都有影响。掌握正确的锉削姿势，必须从握锉、站立步位和姿势动作以及操作用力这几个方面，进行反复练习才能达到。

（1）锉刀的握法　尺寸规格大于 250mm 的扁锉的握法如图 5-3 所示。右手紧握锉刀柄，柄端抵在拇指根部的手掌上，大拇指放在锉柄上部，其余手指由下而上地握着锉柄，左手的基本握法是将拇指根部的肌肉压在锉刀头上，拇指自然伸直，其余四指弯向手心，用中指、无名指捏住锉刀前端。还有两种左手的握法如图 5-3b、c 所示。锉削时，右手推动锉刀并决定推动方向，左手协同右手使锉刀保持平衡。

（2）姿势动作　锉削时的站立步位和姿势（见图 5-4）及锉削动作（见图 5-5）为：两手握着锉刀放在工件上面，左臂弯曲，小臂与工件锉削面的左右方向保持基本平行，右小臂要自然地与工件锉削面的前后方向保持基本平行。锉削时，身体先于锉刀并与之一起向前，

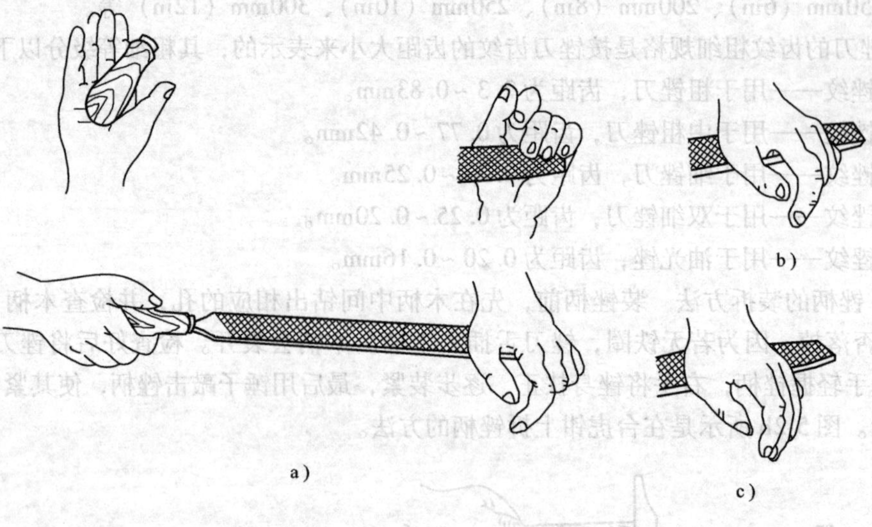

图 5-3　大规格扁锉的握法

右脚伸直并稍向前倾，重心在左脚，左膝部呈弯曲状态。当锉刀锉削至约 3/4 行程时，身体停止前进，两臂则继续将锉刀向前锉削到头，同时，左脚自然伸直并随着锉削时的反作用力，将身体重心后移，使身体回到原位，并顺势将锉刀收回。当锉刀收回将近结束，身体又开始先于锉刀前倾，作第二次锉削的向前运动。

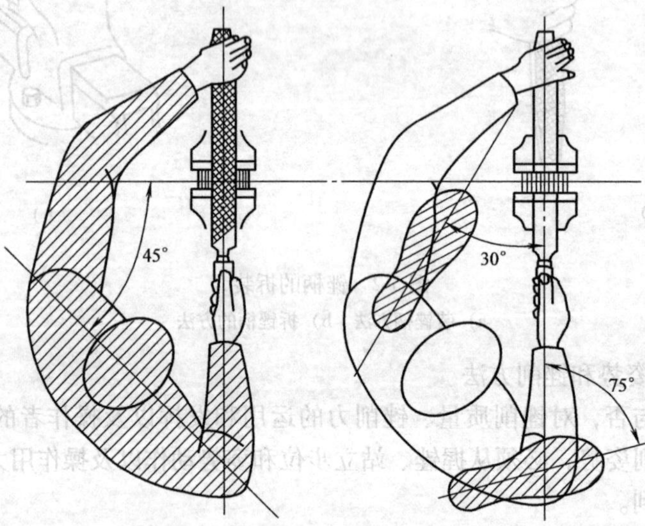

图 5-4　锉削时的站立步位和姿势

（3）锉削时两手的用力和锉削速度　要锉出平直的平面，必须使锉刀要保持直线锉削运动。为此，锉削时右手的压力要随锉刀的推动而逐渐增加，左手的压力要随锉刀推动而逐渐减小，如图 5-6 所示。回程时不加压力，以减少锉齿的磨损。

锉削速度一般应在 40 次/min 左右，推出时稍慢，回程时稍快，动作要自然协调。

（4）平面的锉法　平面锉削的方法有三种：顺向锉、交叉锉、推锉，这里主要讲解一下顺向锉。

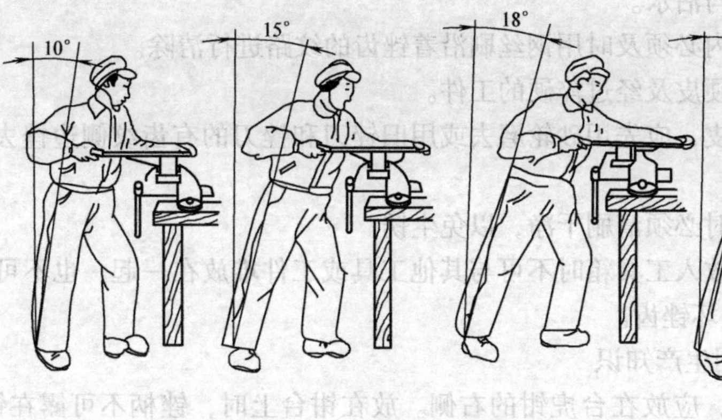

图 5-5　锉削动作

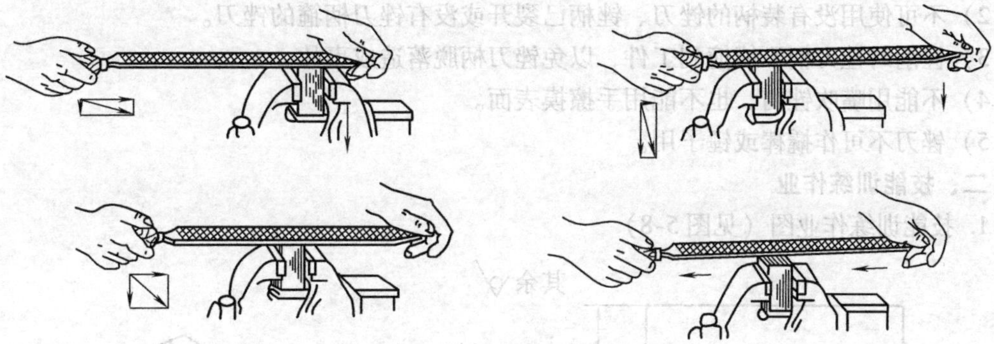

图 5-6　锉平面时的两手用力

锉刀运动方向与工件夹持方向始终一致，如图 5-7a 所示。在锉宽平面时为使整个加工表面能均匀地锉削，每次退回锉刀时应在横向作适当的移动，如图 5-7b 所示。顺向锉的锉纹整齐一致，比较美观，这是一种最基本的锉削方法。

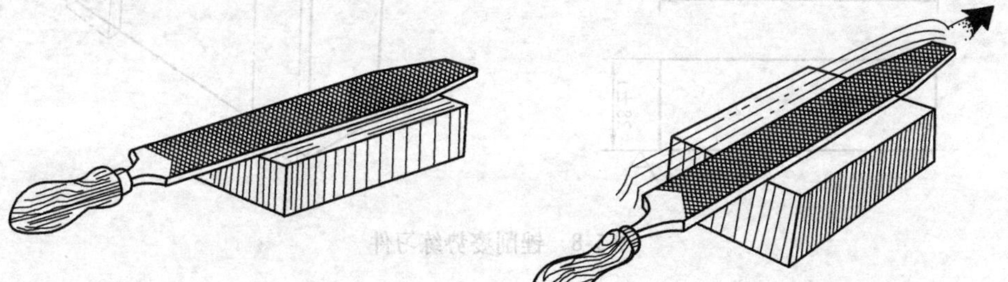

图 5-7　顺向锉

a）顺向锉　b）锉刀横向移动

（5）锉刀的保养

1）新锉刀要先使用一面，用钝后再使用另一面。

2）在粗锉时，应充分使用锉刀的有效全长，这样既可提高锉削效率，又可避免锉齿局部磨损。

3）锉刀上不可沾油与沾水。

4）如锉屑嵌入齿缝内必须及时用钢丝刷沿着锉齿的纹路进行清除。

5）不可锉毛坯件的硬皮及经过淬硬的工件。

6）铸件表面如有硬皮，应先用砂轮磨去或用旧锉刀和锉刀的有齿纹侧边锉去，然后再进行正常锉削加工。

7）锉刀使用完毕后时必须清刷干净，以免生锈。

8）在使用过程中或放入工具箱时不可与其他工具或工件堆放在一起。也不可与其他锉刀互相重叠堆放，以免损坏锉齿。

3. 锉削时的安全文明生产知识

1）锉刀是右手工具，应放在台虎钳的右侧。放在钳台上时，锉柄不可露在钳台外面，以免掉落地上砸伤脚或损坏锉刀。

2）不可使用没有装柄的锉刀、锉柄已裂开或没有锉刀柄箍的锉刀。

3）锉削时锉刀柄不能撞到工件，以免锉刀柄脱落造成事故。

4）不能用嘴吹锉屑，也不能用手擦摸表面。

5）锉刀不可作撬棒或锤子用。

二、技能训练作业

1. 技能训练作业图（见图5-8）

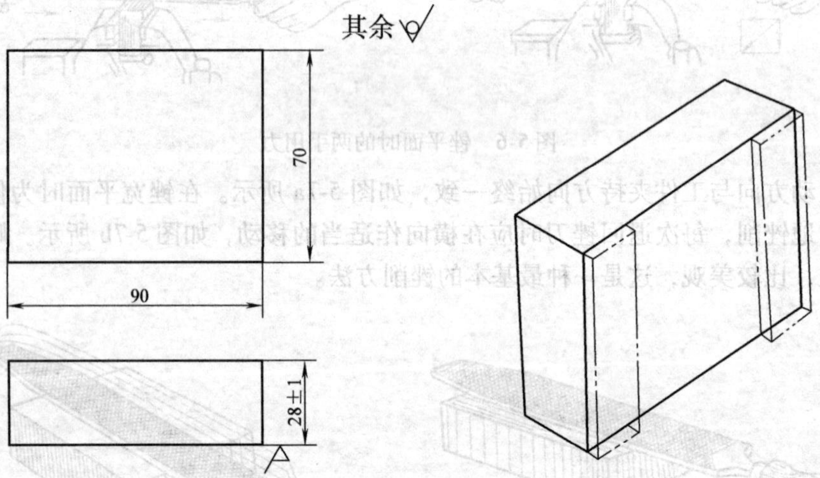

图5-8　锉削姿势练习件

2. 技能训练准备

准备一把旧的300mm（12in）粗扁锉，锉刀柄一个，长方铁工件一块，规格及要求见表5-1。

表5-1　训练件规格及要求

训练件名称	材　　料	材料来源	下道工序	件　　数	工时/h
长方铁	HT150	由课题三分课题三转来	课题五分课题二	1	6

3. 训练步骤

1）将训练工件正确装夹在台虎钳中间，锉削面高出钳口面约15mm。

2）正确安装锉把。

3）用旧的粗扁锉（300mm）在实习件凸起的台阶上进行锉削姿势练习。首先掌握站立步位和正确位置，开始采用慢动作练习，初步掌握后再作正常速度练习。要求全部采用一种锉削方法和锉刀握法，作顺向锉削。

三、注意事项

1）锉削是钳工的一项重要的基本技能，正确的姿势是掌握锉削技能的基础，因此必须练好。

2）及时纠正各种不正确的姿势，身体和双手动作保持协调。

3）在练习姿势动作时，注意体会两手用力如何变化才能使锉刀在工件上保持平衡和直线运动，为锉削平面打好基础。

4）分析研究别人的正常姿势，从而进一步领会和掌握正确的锉削姿势要领。

分课题二　平面的锉削

一、相关工艺知识

1. 平面锉削的技能练习要领

1）掌握好正确的姿势和动作。

2）熟练控制锉削力，使锉刀保持直线平衡运动。

3）练习前了解几种平面不平的形式和原因（见表5-2），以便在练习中分析改进。

表5-2　平面不平的形式和原因

形　式	产　生　原　因
平面中凸	1）锉削时双手用力不等，使锉刀运动不平衡 2）锉刀在开始推出时，右手压力太大，锉刀被压下，锉刀推到前面，左手压力太大，锉刀被压下，形成前、后面多锉 3）锉削姿势不正确 4）锉刀本身中凹
对角扭曲或塌角	1）左手或右手施加压力时重心偏在锉刀的一侧 2）工件未夹正确 3）锉刀本身扭曲
平面横向中凸或中凹	锉刀在锉削时左右移动不均匀

2. 锉削方法

（1）顺向锉　顺向锉是锉削平面时最基本的锉削方法，其锉痕整齐一致。精锉和修光常采用这种方法。

（2）交叉锉　如图5-9所示，锉刀运动方向向工件夹持方向倾斜约30°~40°角，且锉纹交叉，由于锉刀与工件的接触面大，锉刀容易掌握平衡，同时，从锉痕上可以判断出锉削面的高低情况，便于不断地修正锉削部位。交叉锉法一般适用于粗锉，精锉时必须采用顺向锉，使锉痕变直，纹理一致。

3. 检查平面度的方法

锉削工件时，若锉削平面较小，其平面度通常都采用刀口形直尺（或金属直尺）通过透光法来检查，如图 5-10 所示。检查时，刀口形直尺应垂直放在工件表面上，见图 5-10a，并在加工面的纵向、横向、对角方向多处进行检查，见图 5-10b，以确定各方向的直线度误差。如果刀口形直尺与工件平面间透光微弱且均匀，说明该方向是直的；如果透光强弱不一，说明该方向是不直的。平面度误差可用塞尺检查。对于中凹平面，其平面度误差可取各检查部位中的最大直线度误差值计；对于中凸平面，则应在两边以同样厚度的塞尺检查，其平面度误差可取各检查部位中的最大直线度误差值计，如图 5-10c 所示。

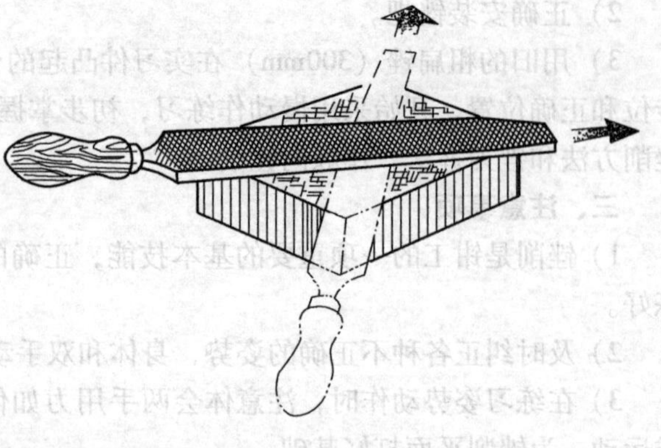

图 5-9 交叉锉

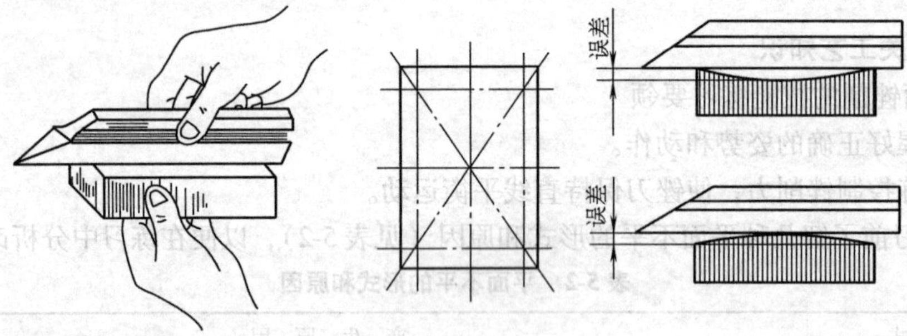

a) b) c)

图 5-10 用刀口形直尺检查平面度

刀口形直尺在被检查平面上改变位置时，不能在平面上拖动，应提起后再轻放到另一检查位置，否则直尺的测量棱边容易磨损而降低其精度。

塞尺是用来检验两个结合面之间间隙大小的片状量规，如图 5-11 所示。使用时，根据被测间隙的大小，可用一片或数片重叠在一起作塞入检验，并须作两次极限尺寸的检验后才能得出其间隙的大小。例如，用 0.06mm 塞片可以插入，而用 0.07mm 的塞片插不进去，则其间隙在 0.06 ~ 0.07mm 之间。

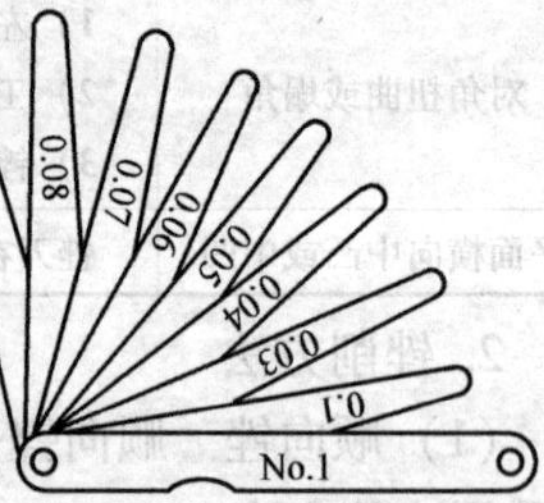

图 5-11 塞尺

塞尺的塞片很薄，容易弯曲和折断，所以测量时不能用力太大。用毕后要擦拭干净，并及时合到夹板中去。

二、技能训练作业

1. 技能训练作业图（见图 5-12）

2. 技能训练准备

1）工、量具：粗扁锉（300mm），刀口形直尺、塞尺、金属直尺、外卡钳、钢丝刷、毛刷。

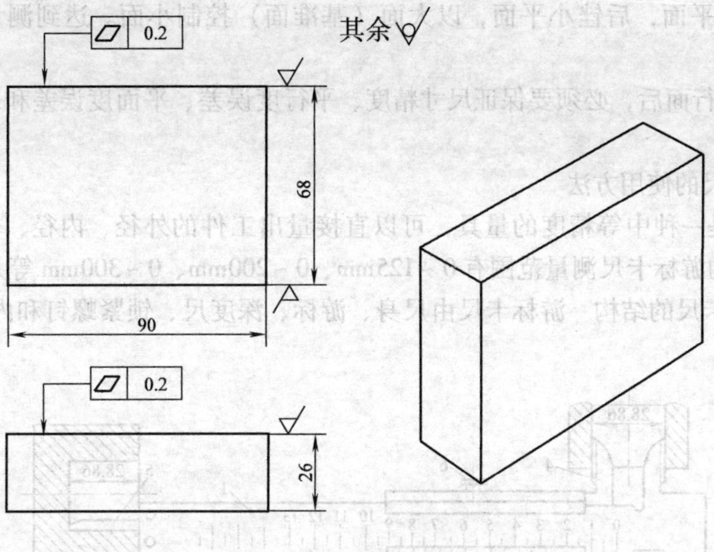

图 5-12　平面锉削练习件

2）训练件规格及要求见表 5-3。

表 5-3　训练件规格及要求

训练件名称	材　料	材料来源	下道工序	件　数	工时/h
长方铁	HT150	由课题五分课题一转来	课题五分课题三	1	6

3. 训练步骤

1）检查来料尺寸，掌握好加工余量大小。

2）先在宽平面上采用顺向锉练习大平面的锉削，然后在窄平面上练习锉平。

3）初学者借助金属直尺用透光法检查平面度误差。

4）用外卡钳来保证尺寸。

三、注意事项

1）练习时，锉削姿势要正确，动作要领规范，眼睛要注视锉刀的往复运动，锉刀没有摇摆现象。用心体会手部用力是否平衡。

2）开始锉削几刀后，就要观察锉削的平面度是否平整。发现问题要及时纠正，以改进手部用力部位，逐步形成平面锉削的技能技巧，防止机械的、盲目的练习方法。

3）表面锉纹必须平行一致。

4）正确使用工、量具，并做到安全文明操作。

分课题三　平行面的锉削

一、相关工艺知识

1. 平行面各表面的锉削顺序

加工平行面时，必须按照一定顺序进行，才能快速、准确地达到规定的尺寸和相对位置精度要求。其一般原则如下：

1）选择最大的平面作基准面，此面在锉削中，其平面度值达到最小。

2）先锉大平面，后锉小平面，以大面（基准面）控制小面。达到测量准确，修整方便。

3）加工平行面后，必须要保证尺寸精度、平行度误差、平面度误差和表面粗糙度值达到要求。

2. 游标卡尺的使用方法

游标卡尺是一种中等精度的量具，可以直接量出工件的外径、内径、长度、宽度、深度。钳工常用的游标卡尺测量范围有 0 ~ 125mm、0 ~ 200mm、0 ~ 300mm 等几种。

（1）游标卡尺的结构　游标卡尺由尺身、游标、深度尺、锁紧螺钉和内、外量爪组成，如图 5-13 所示。

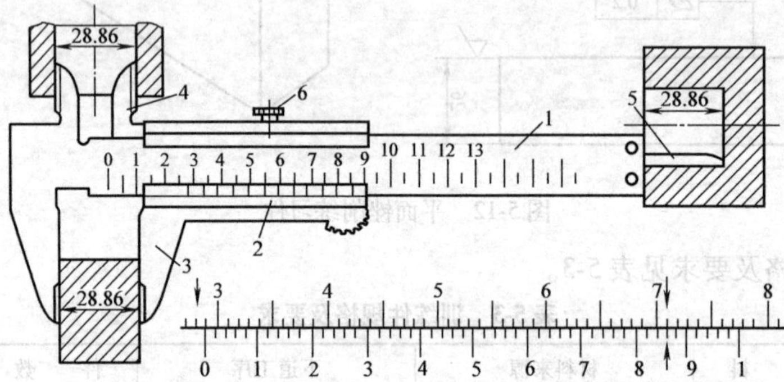

图 5-13　游标卡尺结构

1—尺身　2—游标　3—外量爪　4—内量爪　5—深度尺　6—锁紧螺钉

（2）游标卡尺的读数方法　常用的游标卡尺按游标读数值分为 0.1mm、0.05mm 和 0.02mm 三种。下面以 0.02mm 的游标卡尺为例，对其读数方法作一简单介绍。

0.02mm 的游标卡尺，其尺身每小格长度为 1mm，当两爪合并时，游标上的第 50 格刚好与尺身上的 49mm 对正。尺身与游标每格之差为：1mm − 49/50mm = 0.02mm，此差值即为 0.02mm 游标卡尺的测量精度。

用游标卡尺测量工件时，读数分 3 个步骤，如图 5-14 所示。

1）读出游标上零线左边尺身的毫米整数（图中为 60mm）。

2）读出游标上与尺身刻线对齐、刻线代表的尺寸（每格代表 0.02mm，图中为 0.4mm + 0.02mm × 4 = 0.48mm）。

3）把尺身与游标上的尺寸加起来即为测量的尺寸（图中为 60mm + 0.48mm = 60.48mm）。

（3）使用游标卡尺的注意事项

1）根据工件的尺寸要求选用合适的游标卡尺。游标卡尺只适用于中等公差等级（IT10 ~ IT16）尺寸的测量和检验，不能用游标卡尺测量铸、锻件毛坯尺寸，也不能用游标卡尺测量精度要求过高的工件。

2）使用前要检查游标卡尺量爪和测量刃口是否平直无损。两量爪贴合时有无漏光现象，尺身和游标的零线是否正好对齐。

3）测量外尺寸时，量爪开度应略大于被测尺寸，以固定量爪贴住工件，用轻微推力把活动量爪推向工件，并使测量面的连线垂直于被测表面，如图 5-15 所示。

4）测量内尺寸时，量爪开度应略小于被测量尺寸。测量时两量爪应在孔的直径上，不得倾斜，如图 5-16 所示。

5）测量孔深或高度时，应使深度尺的测量面紧贴孔底，游标卡尺的端面与被测件的表面接触，且深度尺要垂直，不可前后左右倾斜，图 5-17 所示。

6）读数时，应将游标卡尺置于水平

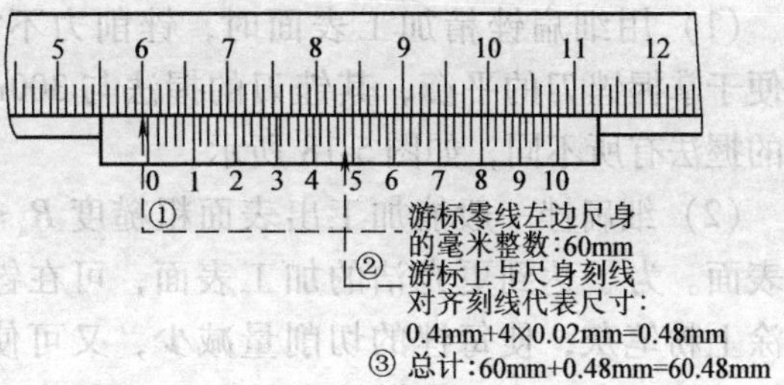

图 5-14　0. 02mm 游标卡尺的读数方法

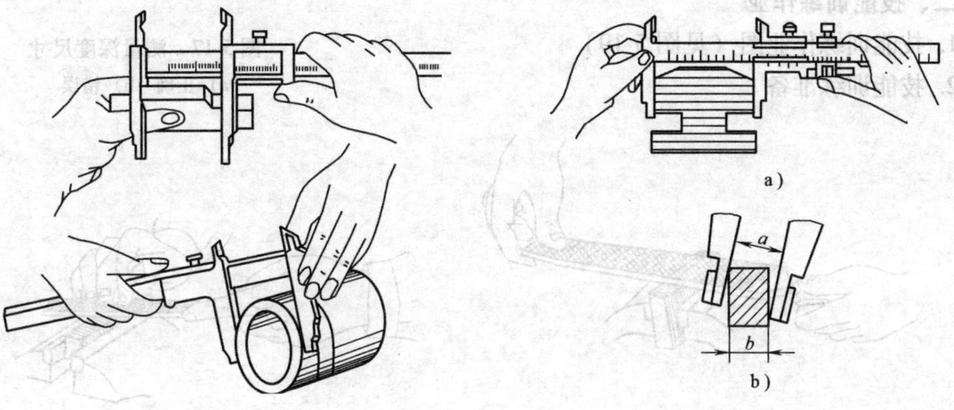

图 5-15　测量外尺寸

a）正确　b）错误

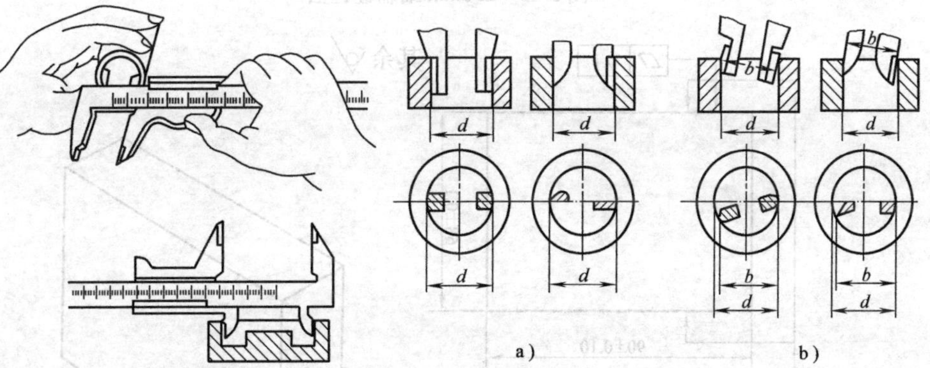

图 5-16　测量内尺寸

a）正确　b）错误

位置，视线垂直于刻线表面，避免视线歪斜，造成读数误差。

利用游标卡尺量爪测量平面的三点，其最大值与最小值的差值就是平行度的误差。如长方体第一点测量值为 34. 62mm，第二点测量值为 34. 48mm，第三点测量值为 34. 12mm，三点测量值间的最大差值是 0. 5mm，即平行度误差为 0. 5mm。

3. 250mm 细扁锉的使用方法

250mm 细扁锉用作对平面的精加工，可使加工表面形成较小的表面粗糙度值。

(1) 用细扁锉精加工表面时，锉削力不需很大。为便于掌握锉刀的平衡，其锉刀的握法与300mm 粗扁锉的握法有所不同，如图5-18 所示。

(2) 细扁锉一般能加工出表面粗糙度 $R_a \leqslant 3.2 \mu m$ 的表面。为了达到更光洁的加工表面，可在锉刀的齿面涂上粉笔灰，使每锉的切削量减少，又可使锉屑不易嵌入锉刀齿纹内，这样锉出的加工面的表面粗糙度可达 $R_a 1.6\ \mu m$。

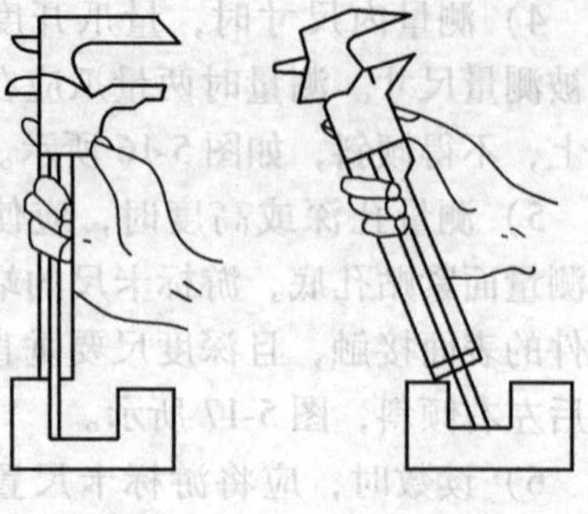

a)　　b)

图5-17　测量深度尺寸

a) 正确　b) 错误

二、技能训练作业

1. 技能训练作业图（见图5-19）

2. 技能训练准备

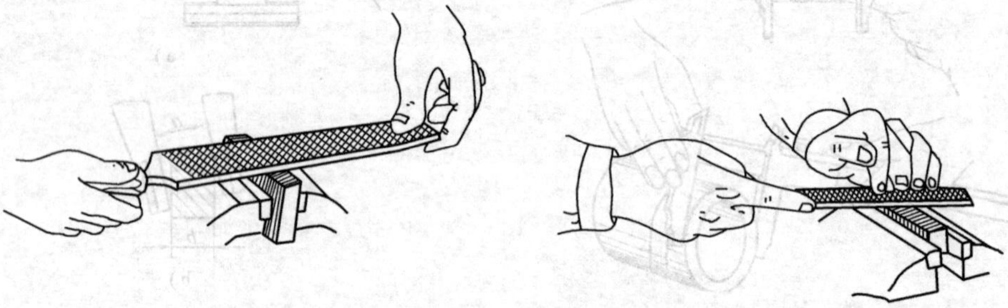

a)　　b)

图5-18　250mm 细扁锉握法

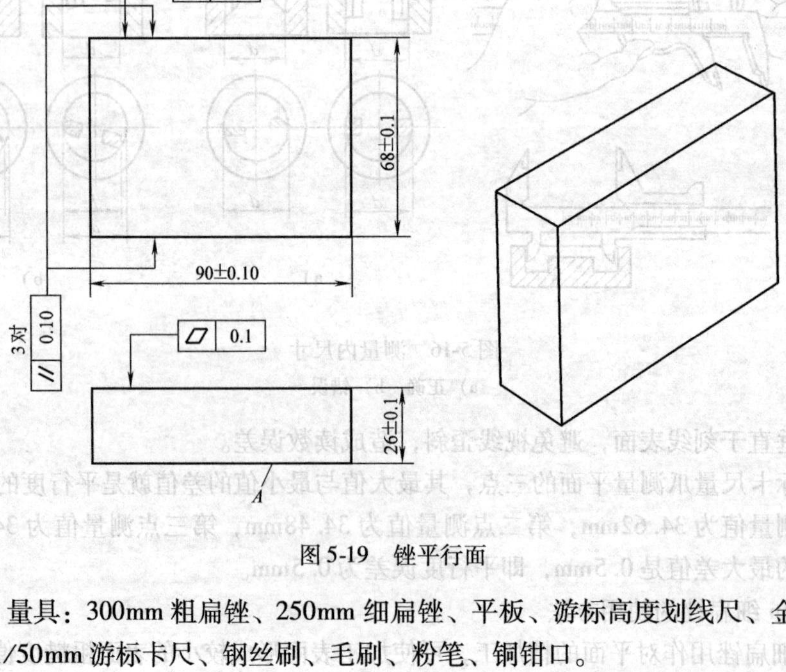

图5-19　锉平行面

1) 工、量具：300mm 粗扁锉、250mm 细扁锉、平板、游标高度划线尺、金属直尺、刀口形直尺、1/50mm 游标卡尺、钢丝刷、毛刷、粉笔、铜钳口。

2）训练件规格及要求见表5-4。

表5-4 训练件规格及要求

训练件名称	材料	材料来源	下道工序	件数	工时/h
长方铁	HT150	由课题五分课题二转来	课题五分课题四	1	6

3. 训练步骤

1）选择最大的平面 *A* 面作基准面。加工基准面至平面度和表面粗糙度 $R_a \leqslant 3.2\mu m$ 的要求。精锉用250mm 细扁锉。

2）以 *A* 面为基准，用高度游标卡尺划对应面的尺寸加工线。

3）粗精锉基准 *A* 面对应的尺寸面。先粗锉，留下0.15mm 左右的精锉余量，再精锉达到图样有关要求（尺寸精度和平行度误差用游标卡尺测量控制）。

4）复检全部精度，并作必要的修正锉削。最后将各锐边均匀倒角 *C*1（用游标卡尺复检尺寸精度和平面度）。

三、注意事项

1）在本分课题技能训练过程中，重点仍应放在养成正确的锉削姿势。本分课题结束后，锉削姿势应正确、规范、自然。

2）加工基准面时，其平面度误差一定要达到要求，对角不允许扭曲，不要产生中凸现象，否则会影响垂直度误差的测量。锉纹采用顺向锉，锉纹一致。

3）在接近加工要求时，要全面考虑，逐步进行精锉，不要急于求成，避免造成平面的塌角或中凸不平现象。

4）使用工、量具时要轻拿轻放；用毕后要擦净，并放在规定部位，要做到文明生产。

分课题四 垂直面的锉削

一、相关工艺知识

1. 用宽座直角尺检查工件垂直度误差的方法

宽座直角尺用来检查工件的垂直度，其精度分00级、0级、1级、2级共4个等级，钳工通常用0级和1级精度的宽座直角尺。

用宽座直角尺或活动角尺检查工件垂直度误差前，应先用锉刀将工件的锐边倒钝，如图5-20所示。

检查时，要掌握以下几点：

1）先将宽座直角尺尺座的测量面紧贴工件基准面，然后从上逐步轻轻向下移动，使宽座直角尺尺瞄的测量面与工件的被测表面接触，见图5-21a，眼光平视观察其透光情况，以此来判断工件被测面与其基准面是否垂直。检查时，宽座直角尺不可斜放，见图5-21b，否则检查结果不准确。

2）在同一平面上改变不同的检查位置时，不可在工件表面上拖动宽座直角尺，以免磨损宽座直角尺影响其精度。

3）使用活动角尺时，因其本身无固定角度，而是在标准角度样板上定取，然后再检查工件，因此在定取角度时应该很精确，使用时更要小心，以防角度变动。

4）宽座直角尺用毕后，必须注意用棉纱擦净并上油，然后放入量具盒内。

2. 锉削垂直面的方法

1）先选择较大的平面作为基准面，这样便于加工，并且能够减小测量误差。

2）对于矩形截面的工件，应先加工基准平面，再加工平行面，最后加工垂直面。这是因为平行度误差的测量比垂直度误差的测量更容易控制，同时，平行与垂直交替控制，可减少角度的积累误差。

3）在未加工之前应该检查工件的垂直度情况，做到心里有数，有目的、有方向的加工，达到正确的垂直度要求，如图 5-22 所示。

4）锉削过程中，既要考虑加工面与基准面的垂直度要求，又要考虑相对该面的加工余量和尺寸误差。

3. 工件的倒角和倒锐边

一般对工件的各锐边需要倒角。如图样上注有 C1 倒角，表示倒角深 1mm，且与平面成 45°角。如图样上没有注倒角时，一般可以对锐边倒钝，即倒出 0.1～0.2mm 的棱边。如果图样上注不准倒角或倒锐边，则可去毛刺。

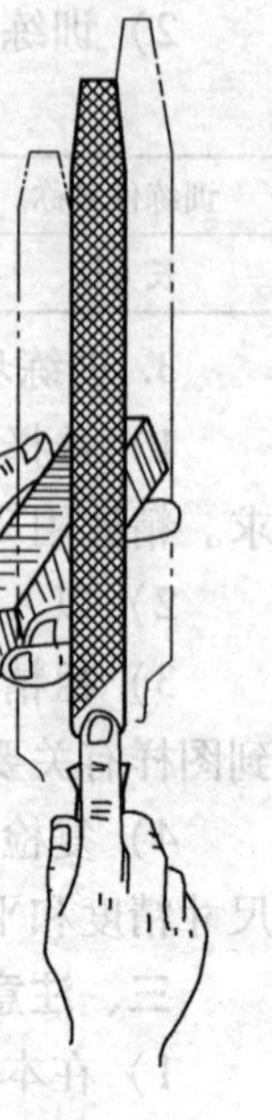

图 5-20　锐边倒钝方法

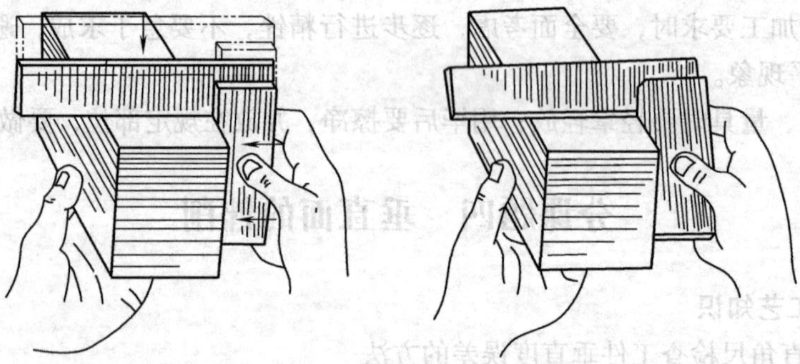

a）　　b）

图 5-21　用宽座直角尺检查工件垂直度

a）正确　b）不正确

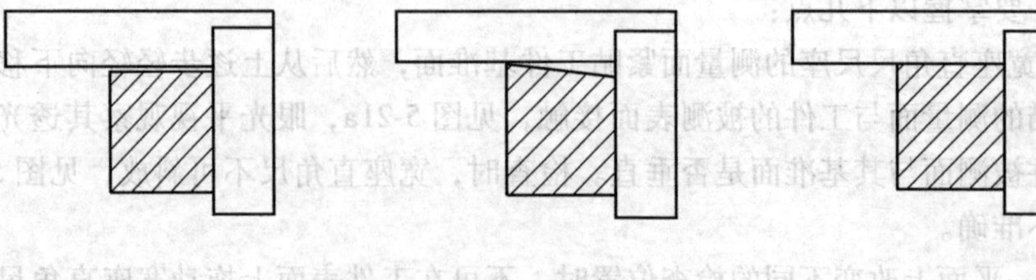

a）　　b）　　c）

图 5-22　垂直度的检查

a）小于 90°　b）大于 90°　c）正确的 90°

二、技能训练作业

1. 技能训练作业图（见图 5-23）

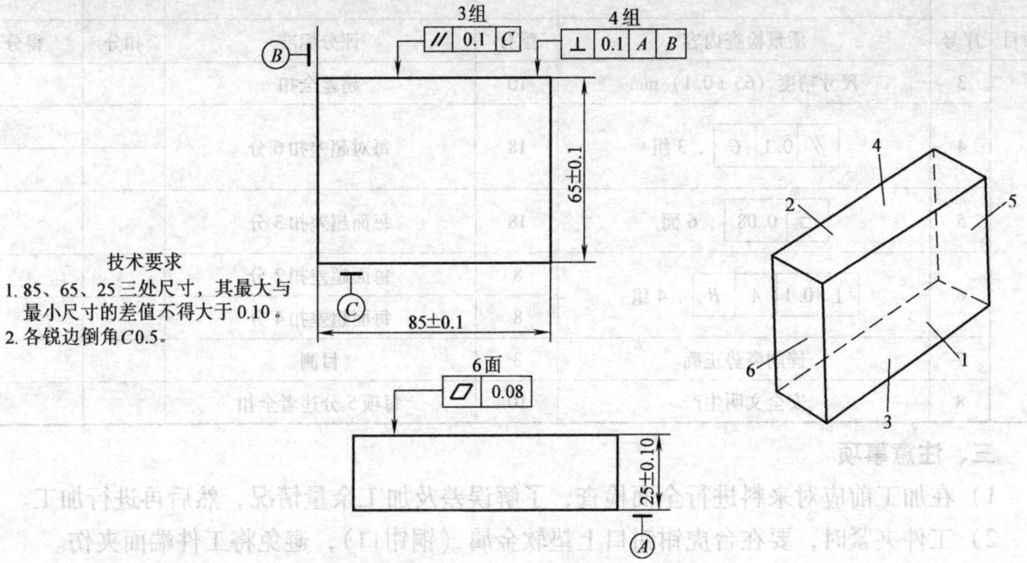

图 5-23　垂直面的锉削

2. 技能训练准备

1）工、量具：粗扁锉、细扁锉、平板、游标高度划线尺、游标卡尺、刀口形直尺、直角尺（1 级）、塞尺、钢丝刷、毛刷、铜钳口、涂料等。

2）训练件规格及要求见表 5-5。

表 5-5　训练件规格及要求

训练件名称	材　料	材料来源	下道工序	件　数	工时/h
长方铁	HT150	由课题五分课题三转来	课题六	1	6

3. 训练步骤

1）粗精锉 A 面为基准面，其平面度达到图样要求，注意防止出现中凸现象。

2）按图样中的尺寸要求进行划线，按长方体各面的编号顺序，结合所划线，依次对各面进行粗、精锉削加工，达到图样要求。用游标卡尺控制尺寸误差及平行度误差。

3）用直角尺检查 3、4、5、6 面与基准面 A 面的垂直度误差。

4）检查垂直度误差时，必须先用锉刀将工件的锐边倒钝，防止在测量时造成误差。

5）全部精度复检，并作必要的修整锉削，最后将锐边做 C0. 5 的均匀倒角。

4. 质量检验内容和评分标准（见表 5-6）

表 5-6　质量检验内容和评分标准

学号			姓名		总得分	
项目	序号	质量检查内容	配分	评分标准	扣分	得分
	1	尺寸精度（25 ±0. 1）mm	10	超差全扣		
	2	尺寸精度（85 ±0. 1）mm	10	超差全扣		

（续）

学号			姓名		总得分	
项目	序号	质量检查内容	配分	评分标准	扣分	得分
	3	尺寸精度（65±0.1）mm	10	超差全扣		
	4	∥ 0.1 C ，3组	18	每对超差扣6分		
	5	▱ 0.08 ，6面	18	每面超差扣3分		
	6	⊥ 0.1 A B ，4组	8	每面超差扣2分		
			8	每面超差扣4分		
	7	锉削姿势正确	8	目测		
	8	安全文明生产	10	每项5分违者全扣		

三、注意事项

1）在加工前应对来料进行全面检查，了解误差及加工余量情况，然后再进行加工。

2）工件夹紧时，要在台虎钳钳口上垫软金属（铜钳口），避免将工件端面夹伤。

3）基准面作为加工控制其余各面的尺寸、位置精度的测量基准，故必须在达到其规定的平面度要求后（不要产生中凸现象），才能加工其他各面。

4）在锉削时要正确掌握好加工余量，认真仔细检查尺寸要求等情况。避免超差，要采用顺向锉，并使锉刀有效全长进行加工。

5）为了保证垂直度，各面的横向尺寸差值必须首先尽可能取得较高的精度；在测量时锐边必须去毛刺、倒钝，才能保证测量的准确性。

6）锉削中养成良好的文明安全生产的习惯。

分课题五　锉削长方体

一、相关工艺知识

1. 千分尺的读数方法

千分尺属精密量具，用来测量加工精度要求较高的零件，外径千分尺是一种常用的千分尺，其测量范围在500mm以内时，每25mm为一档，如0~25mm、25~50mm、50~75mm等。测量范围在500~1000mm时，每100mm为一档，如500~600mm、600~700mm等。

1）外径千分尺的结构如图5-24所示，主要由尺架、砧座、固定套管、测微螺杆、微分筒、测力装置和锁紧装置等组成。

2）读数方法：固定套管上每相邻两刻线代表轴向长度为0.5mm。当微分筒转一周时，测微螺杆就移动0.5mm。微分筒圆锥面上共刻有50格，因此微分筒每转一格，测微螺杆就移动0.5mm÷50=0.01mm，所以千分尺的分度值为0.01mm。

千分尺的读数分为三步，如图5-25所示。

① 读出微分筒边缘在固定套管主尺上的毫米和半毫米读数，图5-25a中0.5mm和图5-25b中4mm。

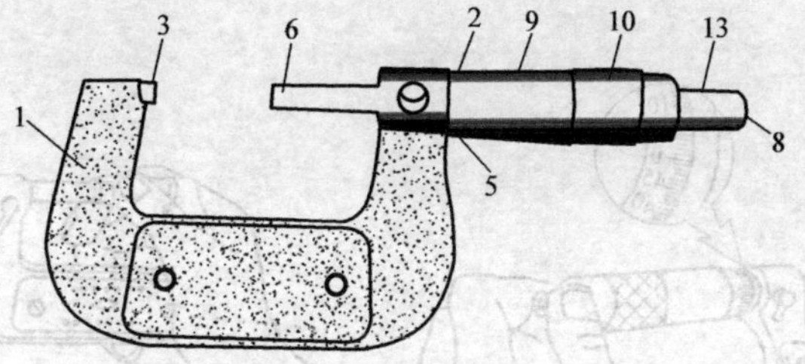

a）

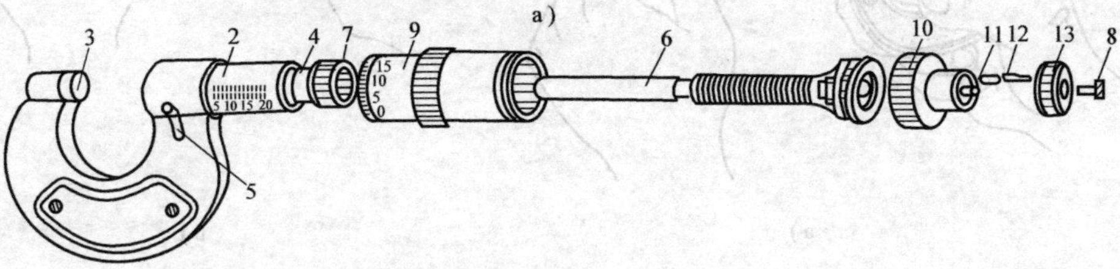

b）

图 5-24　外径千分尺

1—尺架　2—固定套管　3—砧座　4—轴套　5—锁紧手柄　6—测微螺杆　7—衬套
8—螺钉　9—微分筒　10—罩壳　11—弹簧　12—棘轮销　13—棘轮

② 看微分筒上哪一格与固定套管上基准线对齐，并读出不足半毫米的数，即图 5-25a 中为 0，图 5-25b 中为 0. 20mm。

③ 把两个读数相加即是实测尺寸，图 5-25a 中 0. 5mm + 0 = 0. 5mm，图 5-25b 中 4mm + 0. 2mm = 4. 20mm。

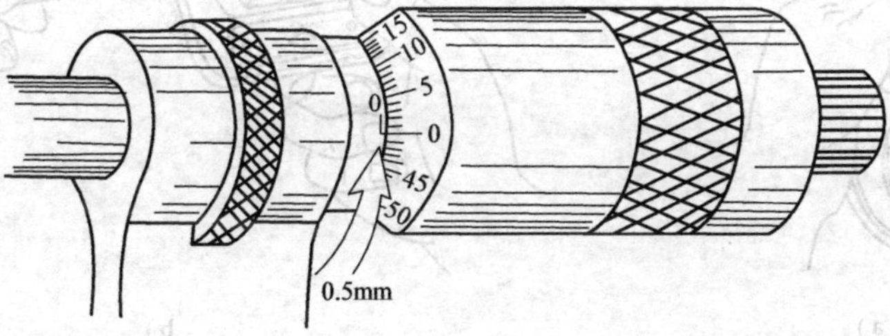

a）

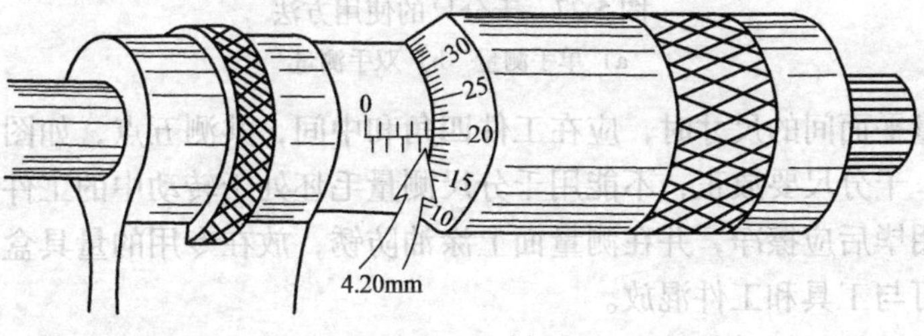

b）

图 5-25　千分尺的读数方法

2. 千分尺的使用和保养

1）测量前应检查千分尺零位准确性，如图 5-26 所示。

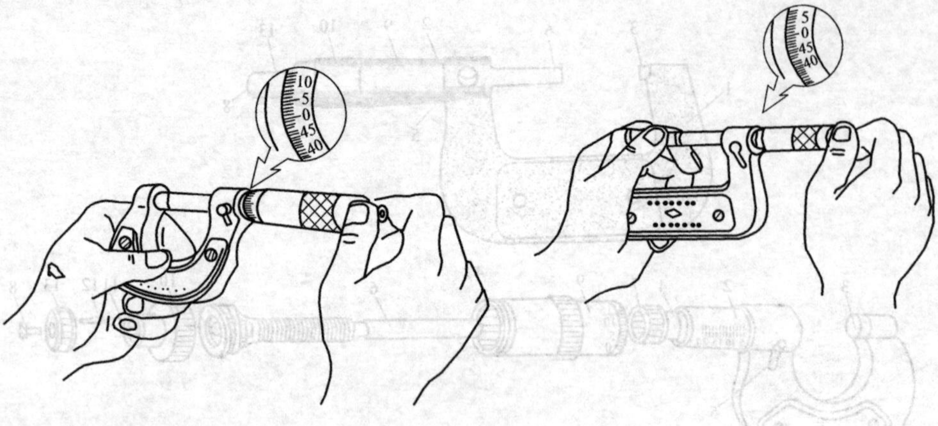

a)　　b)

图 5-26　千分尺的零位检查

a）0～25mm 千分尺的检查　b）25～50mm 或更大尺寸千分尺的检查

2）测量时，千分尺的测量面和零件的被测表面应擦拭干净，以保证测量准确。

3）千分尺可用单手或双手握持对工件进行测量，见图 5-27，单手握测时旋转力要适当，一般应先转动活动管套，当测量面刚接触工件表面时再改用棘轮，以控制一定的测量力，这样才能得到正确的读数。

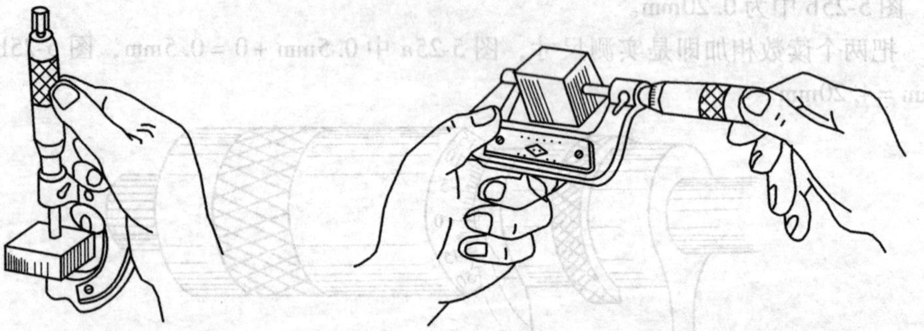

a)　　b)

图 5-27　千分尺的使用方法

a）单手测量　b）双手测量

4）一般测量平面间的尺寸时，应在工件四角和中间，共测五点，如图 5-28 所示。

5）测量时，千分尺要放正，不能用千分尺测量毛坯处于转动中的工件。

6）千分尺用毕后应擦净，并在测量面上涂油防锈，放在专用的量具盒内。

7）量具不可与工具和工件混放。

8）应定期送计量部门进行精度鉴定。

二、技能训练作业

1. 技能训练作业图（见图 5-29）

2. 训练准备

1）工、量具：划线平板、划针、V 形铁、手锯、扁锉（粗、细各一）、涂料、钢丝刷、

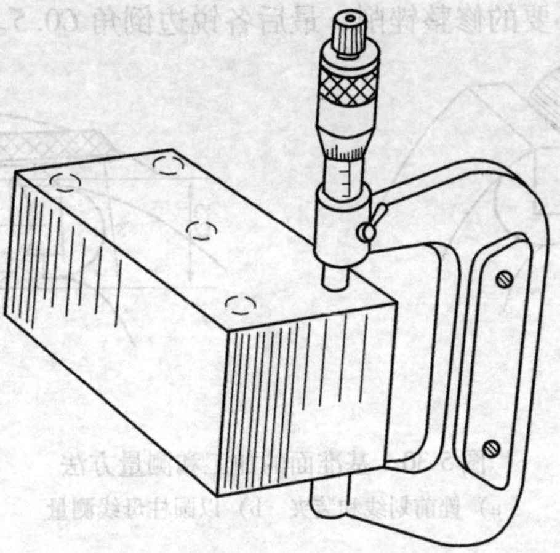

图 5-28　测量点位置

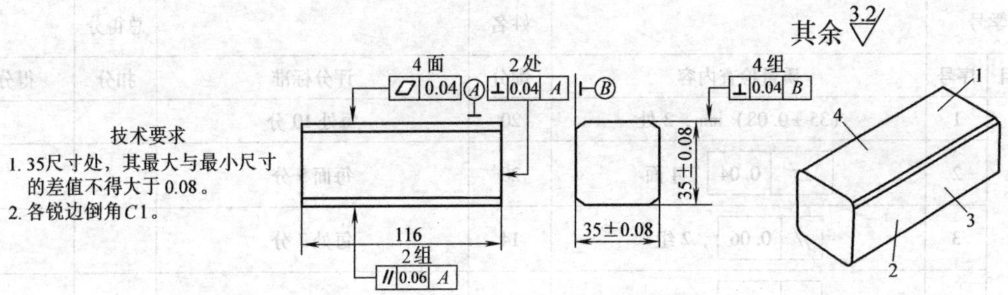

图 5-29　锉长方体

铜钳口、毛刷、高度游标卡尺、直角尺（1 级），刀口形直尺、游标卡尺、千分尺（0 ~ 25mm）。

2）训练件规格及要求见表 5-7。

表 5-7　训练件规格及要求

训练件名称	材　料	材料来源	下道工序	件　数	工时/h
长方体	45	备料 ϕ50mm × 125mm	课题七分课题三	1	10

3. 训练步骤

1）在棒料表面涂上涂料，放在 V 形铁上用高度游标卡尺划出棒料中心线，按图样要求划出正方形 35mm × 35mm 尺寸加工线。

2）粗精锉第一面（基准面 A），以圆柱母线为基准，控制其尺寸 42. 5mm，如图 5-30 所示。达到平面度误差≤0. 04mm，表面粗糙度 R_a≤3. 2μm。

3）以 A 面为基准面，加工对应平行面，粗细锉第二面，并保证尺寸、平行度误差、平面度误差、表面粗糙度值要求。用游标卡尺、千分尺测量尺寸（35 ± 0. 08）mm，平行度误差≤0. 06mm。

4）锉基准面 A 的垂直邻面 3，以圆柱母线为基准控制尺寸 42. 5mm，用直角尺以 A 面为基准测量邻面 3 的垂直度误差，并达到垂直度误差、平面度误差、表面粗糙度值要求。

5）锉削第 4 面，达到尺寸精度、垂直度误差、平面度误差、表面粗糙度值的要求。

6）全部精检，并作必要的修整锉削，最后各锐边倒角 C0.5。

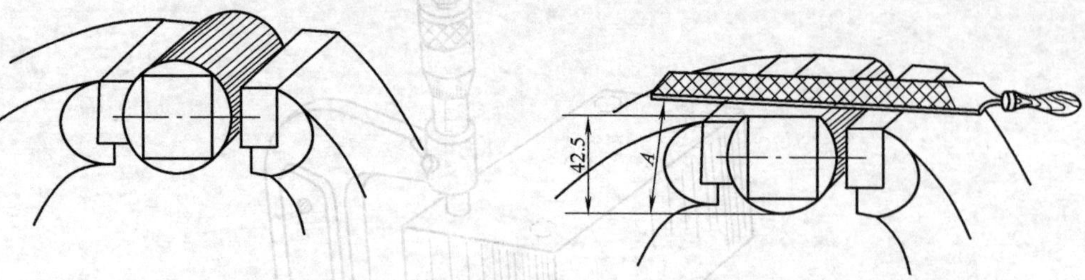

a）　　　　　　　　　　　　b）

图 5-30　基准面的加工和测量方法

a）锉前划线和装夹　b）以圆柱母线测量

4. 质量检查内容和评分标准（见表 5-8）

表 5-8　质量检查内容和评分标准

学号			姓名		总得分	
项目	序号	质量检查内容	配分	评分标准	扣分	得分
锉削长方体	1	（35 ±0.08）mm，2 处	20	每处 10 分		
	2	▱ 0.04，4 面	20	每面 5 分		
	3	// 0.06，2 组	14	每处 7 分		
	4	⊥ 0.04，4 处	16	每处 4 分		
	5	$R_a \leqslant 3.2\mu m$，6 处	6	每处 1 分		
	6	倒角均匀，4 处	4	不合格全扣		
	7	锉削姿势正确	10	目测酌情扣分		
	8	文明与安全生产	10	每项 5 分		

三、注意事项

1）将棒料工件放在 V 形铁上划出中心和尺寸加工线。划 3、4 面时，棒料工件在 V 形铁上转 90°，使中心线垂直于直角尺后，再划 3、4 面的尺寸加工线。

2）加工基准面 A 时，应该先保证圆柱母线为基准的尺寸线 42.5mm，再进行精锉并达到精度要求。

3）其他各面必须以 A 面为基准，加工和测量平行度误差、尺寸精度、垂直度误差、平面度误差、表面粗糙度值的要求。

4）测量垂直度误差时，必须对加工工件去毛刺和倒钝，从而保证测量的准确性。

分课题六　锉削六角体

一、相关工艺知识

1. 游标万能角度尺

游标万能角度尺是用来测量工件内、外角度的量具。

（1）游标万能角度尺的结构（见图 5-31）：游标万能角度尺主要由尺身 1、扇形板 2、游标 3、支架 4、直角尺 5、直尺 6、基尺 7 等组成。

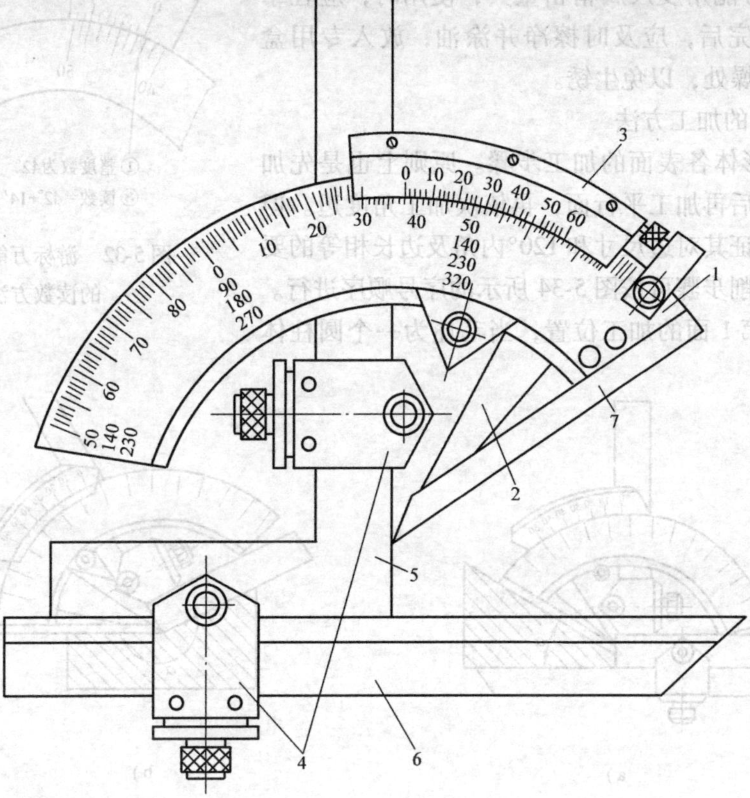

图 5-31　游标万能角度尺

1—尺身　2—扇形板　3—游标　4—支架　5—直角尺　6—直尺　7—基尺

（2）游标万能角度尺的刻线原理和读数方法：

游标万能角度尺的游标读数值分为 2′和 5′两种，对于游标读数值为 2′的游标万能角度尺，尺身上的刻线每格代表 1°，游标刻线是将尺身上 29°所占的弧长等分为 30 格，每格所对的角度为$\frac{29}{30}^\circ$。因此，游标 1 格与尺身 1 格相差：$1^\circ-\frac{29}{30}^\circ=\frac{1}{30}^\circ=2'$，即游标万能角度尺的游标读数值为 2′。

游标万能角度尺的读数方法和游标卡尺相似，先读出游标上零线左边尺身的整度数，再看游标上第几条刻线和尺身刻线对齐，读出角度“′”的数值，两者相加就是被测零件的角度数值。图 5-32 所示游标万能角度尺的读数为 42°14′。

（3）游标万能角度尺的测量范围　游标万能角度尺有Ⅰ型、Ⅱ型两种，其测量范围分别为 0°～320°和 0°～360°。Ⅰ型游标万能角度尺测量不同范围的角度时，方法如图 5-33 所示。

（4）游标万能角度尺的使用和保养

1）根据被测量工件的不同角度，正确搭配使用直尺和直角尺。

2）使用前要检查基尺和直尺贴合面应不漏光，尺身和游标的零线应对齐。

3）测量时，工件应与游标万能角度尺的两个测量面在全长上接触良好，避免产生误差。

4）游标万能角度尺属精密量具，使用时，应轻拿轻放。量具用完后，应及时擦净并涂油，放入专用盒中，保存在干燥处，以免生锈。

2. 六角体的加工方法

1）六角形体各表面的加工步骤。原则上也是先加工基准面，然后再加工平行面，再依次加工角度边。但为了能同时保证其对边尺寸和120°内角及边长相等的要求，各面的锉削步骤可按图5-34所示的序号顺序进行。

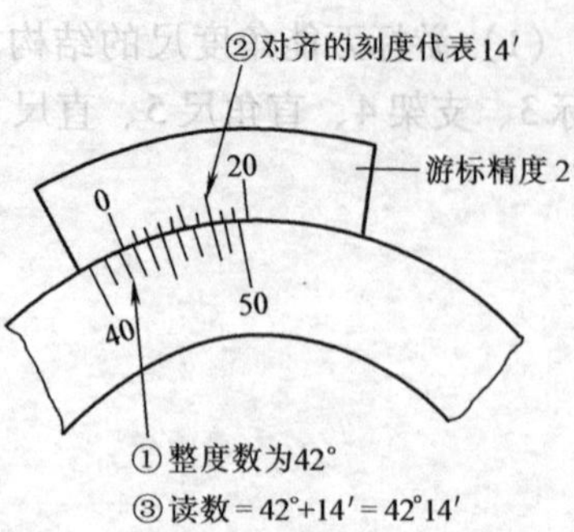

图5-32　游标万能角度尺的读数方法

2）对于第1面的加工位置，当毛坯为一个圆柱体

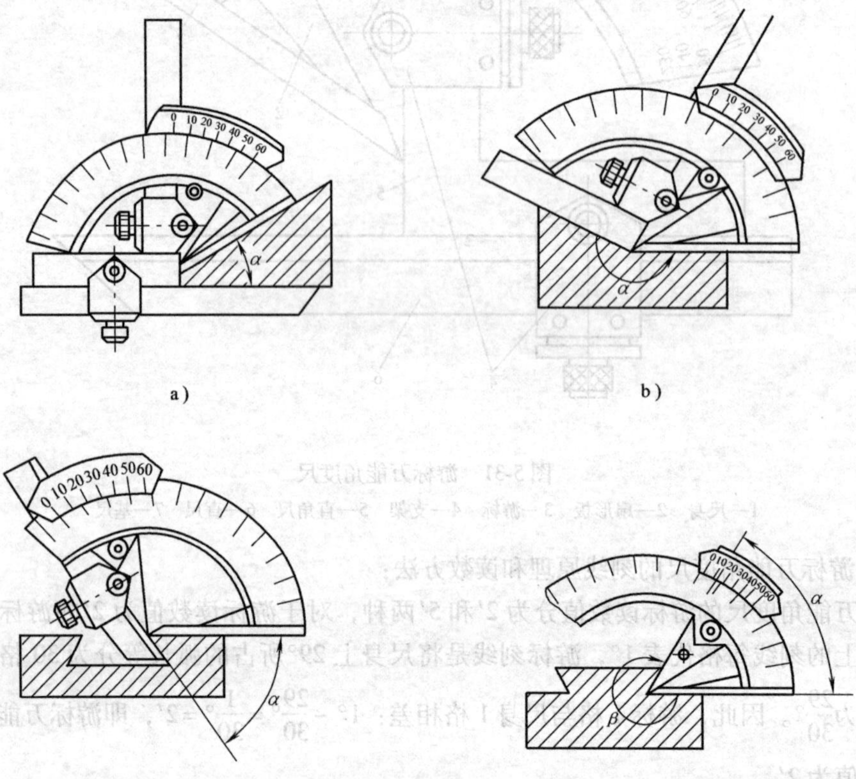

图5-33　游标万能角度尺测量方法示意图

a）测量0°~50°　b）测量50°~140°　c）测量140°~230°　d）测量230°~320°

时，应以外圆柱母线为测量基准，测量计算尺寸 M，并对其大小进行控制，如图5-34a所示；当毛坯体为其他形体时，则可通过六角形体的划线来进行控制。

3）为了保证六角形体的内角和边长相等，在锉削第3、第4面时，除了用角度量具进行角度测量控制外，还需采用边长板进行边长相等的测量控制，如图5-34b所示。

4）锉削钢件时，锉屑容易嵌入锉刀齿纹内而拉伤加工表面，使表面粗糙度值增大，因

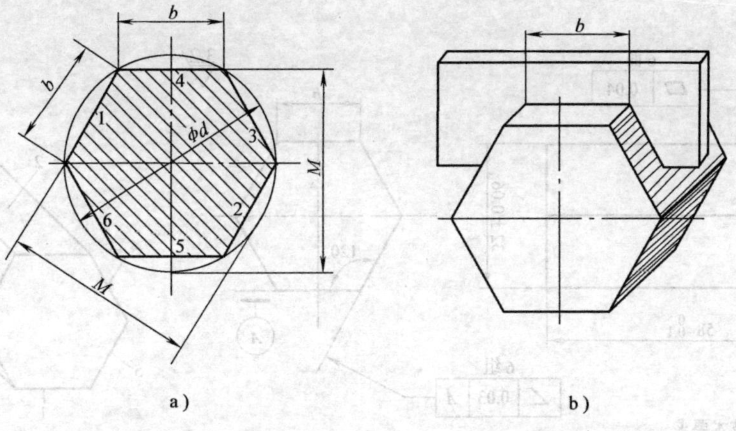

图 5-34　外六角形体的加工步骤和边长控制方法

此必须经常用钢丝刷或用薄铁片剔除锉屑，如图 5-35 所示。

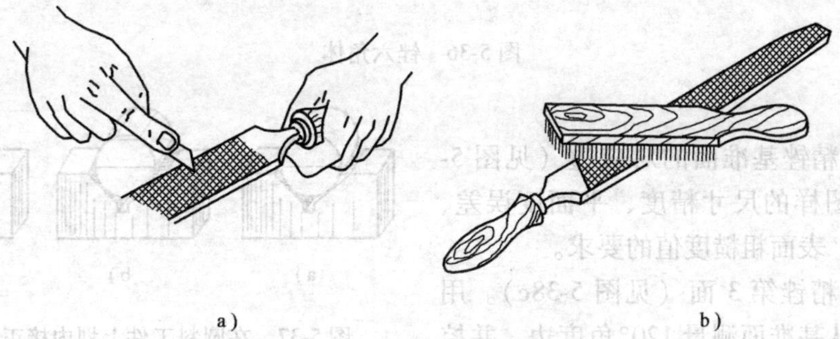

图 5-35　清除锉齿内的锉屑
a）用薄铁片清除　b）用刷子清除

二、技能训练作业

1. 技能训练作业图（图 5-36）

2. 训练准备

1）工、量具：划线平板、V 形铁、划针、手锯、粗细扁锉、铜钳口、钢丝刷、毛刷、涂料、直角尺、刀口形直尺、游标卡尺、千分尺（25～50mm）、边长卡板、游标万能角度尺、高度游标卡尺。

2）训练件规格及要求见表 5-9。

表 5-9　训练件规格及要求

训练件名称	材　料	材料来源	下道工序	件　数	工时/h
六角体	35 钢	备料 ϕ38mm×60mm	—	1	10

3. 训练步骤

1）用游标卡尺检查来料尺寸，将圆料放在 V 形铁上，划出六角体的加工线，如图 5-37 所示。

2）粗、精锉基准 A 面（见图 5-38a），达到平面度误差≤0.04mm 和表面粗糙度 R_a≤3.2μm 的要求，同时，要保证圆柱母线至锉削尺寸为 $\left(\frac{d-32}{2}\pm0.06\right)$mm，$d$ 为圆柱直径，

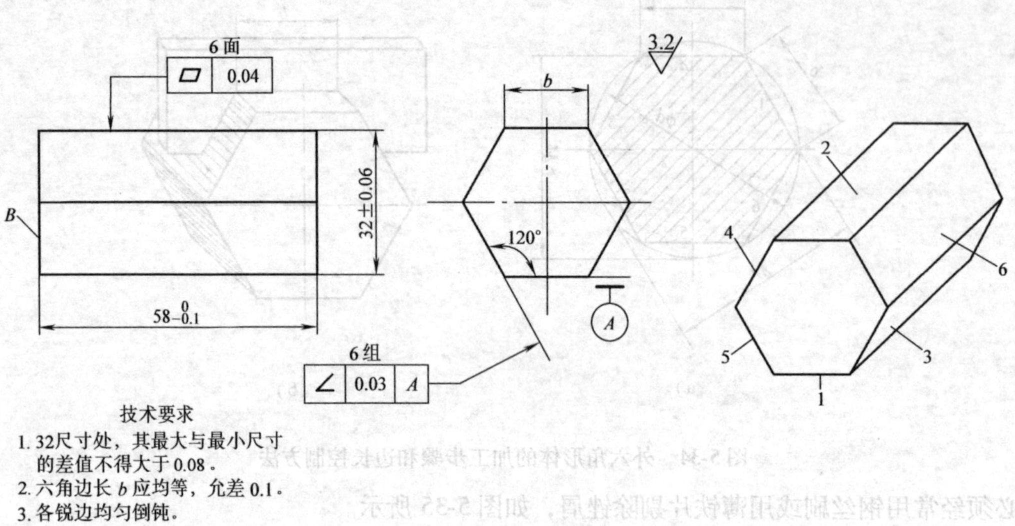

图 5-36　锉六角体

即 ϕ38mm。

3）粗、精锉基准面的对应边（见图 5-38b），达到图样的尺寸精度、平面度误差、平行度误差、表面粗糙度值的要求。

4）粗、精锉第 3 面（见图 5-38c）。用万能角度尺从基准面测量 120°角度边，并控制圆柱母线至锉削面的尺寸为$\left(\dfrac{d-32}{2}\pm0.06\right)$mm。

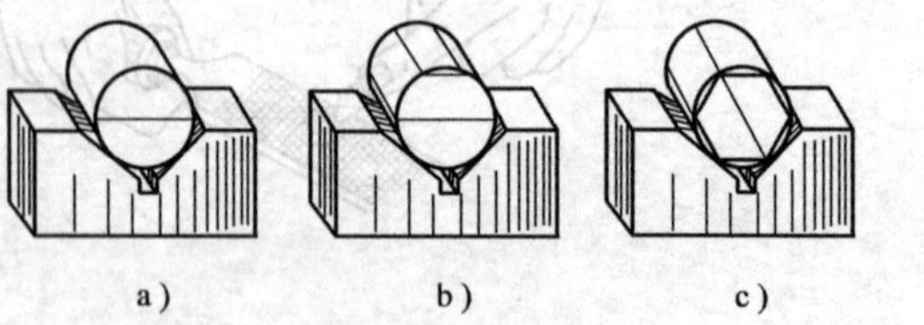

图 5-37　在圆料工件上划内接正六角形

5）粗、精锉第 4 面（见图 5-38d），达到图样要求，同时保证圆柱母线至锉削面的尺寸为$\left(\dfrac{d-32}{2}\pm0.06\right)$mm，以及与第 3 面边长 b 相等。

6）粗、精锉第 5 面（见图 5-38e），以第 3 面为基准加工对应边，并达到图样要求。

7）粗、精锉第 6 面（见图 5-38f），以第 4 面为基准加工对应尺寸边，并达到图样要求。

8）按图样要求，作全部精度复检，并作必要的精度修整，最后将各锐边倒钝。

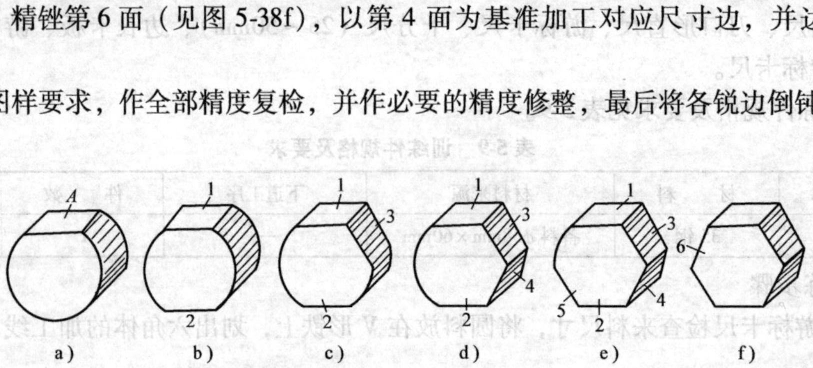

图 5-38　六角体加工步骤

4. 质量检查内容和评分标准（见表 5-10）

表 5-10　质量检查内容和评分标准

学号			姓名		总得分	
项目	序号	质量检查内容	配分	评分标准	扣分	得分
	1	（32 ±0.06）mm，3 处	30	每处 10 分		
	2	⏥ 0.04 ，6 面	12	每面 2 分		
	3	32mm 处最大与最小差值<0.08mm，3 处	12	每处 4 分		
	4	∠ 0.03 A ，6 处	18	每处 3 分		
	5	边长相等公差≤0.1mm	6	每处 1 分		
	6	锉削姿势完全正确	6	不准确全扣		
	7	$R_a \leq 3.2\mu m$，6 面	6	每面 1 分		
	8	文明安全生产	10	每项 5 分		

三、注意事项

1）本课题已是锉削基本练习的后期，故必须达到锉削姿势完全正确，一些不正确的姿势动作要全部纠正。

2）为了保证加工表面粗糙度值符合要求，在锉钢件时，必须常用钢丝刷清除嵌入锉刀齿纹内的锉屑，并在齿面上涂上粉笔灰。以减小加工表面的表面粗糙度值。

3）为了便于掌握加工各面时的粗锉余量情况，加工前可在加工面两端按划线位置用锉刀倒出加工余量的倒角。

4）在加工时，不能为了取得平面度精度而影响了尺寸要求和角度精度，或为了锉正角度而忽略了平面度和平行度，为了减小表面粗糙度值而忽略了其他，总之在加工时要考虑全部精度要求。

5）使用游标万能角度尺时，测量角度要定取正确，制动螺母必须拧紧。使用游标万能角度尺时要轻拿轻放，避免测量角发生变动，并要经常校对测量角的准确性。测量时要把工件的锐边去毛刺、倒钝，保证测量的准确性。

6）掌握好在加工六角体时常出现的形体误差及产生原因（见表 5-11），以便在练习时加以注意。

表 5-11　六角形体加工常见缺陷和产生原因

形体误差	产生原因
同一面上两端宽窄不等	1）与基准端面垂直度误差过大 2）两相对面间的尺寸差值过大，平行度误差大
六角体扭曲	各加工面有扭曲误差存在
120°角度不等	角度测量的积累误差较大
六角边长不等	1）120°角不等 2）三组相对面间的尺寸差值过大

分课题七　锉削曲面

一、相关工艺知识

1. 锉削曲面的应用

1）配键。

2）机械加工较为困难的曲面件，如凹凸曲面模具、曲面样板以及凸轮轮廓曲面等的加工和修整。

3）增加工件的外表美观性。

2. 锉削曲面的方法

最基本的曲面是单一的外圆弧面和内圆弧面，掌握内、外圆弧面的锉削方法和技能，是掌握各种曲面锉削的基础。

（1）锉削外圆弧面的方法　锉削外圆弧面所用的锉刀都为扁锉，锉削时要同时完成两个运动，即前进运动和锉刀绕工件圆弧中心的转动。其锉削方法有两种：

1）顺着圆弧面锉，如图5-39a所示。锉削时，锉刀向前，右手下压，左手随着上提。这种方法能使圆弧面锉削光洁圆滑，但锉削位置不易掌握，且效率不高，故适用于精锉圆弧面。

2）对着圆弧面锉，如图5-39b所示。锉削时，锉刀作直线运动，并不断随圆弧面摆动。这种方法锉削效率高，且便于按所划出的线均匀地锉近弧线，但只能锉成近似圆弧面的多棱形面，故适用于圆弧面的粗加工。

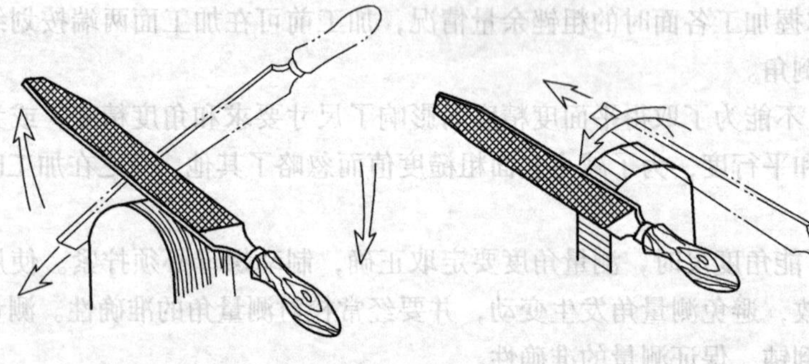

a）　　　　b）

图5-39　外圆弧面的锉削方法
a）顺着圆弧面锉　b）对着圆弧面锉

（2）锉削内圆弧面的方法　锉削内圆弧面的锉刀可选用圆锉或掏锉（圆弧半径较小时）、半圆锉、方锉（圆弧半径较大时）。锉削时，锉刀要同时完成三个运动，即前进运动、随圆弧面向左向右移动和绕锉刀中心线转动，如图5-40所示。这样才能保证锉出的弧面光滑、准确。

（3）连接平面与曲面的方法　在一般情况下，应先加工平面，然后加工曲面，这样便于使曲面与平面圆滑连接。如果先加工曲面后加工平面，则在加工平面时，则会出现由于锉刀侧面无依靠（平面与内圆弧连接时）而产生左右移动的情况，损伤已加工曲面，同时连接处也不易锉得圆滑，或圆弧不能与平面相切（平面与外圆弧面连接时）。

(4) 锉削球面的方法　锉削圆柱形工件端部的球面时，锉刀要以纵向和横向两种锉削运动结合进行才能获得要求的球面，如图 5-41 所示。

(5) 检查曲面线轮廓度的方法　在进行曲面锉削练习时，曲线轮廓度、精度可用曲线样板通过塞尺或透光进行检查，如图 5-42 所示。

图 5-40　内圆弧面的锉削方法

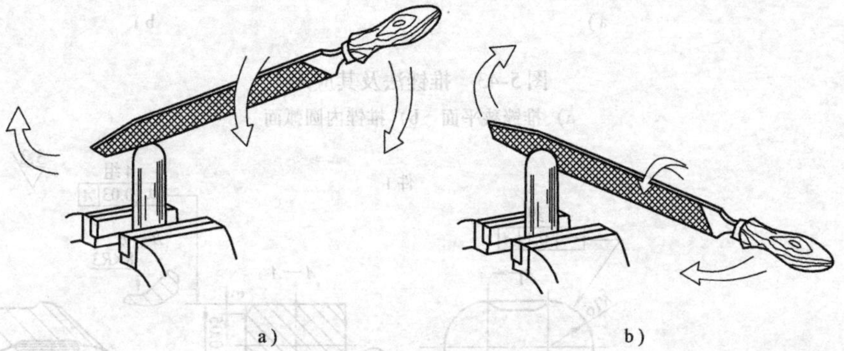

图 5-41　球面的锉削方法

a) 直向锉削运动　b) 横向锉削运动

3. 推锉操作方法及其应用

推锉的操作方法如图 5-43 所示。由于推锉时锉刀的平衡易于掌握，且切削量小，因此便于获得较平整的加工表面和较小的表面粗糙度值。推锉时的切削量很小，故一般常用作对狭长小平面的平面度修整或对有凸台的狭平面（见图 5-43a）以及内圆弧面的锉纹成顺圆弧方向（见图 5-43b）的精锉加工。

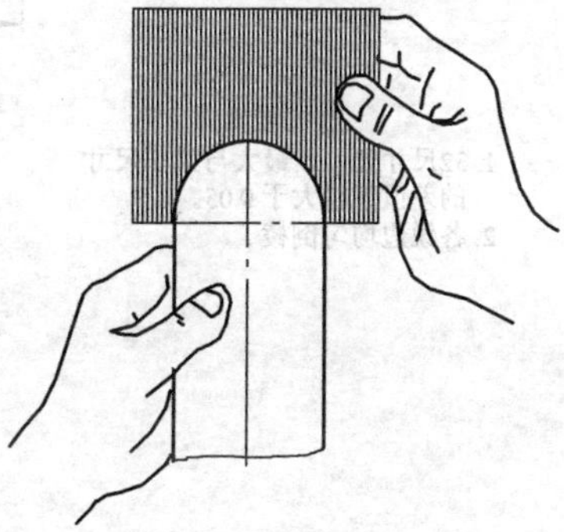

图 5-42　用样板检查曲面轮廓度

二、技能训练作业

1. 技能训练作业图（见图 5-44）

2. 训练准备

1）工、量具：划线平板、高度游标卡尺、游标卡尺、半径样板，千分尺（25 ~ 50mm 和 50 ~ 75mm）、金属直尺、划针、划规、样冲、锤子、扁锉、圆锉、半圆锉、掏锉。

2）训练件规格及要求见表 5-12。

表 5-12　训练件规格及要求

件号	训练件名称	材料来源	下道工序	件数	工时/h
1	键形体	备料：35mm × 35mm × 55mm，HT150	课题八分课题六	1	4
2	六角螺母	由课题五分课题六转来		2	4

3. 训练步骤

(1) 加工件 1

1）按图样要求划线，锉削四方体的对边尺寸为 32mm × 32mm × 52mm。

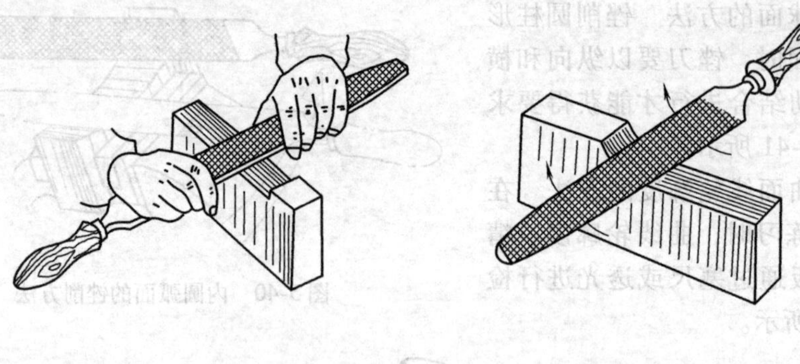

a）　　　　　　　　b）

图 5-43　推锉法及其应用

a）推锉狭平面　b）推锉内圆弧面

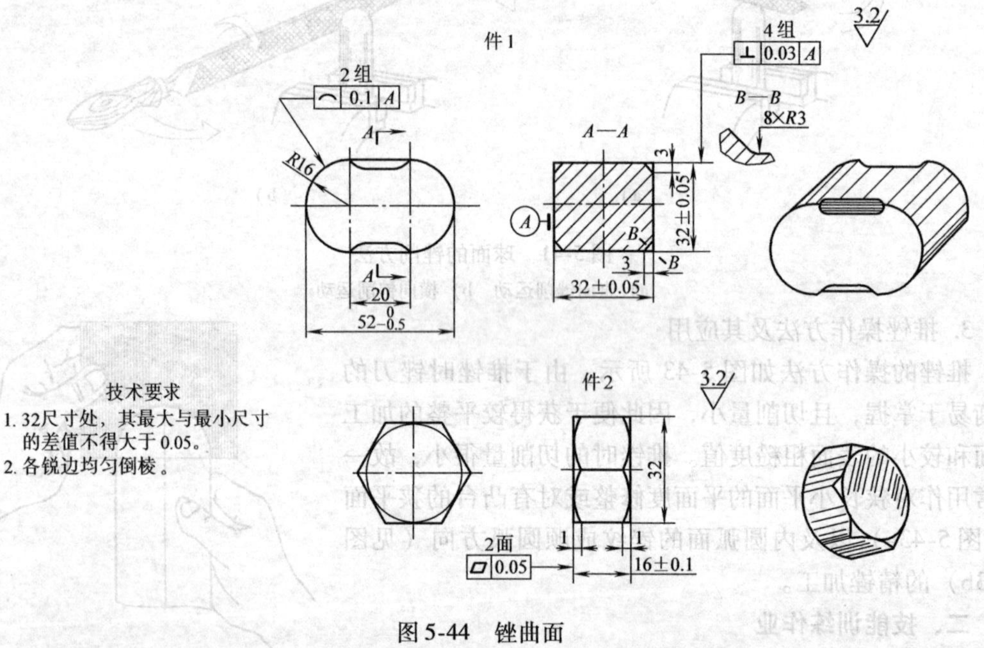

图 5-44　锉曲面

2）按图样要求划出 R16mm 和 4 处 3mm 倒角及 R3mm 圆弧位置加工线。

3）用圆锉或掏锉粗锉 8 处 R3mm 的内圆弧面，然后用扁锉粗、精锉倒角至划线，再细锉 R3mm 圆弧并与倒角平面连接圆滑，最后用 150mm 半圆锉作推锉，使锉纹全部成为纵向，表面粗糙度 $R_a \leqslant 3.2\mu m$。

4）用 300mm 粗扁锉采用对着圆弧锉法，粗锉两端圆弧面至接近 R16mm 加工线，然后顺着圆弧锉正圆弧面，并留适当余量，再用 250mm 细扁锉修整，达到各项技术要求。

5）全部精度复检，并作必要的修整锉削，最后将各锐边均匀倒钝。

（2）加工件 2

1）选择较平的面先锉，达到平面度误差≤0.05mm 和表面粗糙度 $R_a \leqslant 3.2\mu m$ 的要求，并保证与六侧面基本垂直。

2）锉相对的另一面，达到图样有关要求。

3）划六角内切圆及圆弧倒角尺寸的加工线，并按加工线倒好两端圆弧角。

4）用同样的方法加工另外壹件。

三、注意事项

1）划线线条要清晰，按要求不要敲上检验样冲眼。

2）在锉件1两端*R*16mm圆弧面时，可先用倒角方法倒至近划线线条，再进行锉削，以便控制各尺寸。

3）在锉*R*16mm外圆弧面时，不要只注意锉圆，而忽略了与基准面垂直度误差，以及横向的直线度误差的要求。

4）在顺着圆弧锉时，锉刀上翘下摆的幅度要大，才易于锉圆。

5）在锉*R*3mm的内圆弧面时，锉削一定要把形体锉正，便于锉圆弧面时锉光。推锉圆弧时，锉刀要作些转动，防止端部塌角。

本课题小结

1）锉削是钳工的一项重要技能，训练中首先掌握正确的锉削姿势和动作要领，培养良好的锉削习惯。

2）在技能训练中，必须强调要掌握过硬的基本功，必须勤学苦练，勤动脑，勤动手，这样才能加快操作技能和技巧提高。

3）技能训练中要严格遵守安全文明生产的有关规定，防止事故的发生。

技能训练思考题

1. 在锉削平面时，经常产生平面中凸现象，应用什么方法解决此问题？
2. 锉六角形体时，经常产生六角体扭曲的现象，应用什么方法纠正此问题？
3. 试加工如图5-45所示的工件。

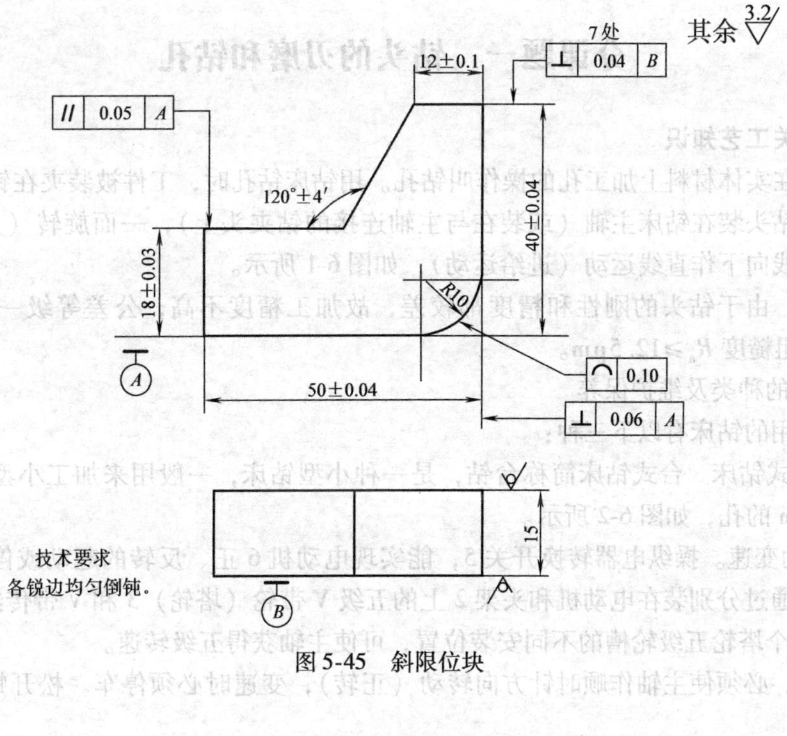

图5-45　斜限位块

课题六　钻孔、锪孔、铰孔和攻、套螺纹

技能训练目标

1. 了解工作场地上各种钻床的规格、性能及使用方法。
2. 掌握标准麻花钻的几何角度及刃磨方法。
3. 掌握划线钻孔的方法，并能对一般的孔进行钻削加工。
4. 熟悉钻孔时工件的几种装夹方法及转速的选择。
5. 熟悉锪孔的作用，并掌握各种孔口的锪加工方法。
6. 了解铰刀的种类和应用。
7. 掌握铰孔的方法及铰削用量和切削液的选择。
8. 了解铰孔时可能出现的问题及产生原因。
9. 掌握攻螺纹时底孔直径和套螺纹时圆杆直径的确定。
10. 掌握攻螺纹和套螺纹的方法。
11. 了解攻螺纹和套螺纹时可能出现的问题及产生的原因。
12. 遵守安全操作规程，并养成良好的文明生产习惯。

技能训练重点、难点：

1. 麻花钻的刃磨方法。在训练时，充分利用废旧钻头进行练习。
2. 正确的钻孔方法。能达到图样的技术要求，保证尺寸误差≤0.2mm。
3. 攻螺纹和套螺纹及铰孔的加工方法。能保证加工精度要求。

分课题一　钻头的刃磨和钻孔

一、相关工艺知识

用钻头在实体材料上加工孔的操作叫钻孔。用钻床钻孔时，工件被装夹在钻床工作台上固定不动，钻头装在钻床主轴（或装在与主轴连接的钻夹头上），一面旋转（主运动），一面沿钻头轴线向下作直线运动（进给运动），如图 6-1 所示。

钻孔时，由于钻头的刚性和精度都较差，故加工精度不高，公差等级一般为 IT10 ~ IT11，表面粗糙度 $R_a \geqslant 12.5\mu m$。

1. 钻床的种类及维护保养

钳工常用的钻床有以下三种：

（1）台式钻床　台式钻床简称台钻，是一种小型钻床，一般用来加工小型工件上直径不大于 12mm 的孔，如图 6-2 所示。

1）传动变速。操纵电器转换开关 5，能实现电动机 6 正、反转的起动或停止，电动机的旋转动力通过分别装在电动机和头架 2 上的五级 V 带轮（塔轮）3 和 V 带传给主轴 1。改变 V 带在两个塔轮五级轮槽的不同安装位置，可使主轴获得五级转速。

钻孔时，必须使主轴作顺时针方向转动（正转），变速时必须停车。松开螺钉 7，可推

动电动机前后移动，借以调节V带的松紧，调节后应将螺钉拧紧。主轴的进给运动（即钻头向下的直线运动），由手动操纵进给手柄10控制。

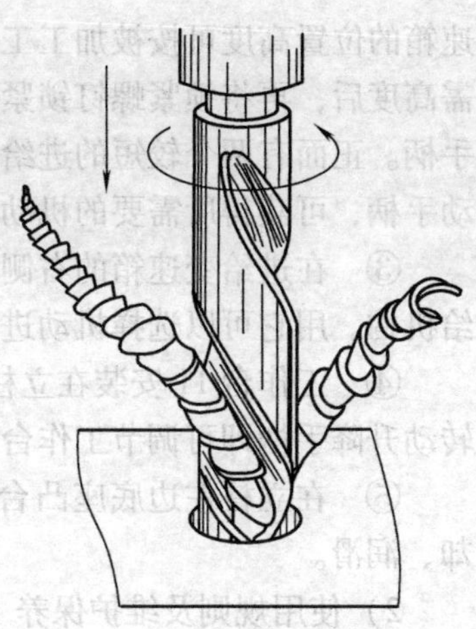

图6-1 钻孔

2）钻轴头架的升降调整。头架2安装在立柱8上，调整时先松开手柄9，旋转摇把4使头架升降到需要位置，然后再旋转手柄9将其锁紧。

3）维护保养

① 在使用过程中，工作台面必须保持清洁。

② 钻通孔时，必须使钻头能通过工作台面上的让刀孔，或在工件下面垫上垫铁，以免钻坏工作台面。

③ 用毕后必须将机床外露滑动面及工作台面擦净，并对各滑动面及各注油孔加润滑油。

（2）立式钻床 立式钻床简称立钻，常用的Z525立钻组成如图6-3所示，一般用来钻中、小型工件上的孔，其最大钻孔直径有25mm、35mm、40mm和50mm几种。

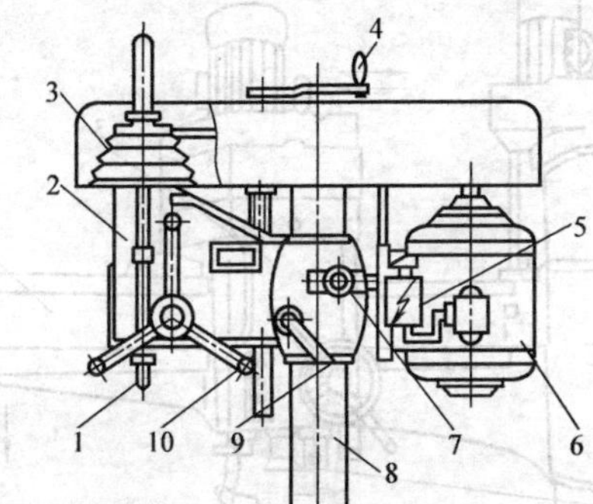

图6-2 台式钻床外形

1—主轴 2—头架 3—V带轮 4—摇把 5—转换开关 6—电动机 7—螺钉 8—立柱 9—手柄 10—手动操纵进给手柄

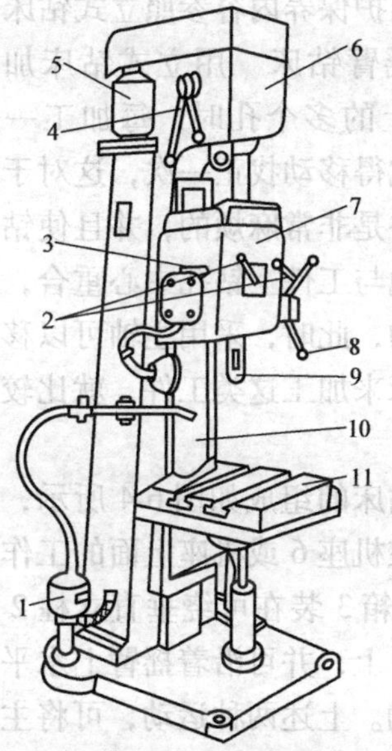

图6-3 立式钻床外形

1—切削液泵 2—进给变速手柄 3—控制手柄 4—变速手柄 5—主电动机 6—主轴变速箱 7—进给变速箱 8—进给手柄 9—主轴 10—立柱 11—工作台

1）主要机构的使用和调整

① 主轴变速箱6位于机床的顶部，主电动机5安装在它的后面，变速箱左侧有两个变速手柄4，参照机床的变速标牌，调整这两个手柄的位置，能使主轴9获得9级不同转速。

② 进给变速箱7位于主轴变速箱和工作台11之间，安装在立柱10的导轨上。进给变

速箱的位置高度可按被加工工件的高度进行调整。调整前须首先松开锁紧螺钉，待调整到所需高度后，再将锁紧螺钉锁紧。进给变速箱左侧的手柄3为主轴正、反转起动或停止的控制手柄。正面有两个较短的进给变速手柄2，按变速标牌指示的进给速度与对应的手柄位置板动手柄，可获得所需要的机动进给速度。

③　在进给变速箱的右侧有三星式进给手柄8，这个手柄连同箱内的进给装置，称为进给机构。用它可以选择机动进给、手动进给、超越进给或攻螺纹进给等不同操作方式。

④　工作台11安装在立柱导轨上，可通过安装在工作台下面的升降机构对其进行操纵，转动升降手柄即可调节工作台的高低位置。

⑤　在立柱左边底座凸台上安装着切削液泵1，开动此泵可输送切削液对刀具进行冷却、润滑。

2）使用规则及维护保养

①　立钻使用前必须先空转试机，在机床各机构都能正常工作时才可操作。

②　工作中不采用机动进给时，必须将三星手柄端盖向里推，断开机动进给传动。

③　调节变速主轴转速或切换进给方式必须在停机后进行。

④　需经常检查润滑系统的供油情况。

⑤　维护保养内容参照立式钻床一级保养要求（附录表2）。

（3）摇臂钻床　用立式钻床加工一个工件上的多个孔时，每加工一个孔，工件就得移动找正一次，这对于加工大型工件是非常麻烦的，并且使钻头中心准确地与工件上钻孔中心重合，也是很困难的，此时，采用主轴可以移动的摇臂钻床来加工这类工件，就比较方便。

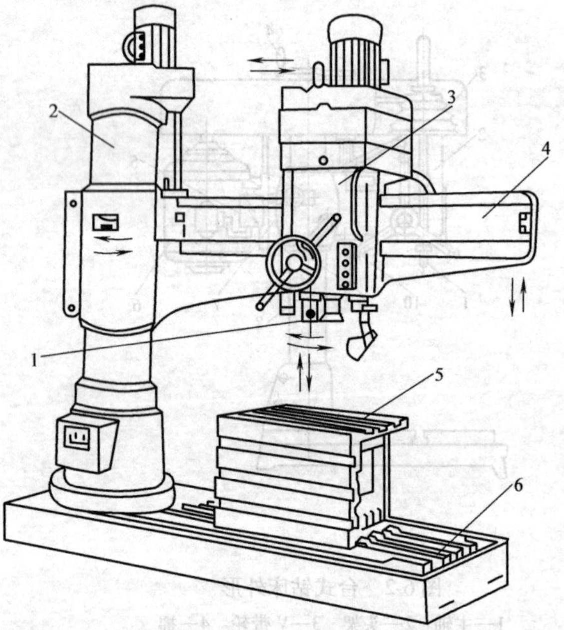

图6-4　摇臂钻外形

1—主轴　2—立柱　3—主轴箱　4—摇臂　5—工作台　6—机座

摇臂钻床的组成如图6-4所示，工件被安装在机座6或机座上面的工作台5上，主轴箱3装在可绕垂直立柱2回转的摇臂4上，并可沿着摇臂上水平导轨往复移动。上述两种运动，可将主轴1调整到机床加工范围内的任何位置上。因此在摇臂钻床上加工多孔的工件时，工件可以不动，只要调整摇臂和主轴箱在摇臂上的位置，即可方便地对准孔的中心。此外，摇臂还可沿立柱上下升降，使主轴箱的高低位置适合于工件加工部位的高度。

2. 标准麻花钻的几何角度和刃磨方法

（1）麻花钻的主要角度

1）钻头的结构如图6-5所示。麻花钻分为直柄麻花钻头和锥柄麻花钻头。其结构由切削刃、刃带、沟槽、钻颈、钻柄、扁尾、横刃组成。

麻花钻的切削部分由五刃（两条主切削刃、两条副切削刃和一条横刃）、六面（两个前面，两个后面和两个副后面）、三尖（一个钻尖，两个刀尖组成），如图 6-6 所示。

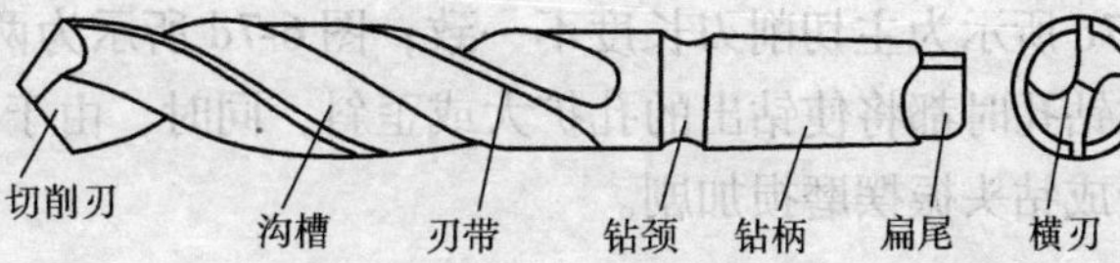

图 6-5　麻花钻的结构

2）麻花钻的切削角度如图 6-6a 所示。

① 前角 γ_o：钻头前面和基面的夹角，切削刃外缘处前角可达 30°，接近横刃处前角为 −30°。

② 后角 α_o：主后面与切削平面之间的夹角，切削刃外缘处后角 10° ~ 14°。

③ 顶角 2ϕ：钻头两主切削刃在其平行平面内投影的夹角。当顶角为 118° ±2°，此时两条主切削刀呈直线；顶角大于 118°时，两主切削刃呈凹形；当顶角小于 118°时，两条主切削刃呈凸形。

④ 横刃斜角 ψ：在垂直于钻头轴线的端面投影中，横刃与主切削刃所夹的锐角。标准麻花钻的横刃斜角为 50° ~ 55°

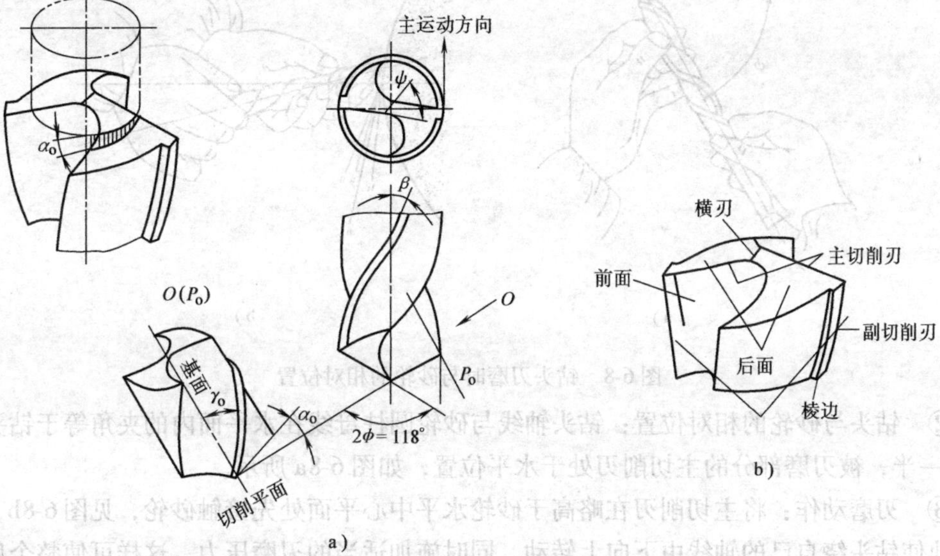

图 6-6　麻花钻的几何形状和切削角度

a）麻花钻的角度　b）麻花钻各部分名称

（2）钻头的刃磨方法

1）标准麻花钻的刃磨要求：

① 顶角 2ϕ 为 118° ±2°。

② 外缘处的后角 α_o 为 10° ~ 14°。

③ 横刃斜角 ψ 为 50° ~ 55°。

④ 两个主后面要刃磨光滑。

⑤ 两主切削刃长度以及和钻头轴线组成两个 ϕ 角要相等。图 6-7 所示为刃磨得正确和不正确的钻头加工孔的情况。图 6-7a 所示为正确；图 6-7b 所示为两个 ϕ 角磨得不对称；图

6-7c 所示为主切削刃长度不一致；图 6-7d 所示为两个 ϕ 角不对称，主切削刃长度也不一致，在钻孔时都将使钻出的孔扩大或歪斜，同时，由于两主切削刃所受的切削抗力不均衡，还会造成钻头振摆磨损加剧。

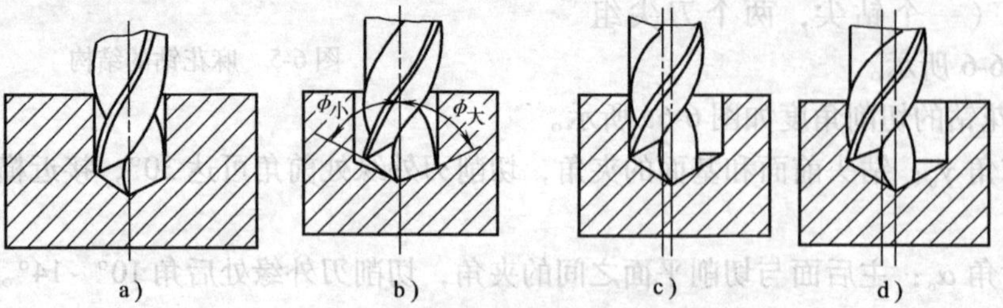

图 6-7　刃磨钻头对孔加工的影响

2）标准麻花钻的刃磨及检验方法

① 两手握法：右手握住钻头头部，左手握住柄部，如图 6-8 所示。

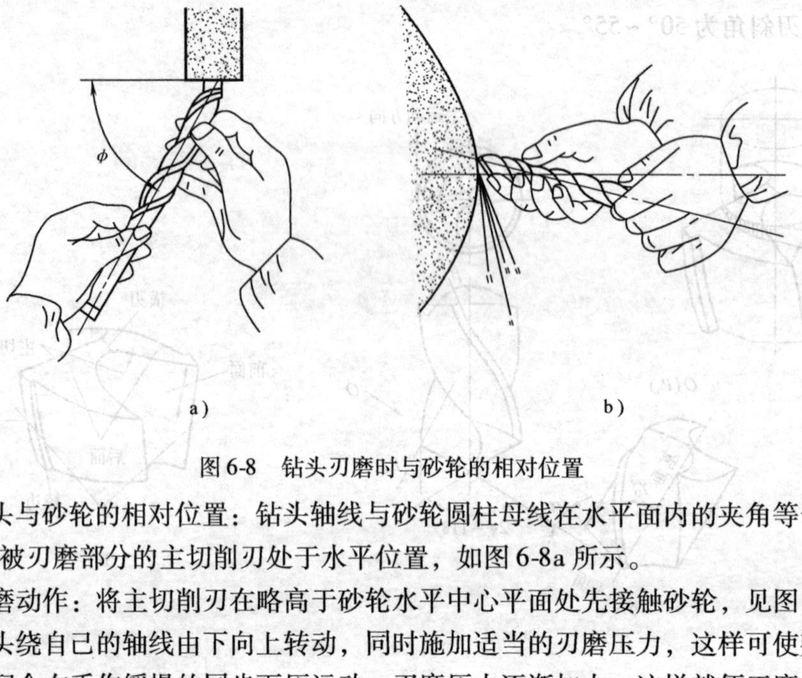

图 6-8　钻头刃磨时与砂轮的相对位置

② 钻头与砂轮的相对位置：钻头轴线与砂轮圆柱母线在水平面内的夹角等于钻头顶角 2ϕ 的一半，被刃磨部分的主切削刃处于水平位置，如图 6-8a 所示。

③ 刃磨动作：将主切削刃在略高于砂轮水平中心平面处先接触砂轮，见图 6-8b，右手缓慢地使钻头绕自己的轴线由下向上转动，同时施加适当的刃磨压力，这样可使整个后面都磨到。左手配合右手作缓慢的同步下压运动，刃磨压力逐渐加大，这样就便于磨出后角，其下压的速度及其幅度随要求的后角大小而变，为保证钻头近中心处磨出较大后角，还应作适当的右移运动，刃磨时两手动作的配合要协调、自然。按此不断反复，两后面经常轮换，直至达到刃磨要求。

④ 刃磨钻头口诀：钻头摆平轮面靠，钻轴左斜出顶角，由刃向背磨后面，上下摆动尾别翘。

⑤ 冷却钻头：刃磨钻头时，压力不宜过大，并要经常蘸水冷却，防止过热退火，降低硬度。

⑥ 选择砂轮：一般采用粒度 F46 ~ F80，硬度为中软级（KL）的氧化铝砂轮为宜，砂轮旋转必须平稳，对跳动量大的砂轮必须进行修整。

⑦ 钻头刃磨后的检验：钻头的几何角度及两主切削刃的对称要求可利用检验样板进行检验，见图6-9，但在刃磨过程中最经常采用的还是目测的方法。目测检验时，把钻头切削部分向上竖立，两眼平视，由于两主切削刃一前一后的位置会使观察者产生视差，往往感到左刃（前刃）高而右刃低，所以要旋转180°后反复看几次。钻头外缘处的后角要求，可对外缘处靠近刃口部分的后刀面的倾斜情况直接目测。近中心处的后角要求，可通过控制横刃斜角的合理数值来保证。

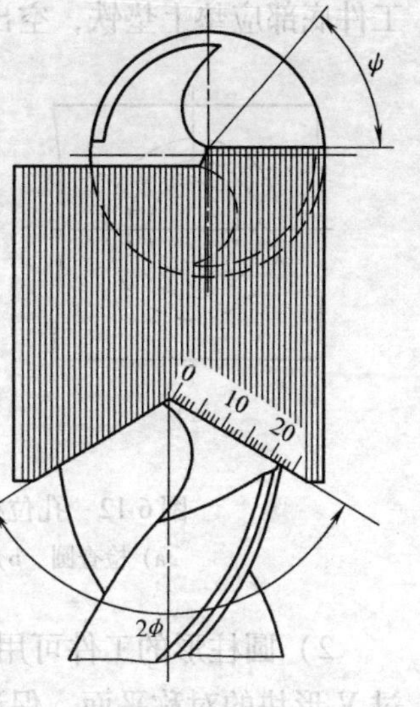

图6-9　用样板检查刃磨角度

（3）钻头横刃的修磨　标准麻花钻的横刃较长，且横刃处的前角存在较大的负值，因此在钻孔时，横刃处的切削为挤刮运动，轴向抗力较大，同时由于横刃长，定心作用不好，钻头容易发生抖动。所以，对于直径在 ϕ6mm 以上的钻头必须修短横刃，并适当增大靠近横刃处的前角。

1）修磨要求：把横刃磨短成 $b=0.5\sim1.5$mm，修磨后形成内刃，使内刃斜角 $\tau=20^\circ\sim30^\circ$，内刃处前角 $\gamma_\tau=0^\circ\sim-15^\circ$，如图6-10所示。

2）修磨时钻头与砂轮的相对位置：钻头轴线在水平面内相对于砂轮侧面向左倾斜约15°，在垂直平面内与刃磨点的砂轮半径方向约成55°下摆角，如图6-11所示。

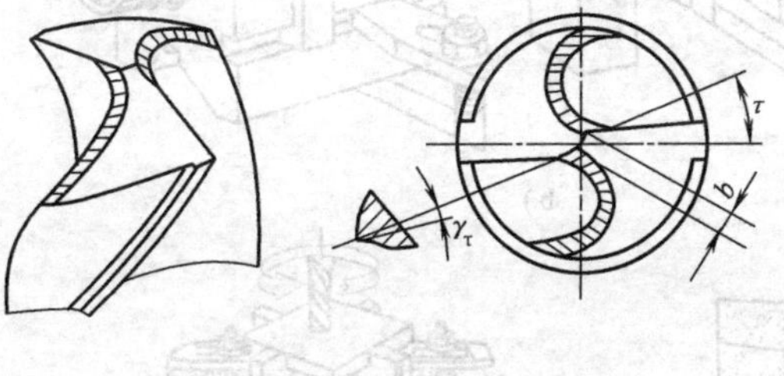

图6-10　横刃修磨的几何参数

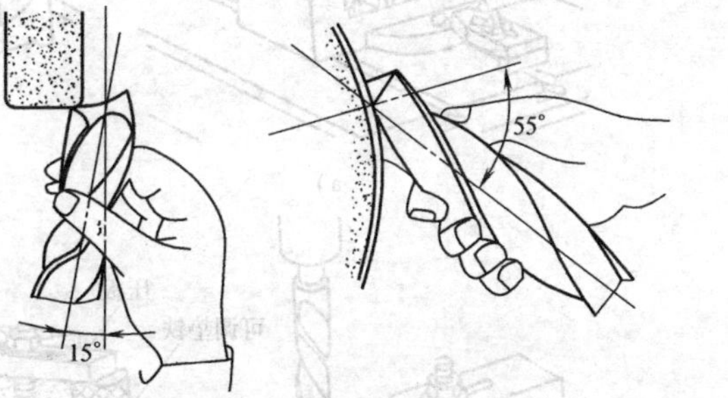

图6-11　横刃修磨方法

3. 划线钻孔的方法

（1）钻孔时的工件划线　按钻孔的位置尺寸要求，划出孔位的十字中心线，并打上中心样冲眼（要求冲点要小，位置要准），按孔的大小划出孔的圆周线。对钻直径较大的孔，还应划出几个大小不等的检查圆，见图6-12a，以便钻孔时检查和借正钻孔位置。当钻孔的位置尺寸要求较高时，为了避免敲击中心样冲眼时所产生的偏差，也可直接划出以孔中心线为对称中心的几个大小不等的方框，见图6-12b，作为钻孔时的检查线，然后将中心样冲眼敲大，以便准确落钻定心，如图6-13所示。

（2）工件的装夹　钻孔时，要根据工件的不同形体以及钻削力的大小（或钻孔的直径大小）等情况，采用不同装夹（定位和夹紧）方法，以保证钻孔的质量和安全，常用基本装夹方法如下：

1）平整工件可用机用虎钳装夹，如图6-14a所示。装夹时，应使工件表面与钻头垂直。钻直径大于8mm孔时，必须将机用虎钳用螺栓和压板固定。用机用虎钳夹持工件钻通孔时，工件底部应垫上垫铁，空出落钻部位，以免钻坏机用虎钳。

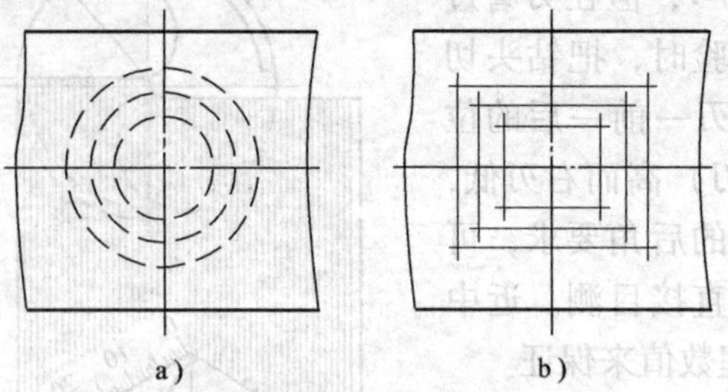

图 6-12　孔位检查线形式

a）检查圆　b）检查方框

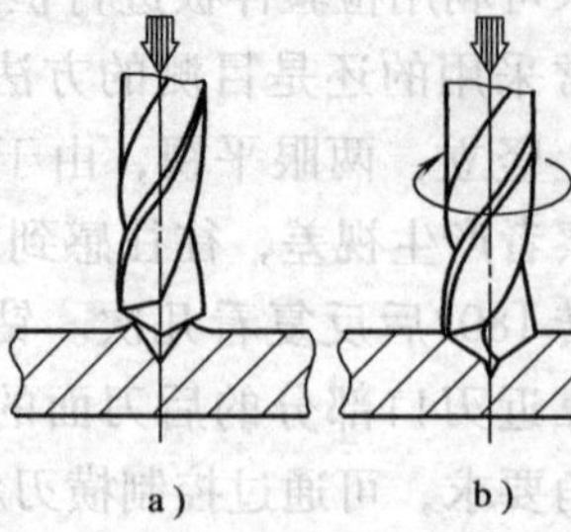

图 6-13　样冲眼准确落钻定心

a）样冲眼领钻　b）钻孔中心准确

2）圆柱形的工件可用 V 形块进行装夹，如图 6-14b 所示。装夹时应使钻头轴线垂直通过 V 形块的对称平面，保证钻出孔的中心线通过工件的轴线。

3）对较大的工件且钻孔直径在 10mm 以上时，可用压板夹持的方法进行钻孔，如图 6-

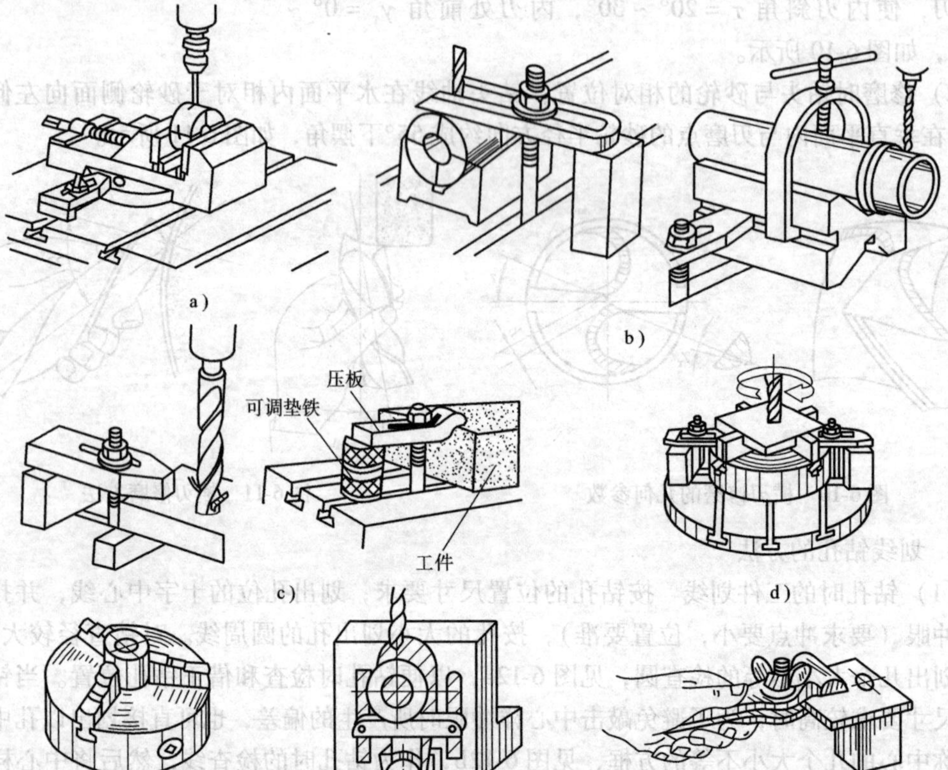

图 6-14　工件的钻削装夹

a）用机用虎钳装夹工件　b）用 V 形块装夹工件　c）用压板装夹工件

d）用四爪单动卡盘装夹　e）用三爪自定心卡盘装夹

f）用角铁装夹工件　g）用手虎钳装夹

14c 所示。在搭压板时注意：

① 压板厚度与压紧螺栓直径的比例适当，不要造成压板弯曲变形而影响压紧力。

② 压板螺栓应尽量靠近工件，垫铁应比工件压紧表面高度稍高，以保证对工件有较大的压紧力和避免工件在夹紧过程中移动。

③ 当压紧表面为已加工表面时，要用衬垫进行保护防止压出印痕。

4）当底面不平或加工基准在侧面的工件，可用角铁进行装夹，如图 6-14f 所示。用于钻孔时的轴向钻削力作用在角铁安装平面之外，故角铁必须用压板固定在钻床工作台上。

在小型工件或薄板件上钻小孔，可将工件放置在定位块上，用手虎钳进行夹持，如图 6-14g 所示。

在圆柱工件端面钻孔，可用三爪自定心卡盘进行装夹，如图 6-14e 所示。

（3）钻头的装卸

1）直柄钻头装卸：直柄钻头用钻夹头夹持。先将钻头柄塞入钻夹头的三卡爪内，其夹持长度不能小于 15mm，然后用钻夹头钥匙旋转外套，使环形螺母带动三只卡爪移动，作夹紧或放松动作，如图 6-15 所示。

2）锥柄钻头装卸：锥柄钻头用柄部的莫氏锥体直接与钻床主轴连接。连接时，必须将钻头锥柄及主轴锥孔揩擦干净，且使矩形舌部的方向与主轴的腰形孔中心线方向一致，利用加速冲力一次装接，如图 6-16a 所示。当钻头锥柄小于主轴锥孔时，可加过渡套来连接，如图 6-16b 所示。对于套筒内的钻头和在钻床主轴上的钻头拆卸，是将斜铁敲入套筒或钻床主轴上的腰形孔内，斜铁带圆弧的一边要放在上面，利用斜铁斜面的向下分力，使钻头与套筒或主轴分离，如图 6-16c 所示。钻头在钻床主轴上装接牢固，且在旋转时径向圆跳动应最小。

（4）钻床转速的选择　选择时要首先确定钻头的允许切削速度 v_c。用高速钢钻头钻铸铁件时 $v_c = 14 \sim 22\text{m/min}$；钻钢件时 $v_c = 16 \sim 24\text{m/min}$；钻青铜或黄铜件时 $v_c = 30 \sim 60\text{mm/min}$。当工件材料的硬度和强度较高时取较小值（铸铁以 HB = 200 为中值，钢以 σ_b = 700MPa 为中值）；钻头直径小时也取较小值（以 ϕ16mm 为中值）；钻孔深度 $L > 3d$ 时，还应将取值乘以 0.7 ~ 0.8 的修正系数。然后用下式求出钻床转速 n（r/min）。

图 6-15　用钻夹头夹持

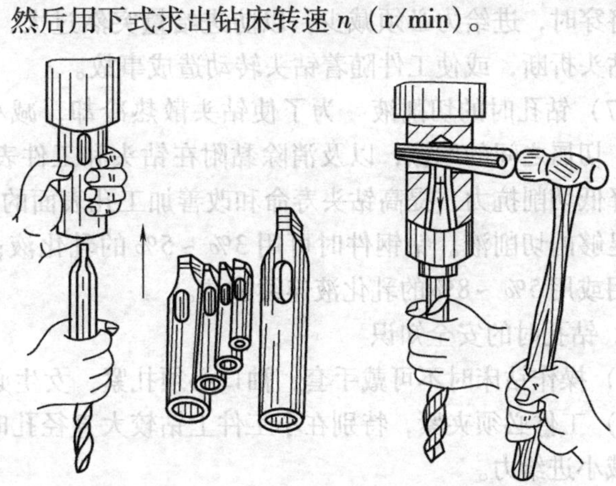

图 6-16　锥柄钻头的装卸及过渡锥套

$$n = 1000v_c/\pi d$$

式中　v_c——切削速度（m/min）；

d——钻头直径（mm）。

例如：在钢件（强度 $\sigma_b = 700\text{MPa}$）上钻 $\phi 12\text{mm}$ 的孔，钻头材料为高速钢，钻孔深度为30mm，则应选用钻头转速为

已知：$d = \phi 12\text{mm}$　　$v_c = 19\text{m/min}$（选用）

求：n

解：$n = 1000v_c/\pi d = (1000 \times 19/3.14 \times 12)\ \text{r/min} \approx 504\text{r/min}$

（5）起钻　钻孔时，先使钻头对准钻孔中心起钻出一个浅坑，观察钻孔位置是否正确，并要不断校正，使浅坑与划线圆同轴。借正方法：如偏位较少，可在起钻的同时用力将工件向偏位的反方向推移，达到逐步校正；如偏位较多，可在校正方向打上几个样冲眼或用油槽錾錾出几条槽，见图6-17，以减少此处的钻削阻力，达到校正的目的。但无论用何种方法，都必须在锥孔外圆小于钻头直径之前完成，这是保证达到钻孔位置精度的重要一环。如果起钻锥孔外圆已经达到要求的孔径，而孔位仍有偏移，此时再校正就困难了。

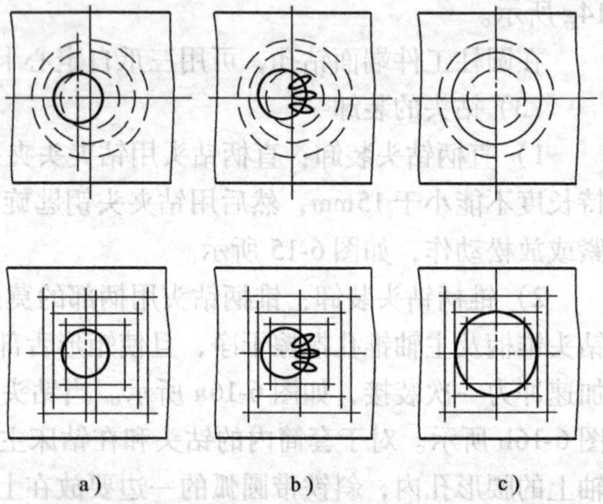

图6-17　用錾槽来校正起钻偏位的孔

（6）手进给操作　当起钻达到钻孔的位置要求后，即可压紧工件完成钻孔。手动进给钻孔时，进给用力不应过大，避免因钻头弯曲使孔轴线歪斜，如图6-18所示；钻小直径孔或深孔，进给力要小，并要经常退钻排屑，以免切屑阻塞而扭断钻头，一般在钻孔深度达直径的3倍时，一定要退钻排屑：钻孔将穿时，进给力必须减少，以防进给量突然过大，增大切削抗力，造成钻头折断，或使工件随着钻头转动造成事故。

（7）钻孔时的切削液　为了使钻头散热冷却，减小钻削时钻头与工件，切屑之间的摩擦，以及消除黏附在钻头和工件表面上的积屑瘤，从而降低切削抗力，提高钻头寿命和改善加工孔表面的质量，钻孔时要加注足够的切削液。钻钢件时可用3%～5%的乳化液；钻铸铁时一般可不用或用5%～8%的乳化液连续加注。

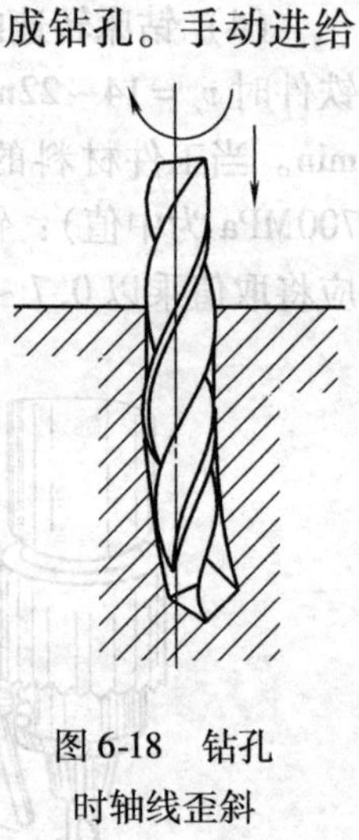
图6-18　钻孔时轴线歪斜

4. 钻孔时的安全知识

1）操作钻床时不可戴手套，袖口必须扎紧，女生必须戴工作帽。

2）工件必须夹紧，特别在小工件上钻较大直径孔时装夹必须牢固，孔将要钻穿时，要尽量减小进给力。

3）开动钻床前，应检查是否有钻夹头钥匙或斜铁插在钻轴上。

4）钻孔时不可用手和棉纱头或用嘴吹来清除切屑，必须用毛刷清除；钻出长条切屑时，要用钩子钩断后除去。

5）操作者的头部不准与旋转着的主轴靠得太近。停机时应让主轴自然停止，不可用手刹住，也不能用反转制动。

6）严禁在开机状态下装拆工件。检验工件和变换主轴转速，必须在停机状况下进行。

7）清洁机床或加注润滑油时，必须切断电源。

二、技能训练作业

1. 技能训练作业图（见图 6-19）

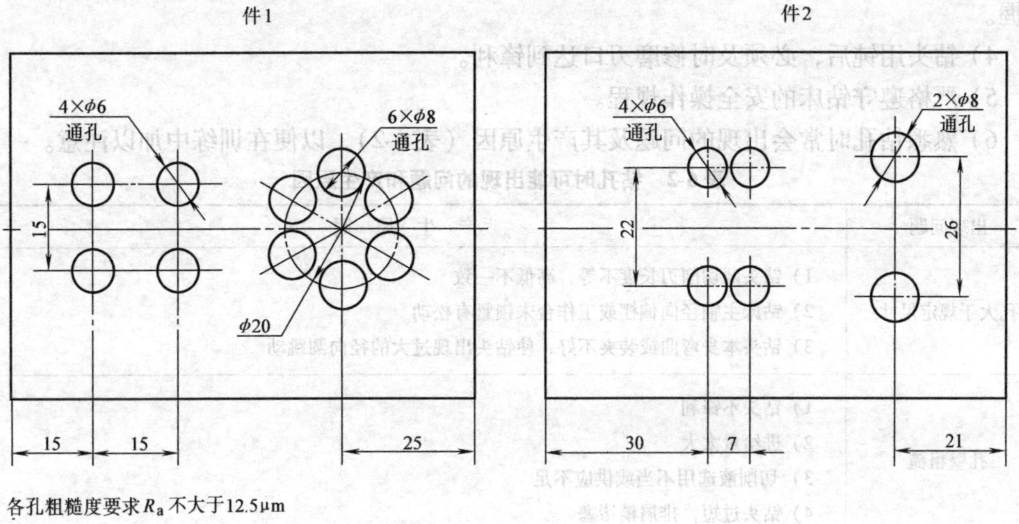

图 6-19　钻孔

2. 训练准备

1）工、量具：砂轮机、废钻头，钻床、机用虎钳、垫块，钻头、锤子、样冲、划规、油槽錾、划线平板、游标高度划线尺、游标卡尺和毛刷 。

2）训练件的规格及要求见表 6-1。

表 6-1　训练件的规格及要求

件号	训练件名称	材料	材料来源	下道工序	件数	工时/h
件 1	长方铁	HT150	由课题五分课题四转来	课题六分课题三	1	1
件 2	长方铁	HT150	由课题三分课题五转来	课题六分课题四	1	1

3. 训练步骤

（1）麻花钻刃磨练习

1）认真观查教师的示范动作，熟悉刃磨钻头的站立位置、握钻头的手法和刃磨钻头全过程。

2）用废钻头进行刃磨练习，达到麻花钻的五个刃磨要求。

3）完成训练件钻孔钻头的刃磨。

（2）在训练件上钻孔

1）由教师作钻床的转速调整操作，以及钻头、工件的装夹及孔偏的借正方法示范。

2）空车状态下，进行钻床调速及调整主轴头架和工作台等练习。

3）在训练工件上按图样进行划线，钻孔并达到图样的要求。

三、注意事项

1）钻头的刃磨技能是本课题中的重点难点之一，必须不断刃磨练习，做到刃磨的姿势动作以及钻头几何形状和角度正确。

2）用钻夹头装夹钻头时要用钻夹头钥匙，不可用扁铁和锤子敲击，以免损坏夹头和影响钻床主轴精度。工件装夹时，必须做好夹面清洁工作。

3）钻孔时手进给压力应根据钻头的工作情况，以目测感觉进行控制，在训练中应注意掌握。

4）钻头用钝后，必须及时修磨刃口达到锋利。

5）严格遵守钻床的安全操作规程。

6）熟悉钻孔时常会出现的问题及其产生原因（表6-2），以便在训练中加以注意。

表6-2　钻孔时可能出现的问题和产生原因

出现问题	产　生　原　因
孔大于规定尺寸	1）钻头两切削刃长度不等，高低不一致 2）钻床主轴径向偏摆或工作台未锁紧有松动 3）钻头本身弯曲或装夹不好，使钻头出现过大的径向圆跳动
孔壁粗糙	1）钻头不锋利 2）进给量太大 3）切削液选用不当或供应不足 4）钻头过短，排屑槽堵塞
孔位偏移	1）工件划线不正确 2）钻头横刃太长、定心不准；起钻过偏，没有较正
孔歪斜	1）工件与孔垂直的平面与主轴不垂直或钻床主轴与台面不垂直 2）工件安装时，安装接触面上的切屑未清除干净 3）工件装夹不牢，钻孔时产生歪斜或工件有砂眼 4）进给量过大使钻头产生弯曲变形
钻孔呈多角形	1）钻头后角太大 2）钻头两主切削刃长短不一，角度不对称
钻头工作部分折断	1）钻头用钝后仍继续钻孔 2）钻孔时未经常退钻排屑，使切屑在钻头螺旋槽内阻塞 3）孔将要钻通时没有减小进给量 4）进给量过大 5）工件未夹紧，钻孔时产生松动 6）在钻黄铜一类软金属时，钻头后角太大，前角又没有修磨小，造成扎刀
切削刃迅速磨损或碎裂	1）切削速度太高 2）没有根据材料硬度来刃磨钻头角度 3）工件表面或内部硬度高或有砂眼 4）进给量过大 5）切削液供应不足

分课题二　锪　　孔

一、相关工艺知识

用锪钻（或改制的钻头）对工件孔口加工出平底或锥形沉孔的操作叫锪孔。

1. 锪孔的形式和作用

锪孔形式有：锪柱形埋头孔（见图6-20a）、锪锥形埋头孔（见图6-20b）和锪孔端平面（见图6-20c）。锪孔的作用主要是在工件的联接孔端锪出柱形或锥形埋头孔，用沉头螺钉装入孔内把有关零件联接起来，使外观整齐，结构紧凑；将孔口端面锪平，并与孔中心垂直，能使联接螺栓（或螺母）的端面与联接件保持良好接触。

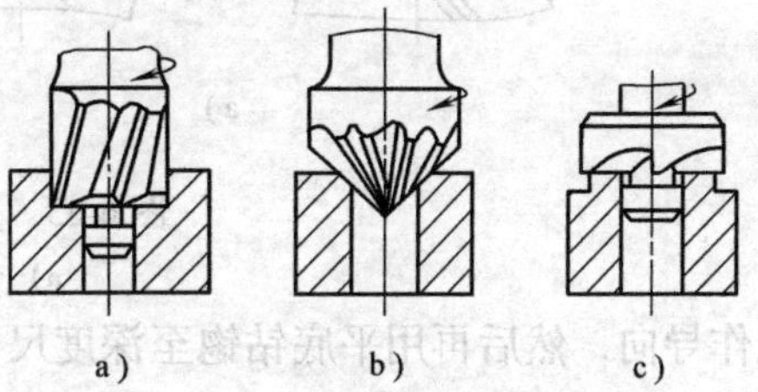

图6-20　锪孔形式

a）柱形埋头孔　b）锥形埋头孔　c）锪平孔口端面

2. 锪锥形埋头孔

（1）加工要求　锥角和最大直径（或深度）要符合图样规定（一般在沉头螺钉装入后，应低于工件平面约0.5mm），加工表面无振痕。

（2）使用刀具　由专用锥形锪钻（图6-21）或麻花钻刃磨改制，如图6-22所示。

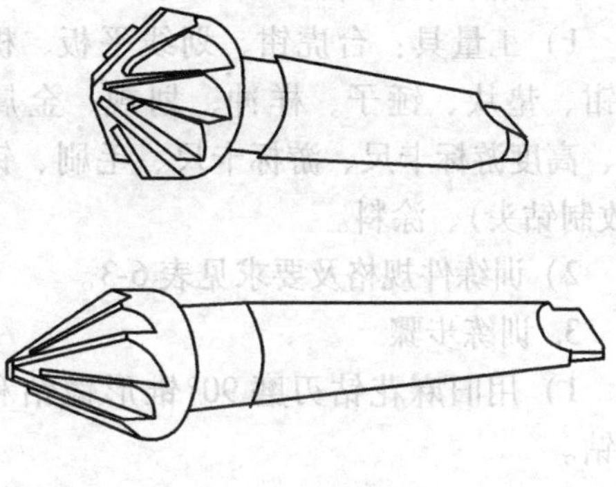

图6-21　锥形锪钻

用麻花钻锪锥孔时，其顶角2ϕ应与锥孔锥角一致，两切削刃要磨的对称。由于锪孔时无横刃切削，故轴向抗力减小，为了减小振动，通常磨成双重后角：$\alpha_f = 0° \sim 2°$，这部分的后面宽度f为1~2mm：$\alpha_f' = 6° \sim 10°$对外缘处的前角作适当修小，使$\gamma_o = 15° \sim 20°$，以防扎刀。

3. 锪柱形埋头孔

（1）锪柱形埋头孔

1）加工要求：孔径和深度要符合图样要求，孔底面要平整并与螺栓孔轴线垂直，加工表面无振痕。

2）使用刀具：专用柱形锪钻（见图6-20a）或用麻花钻刃磨改制（见图6-23）。

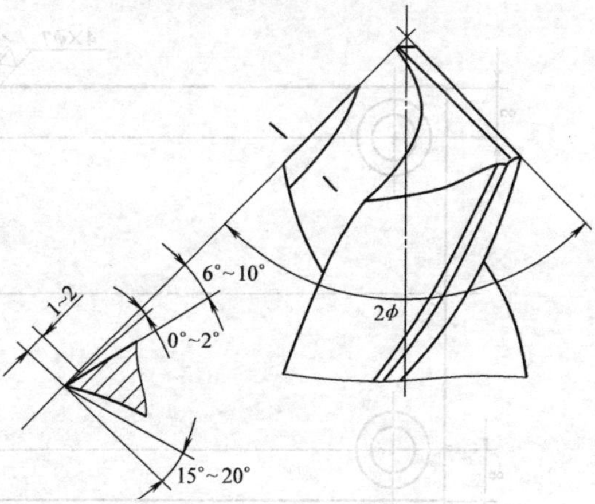

图6-22　锪锥形埋头孔的麻花钻

用钻头改制的带导柱的锪钻，其圆柱导向部分是螺栓孔直径，钻头直径是埋头孔直径由磨床磨成所需要的台阶，端面切削刃靠手工在锯片砂轮上磨出后角$\alpha_f = 6° \sim 10°$。这种锪钻前端圆柱导向部分有螺旋槽，槽与圆柱面形成的刃口要用磨石进行倒钝，否则在锪孔时会刮伤螺栓孔壁。

用麻花钻改制的不带导柱的锪钻加工柱形埋头孔时，必须先用标准麻花钻扩出一个台阶

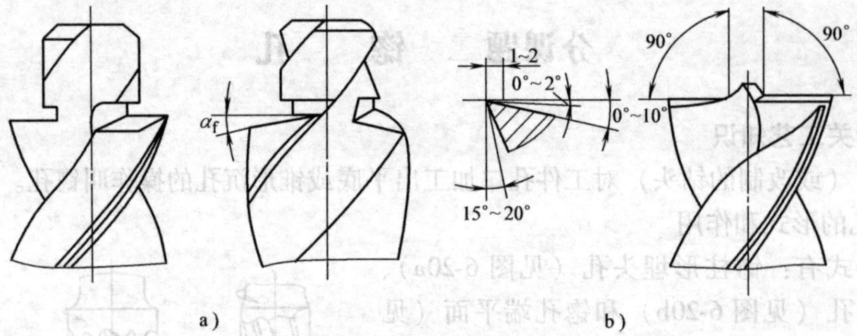

图 6-23　用麻花钻改制的柱形锪钻

a）带导柱　b）不带导柱

孔作导向，然后再用平底钻锪至深度尺寸，如图 6-24 所示。

二、技能训练作业

1. 技能训练作业图（见图 6-25）

2. 技能训练准备

1）工量具：台虎钳、划线平板、机用虎钳、垫块、锤子、样冲、划规、金属直尺、高度游标卡尺、游标卡尺、毛刷、钻头（改制钻头）、涂料。

2）训练件规格及要求见表 6-3。

3. 训练步骤

1）用旧麻花钻刃磨 90° 锥形锪钻和平底钻。

2）在训练工件上完成钻孔、锪孔加工。其加工步骤如下：

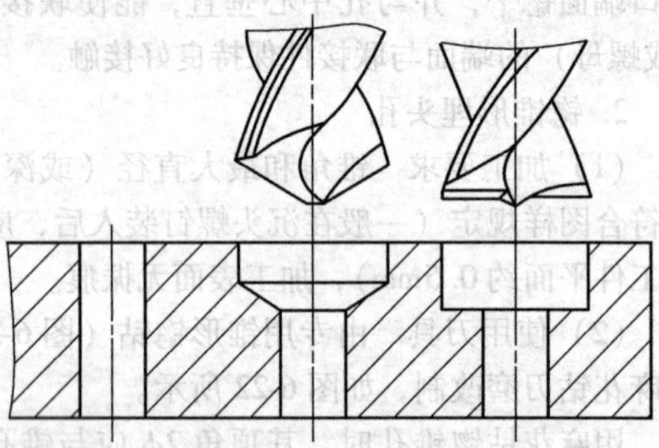

图 6-24　先扩孔后锪平

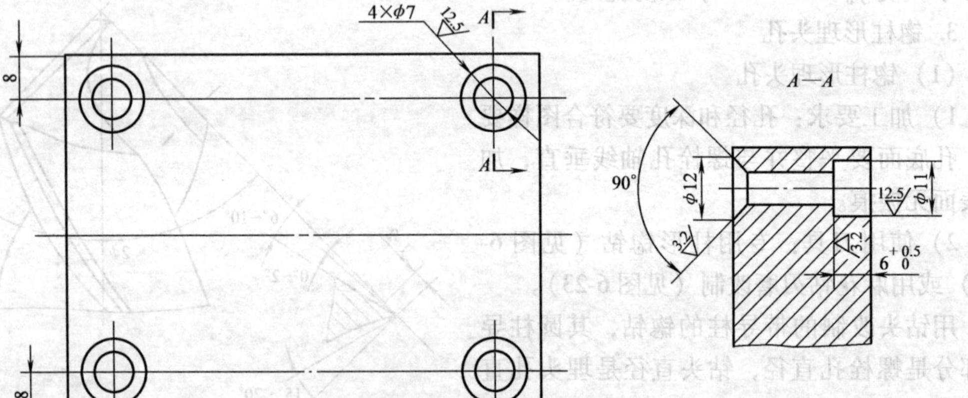

图 6-25　锪孔

表 6-3 训练件规格及要求

训练件名称	材料	材料来源	下道工序	件数	工时/h
长方铁	HT150	由课题六分课题一转来	课题六分课题三	1	2

① 按图形尺寸划线，用样冲冲圆心，用划规划圆。

② 钻 4 个 ϕ7mm 的孔，然后锪 90°锥形埋头孔，深度按图样要求，并用 M6 螺钉做试配检查。

③ 用专用柱形锪钻在训练件的另一面锪出 4 个 ϕ11mm 的柱形埋头孔，深度按图样要求，并用 M6 内六角螺钉做试配检查。

三、注意事项

1）尽量选用比较短的钻头来改磨锪钻，且刃磨时要保证两面切削刃高低一致，角度对称，同时，在砂轮上修磨后再用磨石修光，使切削均匀平稳，减少加工时振动。

2）要先调整好工件的螺栓通孔与锪钻的同轴度，再夹紧工件。调整时，可旋转主轴作试钻，使工件能自然定位。工件夹紧要稳固，以减少振动。

3）锪孔时的切削速度应比钻孔低，一般为钻孔速度的 1/2 ~ 1/3，同时，由于锪钻的轴向抗力较小，所以手进给压力不宜过大，并要均匀。

4）当锪孔表面出现多角形振纹等情况时，应立即停止加工。并找出刀具刃磨等问题并及时修正。

5）为控制锪孔深度，在锪孔前可对钻床主轴（锪钻）的进给深度，用钻床上的深度标尺和定位螺母调整定位。

6）要做到锪孔安全和文明操作。

分课题三 铰 孔

一、相关工艺知识

用铰刀对已经粗加工的孔进行精加工的操作叫铰孔。铰孔可加工圆柱形孔（用圆柱铰刀），也可加工圆锥形孔（用圆锥铰刀）。由于铰刀的切削刃数量多（6 ~ 12 个），导向性好，尺寸精度高而且刚性好，因此其公差等级一般可达 IT9 ~ IT7（手铰甚至可达 IT6），表面粗糙度值在 3.2 ~ 0.8μm 之间或更小。

1. 铰刀的种类

铰刀有手用铰刀和机用铰刀两种。手用铰刀用于手工铰孔，柄部为直柄，工作部分较长，如图 6-26a 所示；机用铰刀多为锥柄，装在钻床上进行铰孔，如图 6-26b 所示。

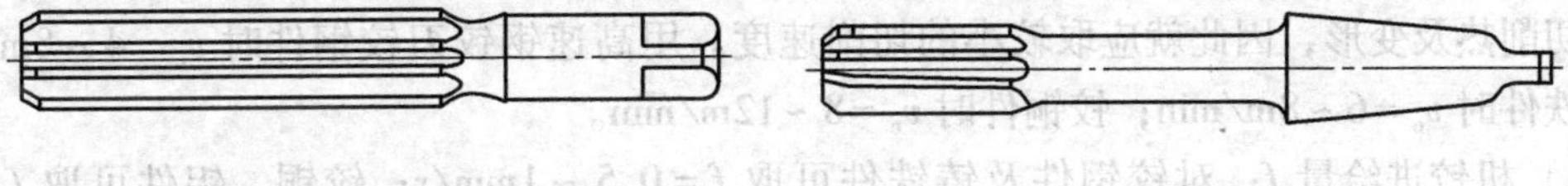

a） b）

图 6-26 铰刀

a）手用铰刀 b）机用铰刀

按铰刀形状可分为圆柱铰刀和圆锥铰刀，见图 6-27，圆柱形按铰刀结构又可分为整体式铰刀和可调节式铰刀，如图 6-28 所示。圆锥铰刀是用来铰圆锥孔的，用作加工定位锥销孔的锥铰刀，其锥度为 1∶50（即在 50mm 长度内，铰刀两端直径差为 1mm），使铰得的锥孔与圆锥销紧密配合。可调式铰刀主要用于装配和修理时铰非标准尺寸的通孔。

铰刀的刀齿有直齿、螺旋齿两种。直齿铰刀是常见的，螺旋铰刀（见图 6-29）多用于铰有缺口或带槽的孔，其特点是铰削时不会被槽边钩住，且切削平稳。

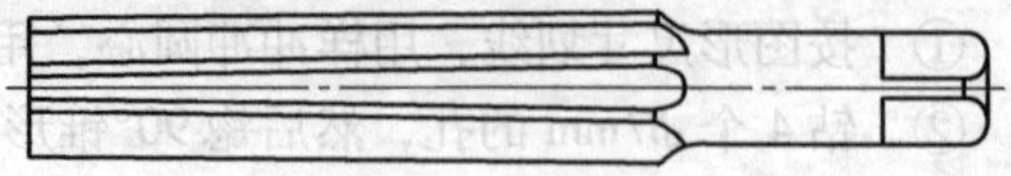

图 6-27　圆锥铰刀

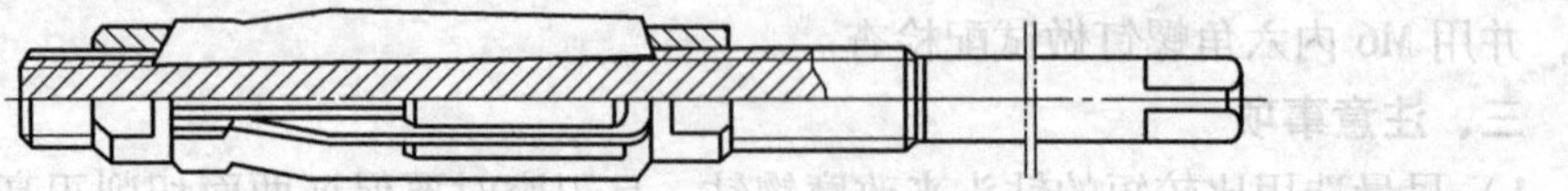

图 6-28　可调式铰刀

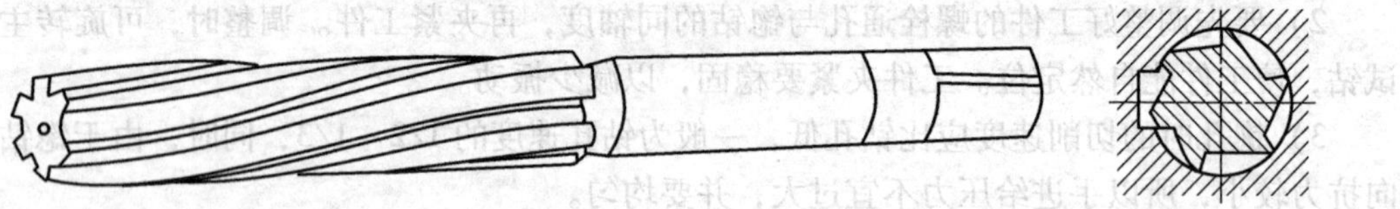

图 6-29　螺旋铰刀

2. 铰孔方法

（1）铰削用量选择

1）铰削余量（直径余量）：铰孔余量是否合适，对铰出孔的表面粗糙度值和精度影响很大。如铰削余量太大，不但不能保证孔的表面粗糙度，而且铰刀容易磨损；铰削余量太小，则不能去掉上道工序留下的刀痕，也达不到要求的表面粗糙度值。铰削余量的具体数值可参照表 6-4 选取。在一般情况下对公差等级为 IT9、IT8 级的孔可一次铰出；对 IT7 级的孔，应分粗铰和精铰；对孔径大于 20mm 的孔，可先钻孔，再扩孔，然后进行铰孔。

表 6-4　铰削余量　（单位：mm）

铰刀直径	铰 削 余 量
≤6	0.05～0.1
6～18	一次铰 0.1～0.2　二次铰精铰 0.1～0.15
18～30	一次铰 0.2～0.3、二次铰精铰 0.1～0.15
30～50	一次铰 0.3～0.4、二次铰精铰 0.15～0.25

注：二次铰时，粗铰余量可取一次铰余量的较小值。

2）机铰铰削速度 v_c：机铰时，为了获得较小的表面粗糙度值，必须避免产生积屑瘤，减少切削热及变形，因此就应取较小的切削速度。用高速钢铰刀铰钢件时 $v_c=4\sim8$m/min；铰铸铁件时 $v_c=6\sim8$m/min；铰铜件时 $v_c=8\sim12$m/min。

3）机铰进给量 f：对铰钢件及铸铁件可取 $f=0.5\sim1$mm/r；铰铜、铝件可取 $f=1\sim1.2$mm/r。

（2）铰削操作方法

1）在手铰起铰时，可用右手通过铰孔轴线施加进刀压力，左手转动铰刀。正常铰削时，两手用力要均匀，平稳地旋转，不得有侧向压力，同时适当加压，使铰刀均匀地进给，以保证铰刀正确引起和获得较小的表面粗糙度值，并避免孔口成喇叭形或将孔径扩大。

2）用铰刀铰孔或退出铰刀时，铰刀均不能反转，以防止刃口磨钝以及切屑嵌入刀具后面与孔壁间，将孔壁划伤。

3）机铰时，应使工件一次装夹进行钻、铰工作，以保证铰刀中心线与钻孔中心线一致。铰毕后，铰刀要退出后再停机，以防孔壁拉出痕迹。

4）铰尺寸较小的圆锥孔时，可先按小端直径并留取圆柱孔精铰余量钻出圆柱孔，然后用锥铰刀铰削即可。对尺寸和深度较大的锥孔，为了减少铰削余量，铰孔前可先钻出阶梯孔，见图 6-30，然后再用铰刀铰削。铰削过程中要经常用相配的圆锥销来检查铰孔尺寸，如图 6-31 所示。

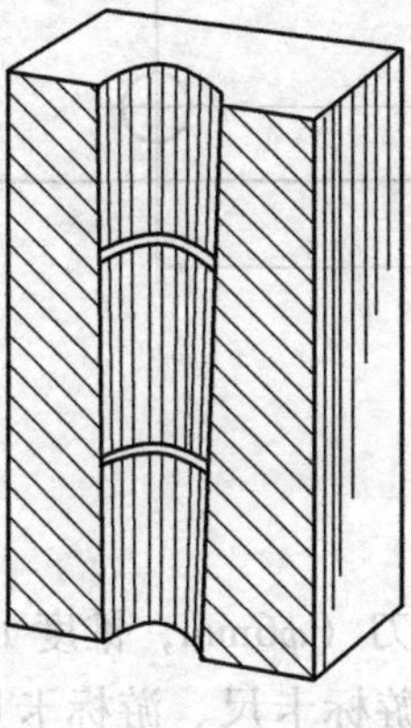

图 6-30　钻出阶梯孔

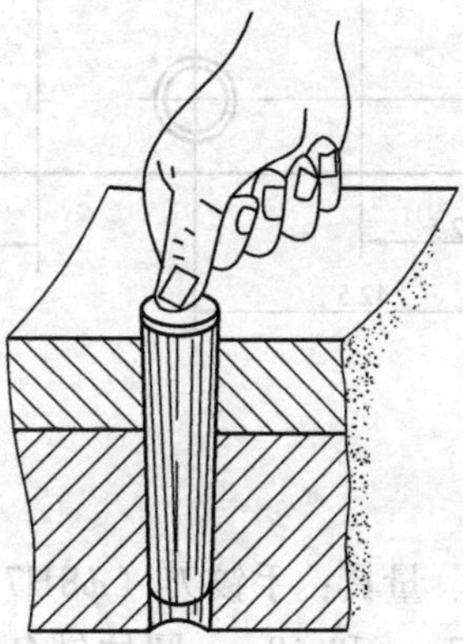

图 6-31　用圆锥销检查铰孔尺寸

（3）切削液　铰削时必须选用适当的切削液来减少摩擦，并降低刀具和工件的温度，防止产生积屑瘤，避免切屑细末黏附在铰刀切削刃上及孔壁和铰刀的刃带之间，减小加工表面的表面粗糙度值与孔的扩大量。切削液的选用可参考表 6-5。

表 6-5　铰削切削液

加工材料	切　削　液
钢	1. 体积分数为 10% ~20% 乳化液 2. 体积分数为 30% 的工业植物油加 70% 的乳化液 3. 工业植物油
铸铁	1. 不用 2. 煤油（但会引起孔径缩小） 3. 体积分数为 3% ~5% 的乳化液
铝	1. 煤油 2. 体积分数为 5% ~8% 的乳化液
铜	体积分数为 5% ~8% 的乳化液

二、技能训练作业

1. 训练作业图（见图 6-32）

2. 训练准备

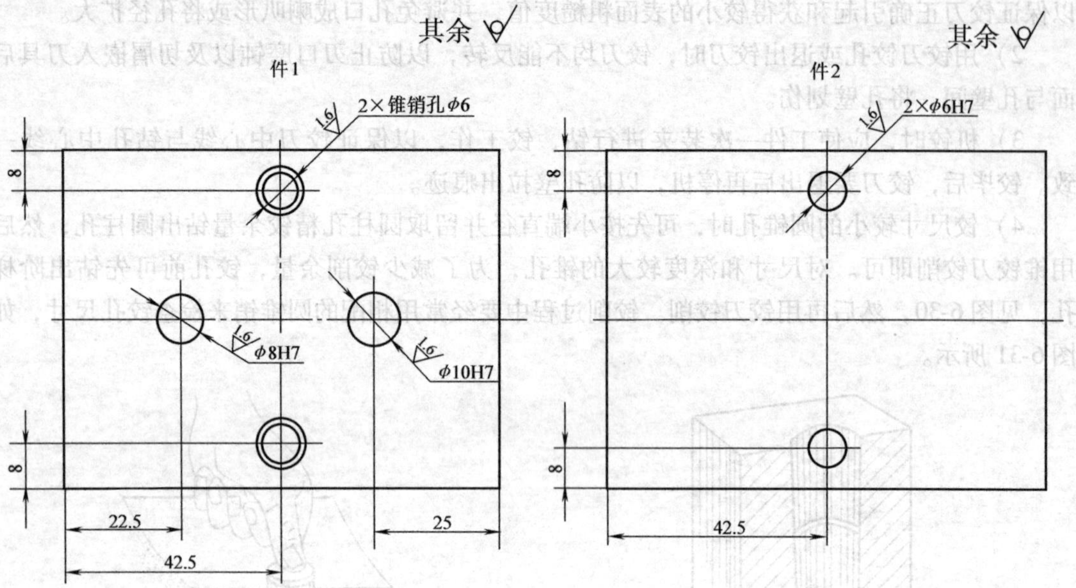

图 6-32　铰孔

1）工、量具：手铰刀（ϕ8H7、ϕ10H7）、铰杠、锥铰刀（ϕ6mm，锥度 1∶50）、ϕ6mm 圆锥销、ϕ7mm 和 ϕ8mm 圆柱销各 1 个、划线平板、高度游标卡尺、游标卡尺、样冲、锤子、划规、钻头、润滑液、毛刷。

2）训练件规格及要求见表 6-6。

表 6-6　训练件规格及要求

件号	训练件名称	材料	材料来源	下道工序	件数	工时/h
件 1	长方铁	HT150	由课题六分课题二转来	—	1	2
件 2	长方铁	HT150	由课题六分课题一转来	课题六分课题四	1	2

3. 训练步骤

1）按图样尺寸在两训练件上划出各孔位置加工线。

2）钻削前，应考虑需保留的铰削余量；选择钻头规格。刃磨后试钻得到正确尺寸后按图钻孔，并对孔口进行 C0.5 倒角。

3）铰圆柱孔时，应用相应圆柱销配检。

4）铰圆锥销孔时，应用锥销试配检验，以达到正确的配合尺寸要求。

三、注意事项

1）铰刀是精加工工具，所以要保护好刃口，避免与其他物体碰撞。如切削刃上有毛刺或切屑黏附时，可用磨石小心地磨去。

2）铰刀排屑功能差，须经常取出清屑，以免铰刀被卡住。

3）铰定位圆锥销孔时，因锥度小有自锁性，其进给量不能太大，以免铰刀卡死或折断。

4）熟悉铰孔时常见的问题及其产生原因（见表 6-7），以便在练习时加以注意。

表 6-7 铰孔时常见的问题及其产生原因

出现问题	产生原因
加工表面粗糙度值大	1. 铰孔余量太大或太小 2. 铰刀切削刃不锋利，刃口崩裂或有缺口 3. 没使用切削液或用不适当的切削液 4. 铰刀退出时反转；手铰时铰刀旋转不平稳 5. 切削速度太高产生刀瘤，或切削刃上粘有切屑 6. 容屑槽内切屑堵塞
孔呈多角形	1. 铰削量太大，铰刀振动 2. 铰孔前钻孔不圆，铰刀发生弹跳现象
孔径缩小	1. 铰刀磨损 2. 铰铸铁时加煤油 3. 铰刀已钝
孔径扩大	1. 铰刀中心线与钻孔中心线不同轴 2. 铰孔时两手用力不均匀 3. 铰削钢件时没有加切削液 4. 进给量与铰削余量过大 5. 机铰时，钻轴摆动太大 6. 切削速度太高，铰刀热膨胀 7. 操作粗心、铰刀直径大于要求尺寸 8. 铰锥孔时，没及时用圆锥销检查

分课题四 攻、套螺纹

一、相关工艺知识

用丝锥加工工件内螺纹的操作叫攻螺纹，用板牙加工工件的外螺纹的操作叫套螺纹。

1. 攻螺纹

（1）丝锥与铰杠 丝锥是加工内螺纹的工具，如图 6-33 所示。按加工螺纹的种类的不同有：普通三角形螺纹丝锥，其中 M6 ~ M24 的丝锥为两只一套；小于 M6 和大于 M24 的丝锥为三只一套；55°非密封管螺纹丝锥为两只一套；55°密封管螺纹丝锥均为单只。按加工方法又可分为机用丝锥和手用丝锥，如图 6-34 所示为二支一套的手用丝锥。

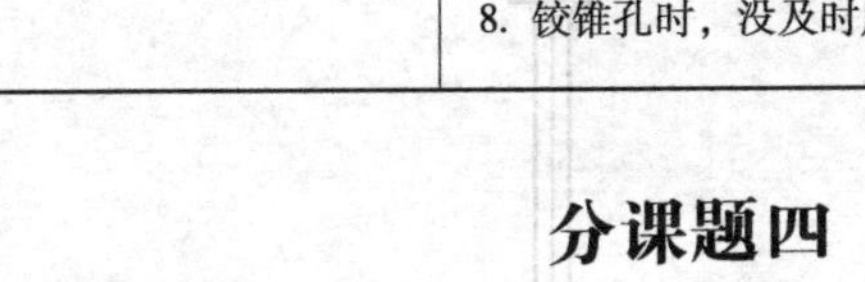

图 6-33 丝锥的结构

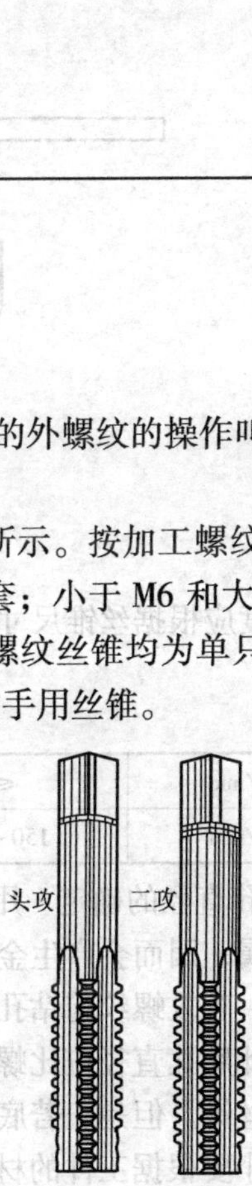

图 6-34 手用丝锥

铰杠是用来夹持丝锥的工具，常见的有普通铰杠（见图6-35）和丁字铰杠（见图6-36）两类。丁字铰杠主要用在攻工件凸台旁的螺纹或机体内部的螺纹。各类铰杠又有固定式和活动式两种。固定式铰杠常用在攻M5以下螺纹，活动式铰杠可以调节夹持孔尺寸。

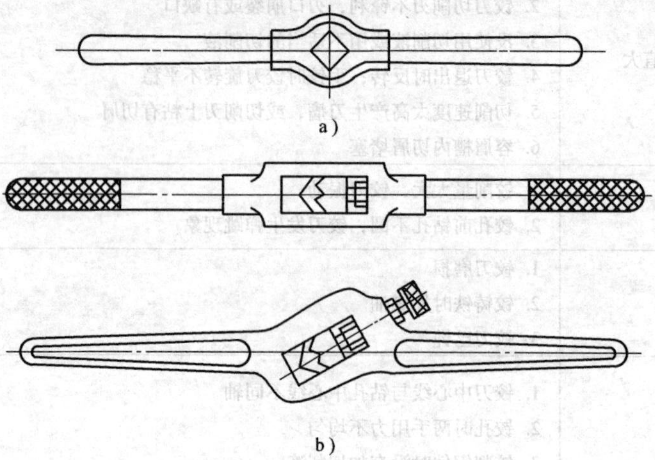

图6-35　普通铰杠

a）固定铰杠　b）活动铰杠

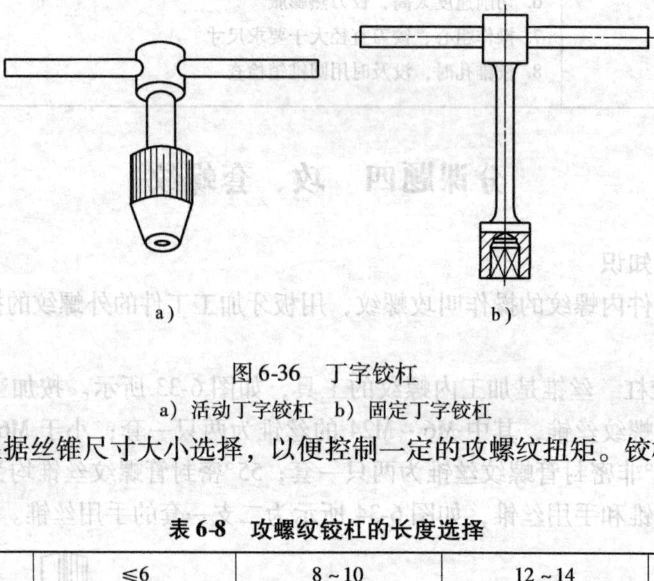

图6-36　丁字铰杠

a）活动丁字铰杠　b）固定丁字铰杠

铰杠长度应根据丝锥尺寸大小选择，以便控制一定的攻螺纹扭矩。铰杠长度可参考表6-8选用。

表6-8　攻螺纹铰杠的长度选择

丝锥直径/mm	≤6	8~10	12~14	≥16
绞杆长度/mm	150~200	200~250	250~300	400~450

（2）底孔直径的确定　用丝锥攻内螺纹时，每个切削刃一方面在切削金属，另一方面也在挤压金属，因而会产生金属凸起并向牙尖流动的现象，这一现象对于钢和塑性较大的材料尤为显著。若攻螺纹前钻孔直径与螺纹小径相同时，被丝锥挤出的金属会卡住丝锥甚至将其折断，因此底孔直径应比螺纹小径略大，这样，挤出的金属流向牙尖正好形成完整螺纹，又不易卡住丝锥。但是，若底孔钻得太大，又会使螺纹的牙形高度不够，降低强度。所以底孔直径的大小要根据工件的材料性质和螺纹直径的大小来考虑，其方法可查表（附录表2）或用下列经验公式得出。

1）普通螺纹底孔直径的经验计算式

铸铁和塑性较小的材料　$D_0 = D - 1.05P$

钢和塑性较大的材料　　$D_0 = D - P$

式中　D_0——底孔直径（mm）；

D——螺纹大径（mm）；

P——螺距（mm）。

例：分别在中碳钢和铸铁上攻 M12×1.75 螺纹，求各自的底孔直径。

解：中碳钢属韧性材料，故底孔直径为

$$D_0 = D - P = 12\text{mm} - 1.75\text{mm} \approx 10.3\text{mm}$$

铸铁属脆性材料，故底孔直径为

$$D_0 = D - 1.05P = 12\text{mm} - 1.05 \times 1.75\text{mm} = 10.2\text{mm}$$

2）英制螺纹底孔直径的经验计算式

铸铁和塑性较小的材料　$D_0 = 25\left(D - \frac{1}{n}\right)$

钢和塑性较大的材料　$D_0 = 25\left(D - \frac{1}{n}\right) + (0.2 \sim 0.3)$

式中　D_0——底孔直径（mm）；

D——螺纹大径（″）；

n——每英寸牙数。

（3）不通孔螺纹的钻孔深度　钻不通孔的螺纹底孔时，由于丝锥的切削部分不能攻出完整的螺纹，所以钻孔深度至少要等于需要的螺纹深度加上丝锥切削部分的长度，这段增加的长度大约等于螺纹大径的0.7倍，即

$$H = L + 0.7D$$

式中　H——钻孔深度（mm）；

L——需要的螺纹深度（mm）；

D——螺纹大径（mm）。

（4）攻螺纹方法

1）划线、打底孔。

2）在螺纹底孔的孔口处倒角，倒角处直径可略大于螺孔大径，这样可使丝锥开始切削时容易切入，并可防止孔口出现挤压出的凸边。

3）用头锥起攻。起攻时，可一手用手掌按住铰杠中部，沿丝锥轴线用力加压，另一手配合作顺向旋进如图6-37a所示；或两手握住铰杠两端均匀施加压力，并将丝锥顺向旋进如图6-37b所示。应保证丝锥中心线与孔中心线重合，不得歪斜。在丝锥攻入1~2圈后，应及时从前后、左右两个方向用平面直角尺进行检查，见图6-38，并不断校正至要求。

4）当丝锥的切削部分全部进入工件时，就不需要再施加压力，而靠丝锥作自然旋进切削。此时，两手旋转用力要均匀，并要经常倒转1/4~1/2圈后，使切屑碎断后容易排除，避免因切屑堵塞而使丝锥卡住。

5）攻螺纹时，必须以头锥、二锥、三锥的顺序攻削至标准尺寸。在较硬的材料上攻螺纹时，可轮换各丝锥交替攻制，以减小切削部分负荷，防止丝锥折断。

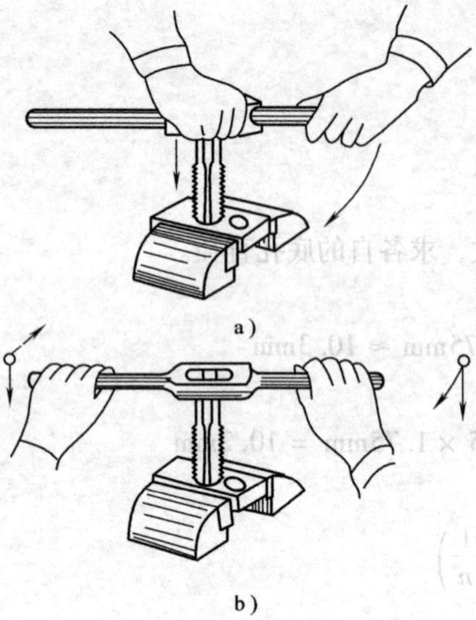

图 6-37　起攻方法

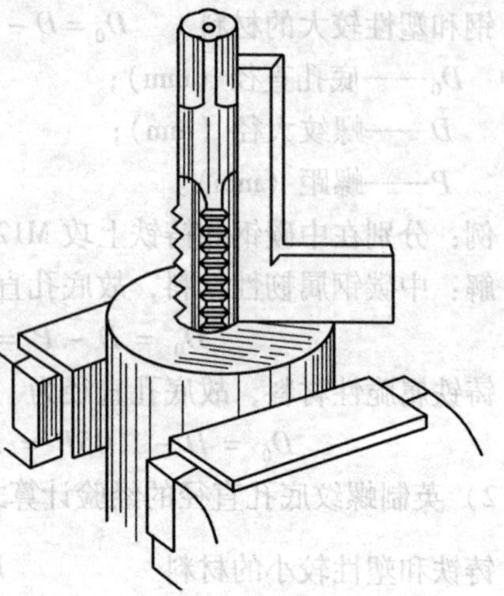

图 6-38　检查攻螺纹垂直度

6）攻不通孔的螺纹时，可在丝锥上做好深度标记，并要经常退出丝锥，清除留在孔内的切屑，否则会因切屑堵塞使丝锥折断达不到深度要求。当工件不便倒向进行清屑时，可用弯曲的小管子吹出切屑，或用磁性针棒吸出。

7）攻韧性材料的螺孔时，要加注切削液，以减小切削阻力和所加工螺孔的表面粗糙度值，并能延长丝锥寿命。切削液的选择：攻钢件时用全损耗系统用油，螺纹质量要求高时可用工业植物油；攻铸铁件可加煤油。

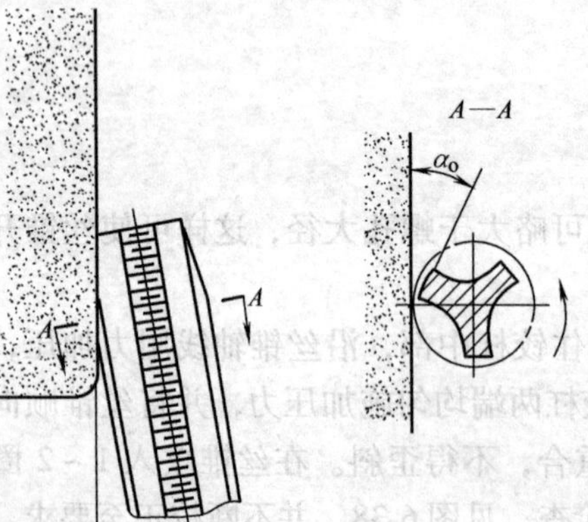

图 6-39　修磨丝锥的后刀面

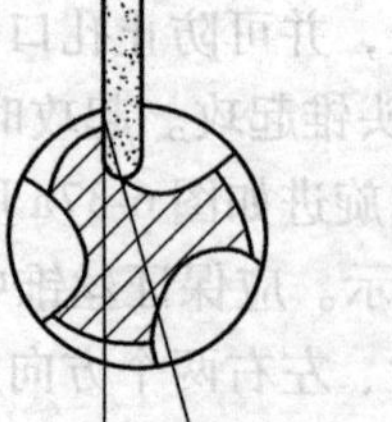

图 6-40　修磨丝锥的前刀面

（8）丝锥的修磨　当切削部分磨损时，可以修磨其后刀面如图 6-39 所示。修磨时，要注意保持各刃瓣的半锥角 φ 及切削部分长度的准确性和一致性。转动丝锥时要留心，不要使另一刃瓣的刃齿碰撞而磨坏。

当丝锥的校正部分有显著磨损时，可用棱角修圆的片状砂轮修磨其前刀面，见图 6-40，并控制好一定的前角 r_o。

2. 套螺纹

（1）圆板牙与铰杠（板牙架）　板牙是加工外螺纹的工具，常用的圆板牙如图 6-41 所示。其外圆上有 4 个锥坑和一条 U 形槽，图中下面的两个锥坑，其轴线与板牙直径方向一致，借助铰杠（见图 6-42）上的两个相应位置的紧固螺钉顶紧后，用以套螺纹时传递扭矩。当板牙磨损，套出的螺纹尺寸变大以致超出公差范围时，可用锯片砂轮沿板牙 U 形槽将板牙磨割出一条通槽，将铰杠上的另两个紧固螺钉拧紧顶入板牙上面两个偏心的锥坑内，使板牙的螺纹中径变小。调整时，应使用标准样件进行尺寸校对。

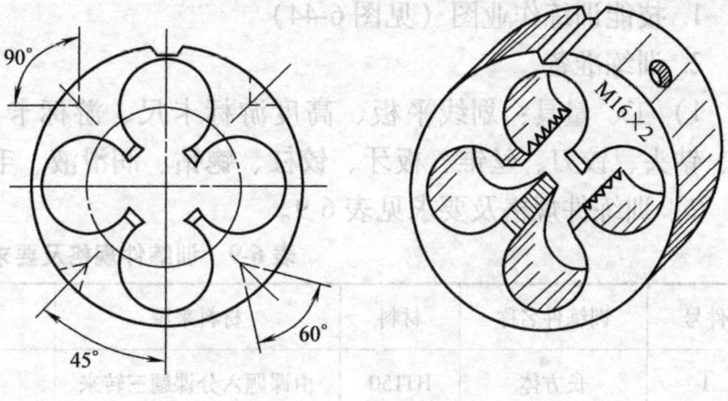

图 6-41　圆板牙

（2）圆杆直径及端部倒角　与攻螺纹一样，套螺纹切削过程中也有挤压作用，因此圆杆直径要小于螺纹大径，可查表（附录表 5）或用下面的经验计算式确定

$$d_0 = d - 0.13P$$

式中　d_0——圆杆直径（mm）；

d——螺纹大径（mm）；

P——螺距 mm。

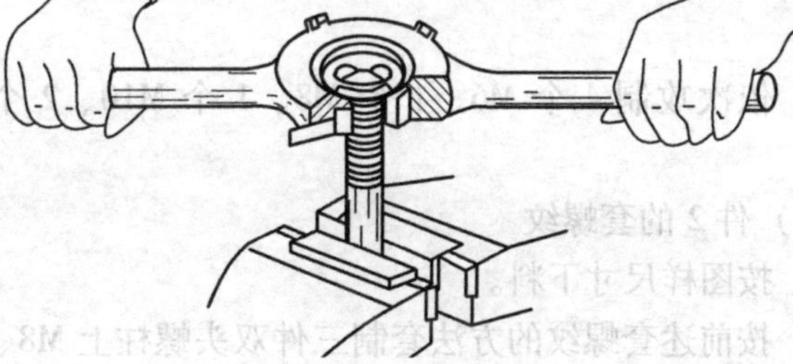
图 6-42　圆板牙铰杠

为了使板牙起套时容易切入工件并作正确的引导，圆杆端部要倒成锥半角 15°～20°的锥体，如图 6-43 所示。其倒角的最小直径，可略小于螺纹小径，避免螺纹端部出现锋口和卷边。

（3）套螺纹方法

1）套螺纹时的切削力矩较大，且工件都为圆杆，一般要用 V 形块或厚铜衬作衬垫，才能保证可靠夹紧。

2）起套方法与攻螺纹起攻方法一样，一手用手掌按住绞杆中部，沿圆杆轴向施加压力，另一手配合作顺向切进，转动要慢，压力要大，并保证板牙端面与圆杆轴线的垂直度，不得歪斜。在板牙切入圆杆 2～3 牙时，应及时检查其垂直度并作准确校正。

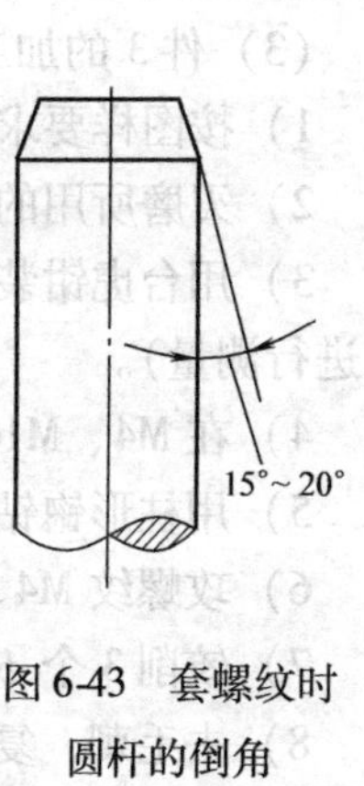

图 6-43　套螺纹时圆杆的倒角

3）正常套螺纹时，不要加压，让板牙自然引进，以免损坏螺纹和板牙。套螺纹的过程中也要经常倒转以断屑。

4）在钢件上套螺纹时要加注切削液，以减小加工螺纹的表面粗糙度值和延长板牙使用寿命，一般可用全损耗系统用油或较浓的乳化液，要求高时可用工业植物油。

二、技能训练作业

1. 技能训练作业图（见图6-44）

2. 训练准备

1）工、量具：划线平板、高度游标卡尺、游标卡尺、划针、划规、样冲、锤子、锉刀、钻头、铰刀、丝锥、板牙、铰杠、锪钻、润滑液、毛刷、铜钳口。

2）训练件规格及要求见表6-9。

表6-9　训练件规格及要求

件号	训练件名称	材料	材料来源	下道工序	件数	工时/h
1	长方体	HT150	由课题六分课题三转来	—	1	1
2	双头螺柱	45	备料（每种1件）	—	3	1
3	长方体	HT150	备料81mm×71mm×20mm	—	1	2

3. 训练步骤

（1）件1的加工步骤

1）先在废料上进行钻孔、攻螺纹和套螺纹练习。

2）按训练图样上的尺寸要求划出各螺纹的加工位置线，钻各螺纹底孔，并对孔口进行倒角。

3）依次攻制4个M6、1个M8、1个M10、2个M12螺纹，并用相应的螺钉进行配检。

（2）件2的套螺纹

1）按图样尺寸下料。

2）按前述套螺纹的方法套制三件双头螺柱上M8、M10、M12的外螺纹，并用相应的螺母进行配检。

（3）件3的加工

1）按图样要求划出各孔的位置加工线。

2）刃磨所用的全部规格钻头，并在废工件上试钻，达到切削角度和尺寸要求。

3）用台虎钳装夹工件，按所划加工线钻平面上各孔，达到位置尺寸要求（可用游标卡尺进行测量）。

4）在M4、M10螺纹孔口处倒角，并按图样尺寸加工。

5）用柱形锪钻在3个$\phi 8.5$mm孔口处锪出$\phi 14$mm深8mm的沉孔。

6）攻螺纹M4、M10，并达到垂直度要求。

7）铰削3个$\phi 8H8$的孔达到精度要求。

8）去毛刺，复检。

4. 质量检验内容和评分标准（见表6-10）

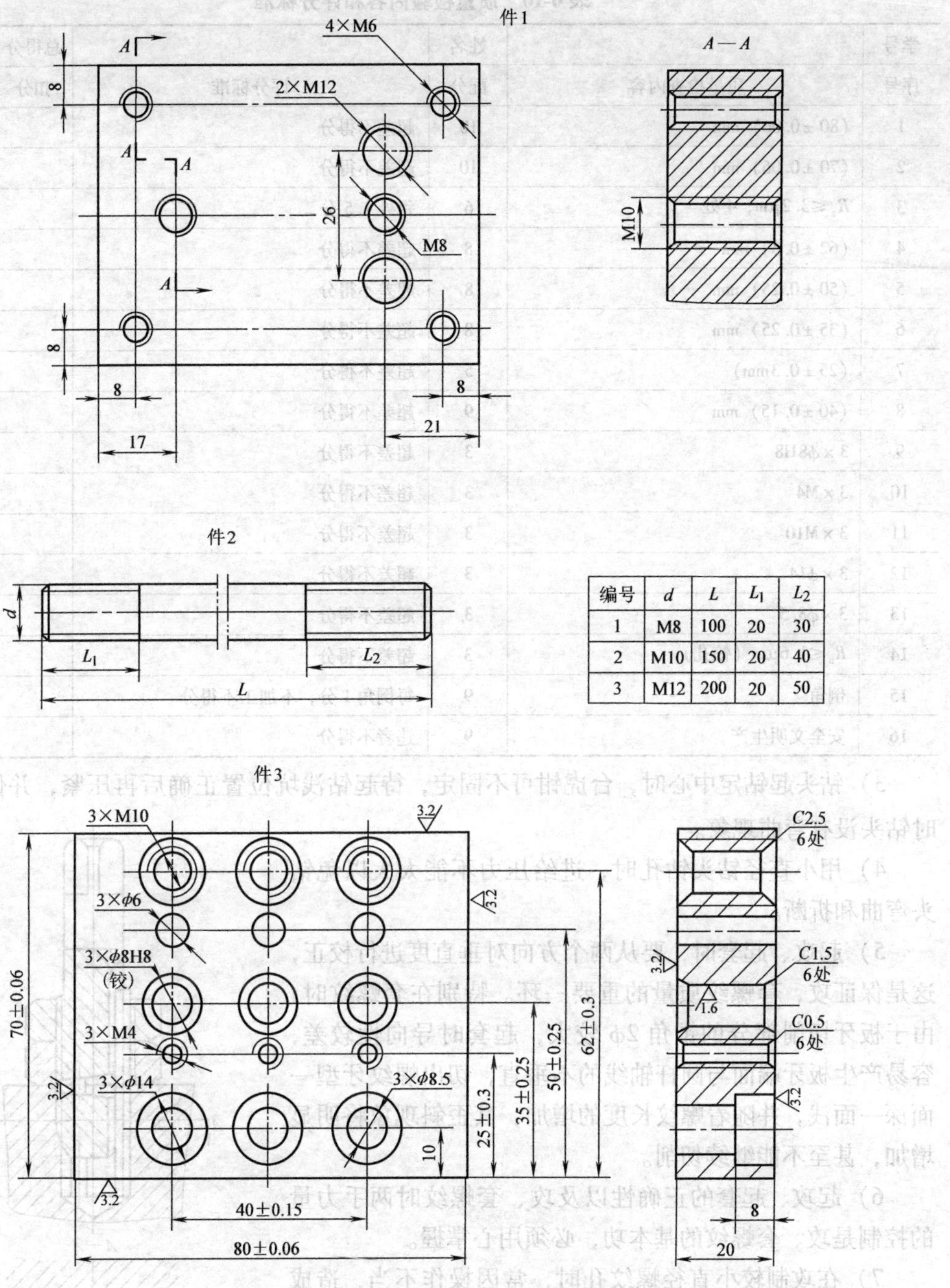

编号	d	L	L_1	L_2
1	M8	100	20	30
2	M10	150	20	40
3	M12	200	20	50

图 6-44　钻孔、锪孔、铰孔和攻螺纹

三、注意事项

1）钻孔前应先熟习机床的使用和调整方法，并正确选择不同孔径的钻孔转速。操作中应注意做到安全文明操作。

2）倒角的钻头要刃磨正确。可先在废件上进行试钻，以防孔口出现较大的振痕，或由于刃磨太锋利，切削时出现扎刀，使切削力增加将工件甩出，造成事故。

表 6-10 质量检验内容和评分标准

学号		姓名		总得分	
序号	质量检查内容	配分	评分标准	扣分	得分
1	(80 ±0.06) mm	10	超差不得分		
2	(70 ±0.06) mm	10	超差不得分		
3	R_a≤3.2μm，4处	6	每处1.5分		
4	(62 ±0.3) mm	8	超差不得分		
5	(50 ±0.25) mm	8	超差不得分		
6	(35 ±0.25) mm	8	超差不得分		
7	(25 ±0.3mm)	5	超差不得分		
8	(40 ±0.15) mm	9	超差不得分		
9	3 × ϕ8H8	3	超差不得分		
10	3 × M4	3	超差不得分		
11	3 × M10	3	超差不得分		
12	3 × ϕ14	3	超差不得分		
13	3 × ϕ8.5	3	超差不得分		
14	R_a≤1.6μm（铰孔）	3	超差不得分		
15	倒角	9	每倒角1分，不加工不得分		
16	安全文明生产	9	违者不得分		

3）钻头起钻定中心时，台虎钳可不固定，待起钻浅坑位置正确后再压紧，并保证落钻时钻头没有弯曲现象。

4）用小直径钻头钻孔时，进给压力不能太大以免钻头弯曲和折断。

5）起攻、起套时，要从两个方向对垂直度进行校正，这是保证攻、套螺纹质量的重要一环。特别在套螺纹时，由于板牙切削部分的锥角 2ϕ 较大，起套时导向性较差，容易产生板牙端面与圆杆轴线的不垂直，切出螺纹牙型一面深一面浅，并随着螺纹长度的增加，其歪斜现象将明显增加，甚至不能继续切削。

6）起攻、起套的正确性以及攻、套螺纹时两手力量的控制是攻、套螺纹的基本功，必须用心掌握。

7）在攻制较小直径螺纹孔时，常因操作不当，造成丝锥断在孔内，如果不能取出或即使取出而使螺孔损坏，都将使工件报废。下面介绍几种取出断丝锥的方法，供必要时参考：

① 在一般情况下，可用尖錾或样冲抵在断丝锥的容屑槽中顺着退转的切线方向轻轻剔出。也可在带方榫的断丝锥上拧上两个螺母，用钢丝插入断丝锥和螺母间的容屑

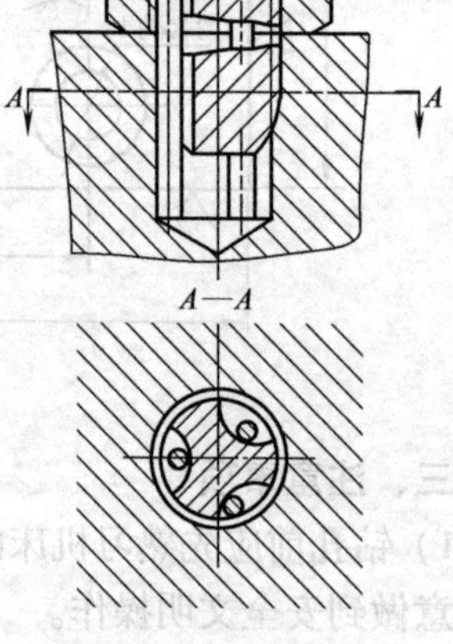

图 6-45 用钢丝插入槽中取出断丝锥的方法

槽中，见图6-45，然后用铰杠顺着退转方向扳动方榫，把断在螺纹孔中的丝锥带出来。

在取断丝锥前，应先将螺孔内的切屑及丝锥碎屑清除干净，防止回旋时再将丝锥卡住，并加入适当的润滑液，如煤油、全损耗系统油等来减少摩擦阻力。然后，用工具按螺纹的正、反方向反复轻轻敲击，先使断丝锥产生一定松动后，再进行旋取。

② 当断丝锥与螺孔楔合牢固，而用上述方法不能取出时，可用以下几种方法：

a. 在断丝锥上焊上便于施力的弯杆，或用电焊小心地在断丝锥上堆焊出一定厚度的便于施力金属层，然后用工具旋出。

b. 用电火花加工，慢慢地将丝锥熔蚀掉。

c. 用乙炔火焰或喷灯使断丝锥加热退火，然后用钻头钻掉。

8）要做到安全和文明操作

9）熟悉攻，套螺纹中常出现的问题及其产生原因（表6-11）以便在练习时加以注意。

表6-11　攻螺纹和套螺纹时可能出现的问题和产生原因

出现问题	产 生 原 因
螺纹乱牙	1）攻螺纹时底孔直径太小，起攻困难，左右摆动，孔口乱牙 2）换用二、三锥时强行校正，或没旋合好就攻下 3）圆杆直径过大，起套困难，左右摆动，杆端乱牙
螺纹滑牙	1）攻不通孔的较小螺纹时，丝锥已到底仍继续攻转 2）攻强底低或小孔径螺纹，丝锥已切出螺纹仍继续加压，或攻完时连同铰杆自由的快速转出 3）未加适当切削液及一直攻，套不倒转。切屑堵塞，将螺纹啃坏
螺纹歪斜	1）攻、套螺纹时位置不正、起攻、套时未作垂直度检查 2）孔口、铰杠端倒角不良；两手用力不均匀；切入时歪斜
螺纹形状不完整	1）攻螺纹底孔直径太大，或套螺纹圆杆直径太小 2）圆杆不直 3）板牙经常摆动
丝锥折断	1）底孔太小 2）攻入时丝锥歪斜或歪斜后强行校正 3）没有经常反转断屑和清屑，或不通孔攻到底，还继续攻下 4）使用铰杠不当 5）丝锥牙齿爆裂或磨损过多而强行攻下 6）工件材料过硬或夹有硬点 7）两手用力不均或用力过猛

本课题小结

1）钻头刃磨技能是钻孔学习中的重点和难点，保证刃磨姿势、站立动作和钻头的几何形状及各种角度的正确性。

2）钻头起钻中心时，必须要保证位置尺寸要求，所以要学会钻孔发生偏歪时的借正方法和措施，并保证钻孔的精度要求。

技能训练思考题

1. 在钻孔时出现的孔呈多角形的现象应用什么方法来纠正？

2. 用钻头改制的平底锪钻在加工平底孔时的加工工艺有哪些？

3. 试加工如图 6-46 所示的工件。

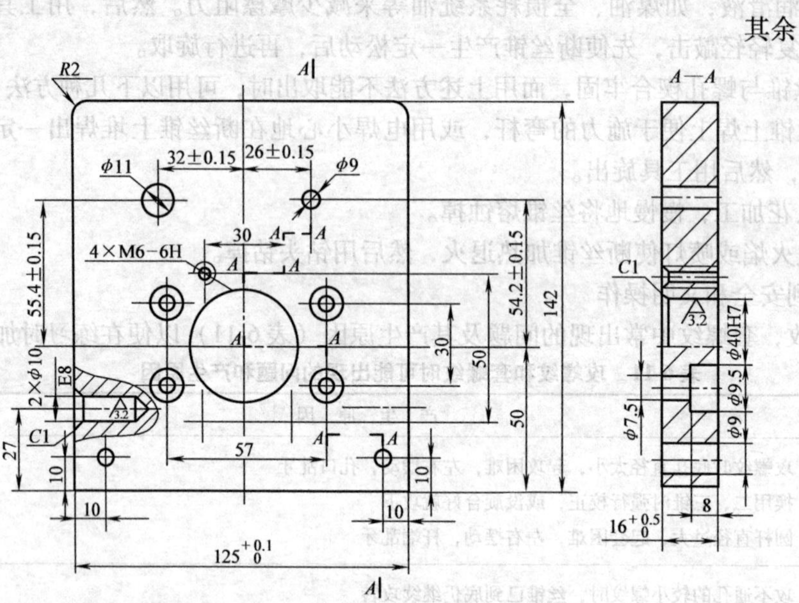

图 6-46　钻孔扩孔锪孔铰孔

课题七　综合技能训练（一）

技能训练目标：

1. 巩固划线、锉削、锯削、钻孔、铰孔、攻螺纹以及精度测量等基本操作技能。加工指定的工件时，能达到图样的各项技术要求。

2. 能正确熟练地刃磨，修整钳工所用的工具，如划针、样冲、钻头等。

3. 提高推锉技能，掌握锉腰形孔及连接内外圆弧面的方法。

4. 初步掌握平面研磨的正确方法，并能研磨达到一定精度和较小表面粗糙度值的工件。

5. 做到安全生产和文明生产。

技能训练重点、难点：

通过零件的加工，准确达到各项尺寸精度、形状和位置精度和表面粗糙度值等技术要求。

分课题一　制 作 样 冲

一、技能训练作业

1. 训练作业图（见图7-1）

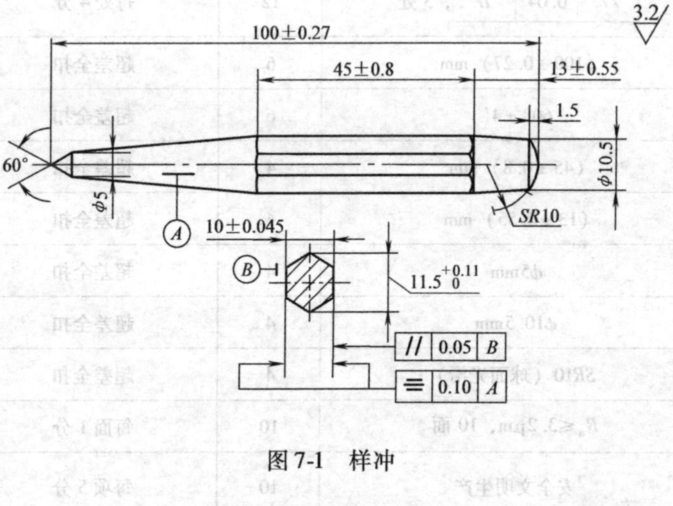

图7-1　样冲

2. 训练准备

1）工、量具：扁锉（粗、细各一）、半圆锉、划线平板、高度游标卡尺、游标卡尺、千分尺、游标万能角度尺、金属直尺、刀口形直尺、半径样板、涂料、毛刷、材料。

2）训练件规格及要求见表7-1。

表7-1　训练件规格及要求

训练件名称	材料	材料来源	下道工序	件数	工时/h
样冲	T10	备料 ϕ12mm×105mm	热处理	1	10

3. 训练步骤

1）检查来料尺寸 ϕ12mm × 105mm。

2）圆料在 V 形铁上用高度游标卡尺划内接六边形。

3）锉削加工六边形，并保证对边尺寸（10 ± 0.045）mm、对角线尺寸 $11.5^{+0.11}_{0}$、平面度误差≤0.10mm、平行度误差≤0.05mm。

4）样冲头部倒圆 ϕ10.5mm × 13mm，样冲头部端面加工 *SR*10mm 球面体（用半径样板检查）。

5）加工样冲锥角的圆锥面、圆锥表面、保证直线度符合要求，圆弧连接圆滑，并保证六边形中间长度达到（45 ± 0.8）mm。

6）加工 60°锥角，并控制总长（100 ± 0.27）mm。

7）各表面粗糙值达到 R_a3.2μm。

8）全面检查各项技术要求。

4. 质量检查内容和评分标准（见表 7-2）

表 7-2 质量检查内容和评分标准

学号			姓名		总得分	
项目	序号	质量检查内容	配分	评分标准	扣分	得分
样冲	1	（10 ± 0.045）mm 3 组	24	每组 8 分		
	2	⌯ | 0.10 | *A*，3 处	12	每处 4 分		
	3	// | 0.04 | *B*，3 处	12	每处 4 分		
	4	（100 ± 0.27）mm	6	超差全扣		
	5	60° ± 4′	6	超差全扣		
	6	（45 ± 0.8）mm	4	超差全扣		
	7	（13 ± 0.55）mm	4	超差全扣		
	8	ϕ5mm	4	超差全扣		
	9	ϕ10.5mm	4	超差全扣		
	10	*SR*10（球面光滑）	4	超差全扣		
	11	R_a≤3.2μm，10 面	10	每面 1 分		
	12	安全文明生产	10	每项 5 分		

二、注意事项

1）圆料工件上加工六边形时，应先加工基准边，在保证直线度符合要求的基础上再加工对面平行面和侧面角度边，并注意尺寸精度和其他的技术要求。

2）倒圆和端面球面体的加工，一定要用半径样板检查圆弧。

3）倒圆时，认真观察教师的示范表演，包括用台虎钳夹持工件的方法和倒圆的手法。重点学习：如何防止出现圆弧不圆呈多角形，圆弧半径过大或过小，锉纹不整齐，圆弧锥面直线度超差的现象。

4）用砂布把全部锉削面修光保证表面粗糙度 $R_a \leqslant 3.2\mu m$。

分课题二　制作刀口形直角尺

一、技能训练作业

1. 训练作业图（见图 7-2）

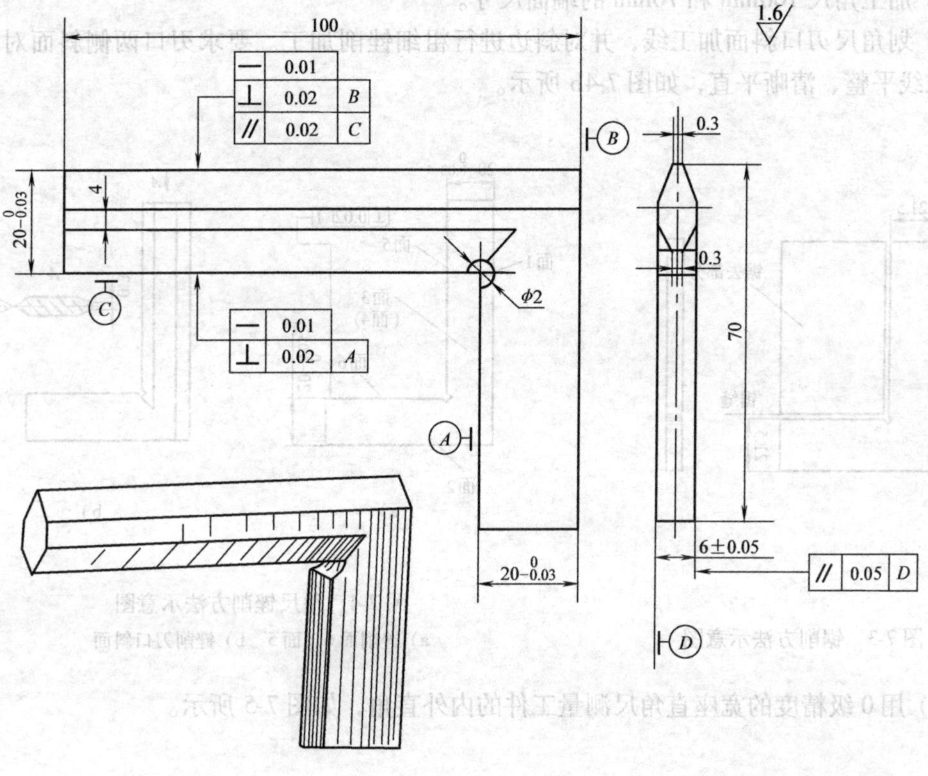

图 7-2　制作刀口形直角尺

2. 技能训练准备

1）工、量具：划线平板、高度游标卡尺、刀口形直尺、0 级直角尺、游标卡尺、千分尺、V 形铁或靠铁、锯弓、锯条、扁锉（粗、细各一）、三角锉、涂料、钢丝刷、毛刷。

2）训练件规格及要求见表 7-3。

表 7-3　训练件规格及要求

训练件名称	材料	材料来源	下道工序	件数	工时/h
刀口形直角尺	45	备料 105mm×75mm×6mm	课题七分课题五	1	14

3. 训练步骤

1）检查来料尺寸，并去除锐边毛刺。

2）将工件钉在木板上，把木板夹在台虎钳上加工工件厚度的两平面，并达到尺寸要求及平行度误差和平面度误差的技术要求。

3）按图样要求先加工基准面 2 和垂直面 1，见图 7-4，并划出直角尺的外形尺寸加工线。

4）按图样加工要求钻工艺孔（锯工艺槽），并锯去多余材料，如图 7-3 所示。

5）以外直角为基准，加工面 6 和面 5 的内直角达到图样的各项技术要求，如图 7-4a 所示。

6）加工角尺 100mm 和 70mm 的端面尺寸。

7）划角尺刃口斜面加工线，并对斜边进行粗细锉削加工。要求刃口两侧斜面对称，所划加工线平整、清晰平直，如图 7-4b 所示。

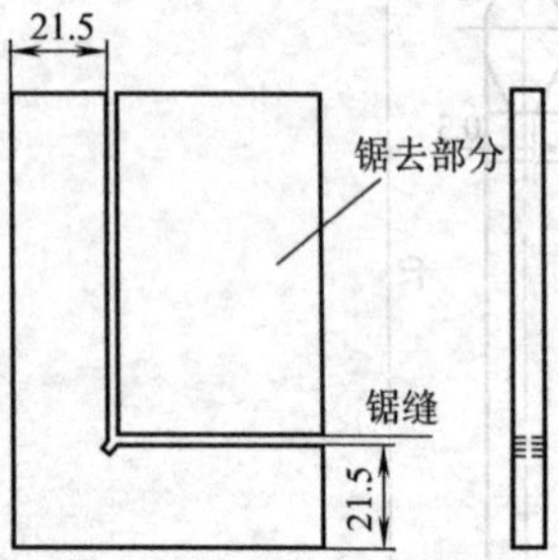

图 7-3　锯削方法示意图

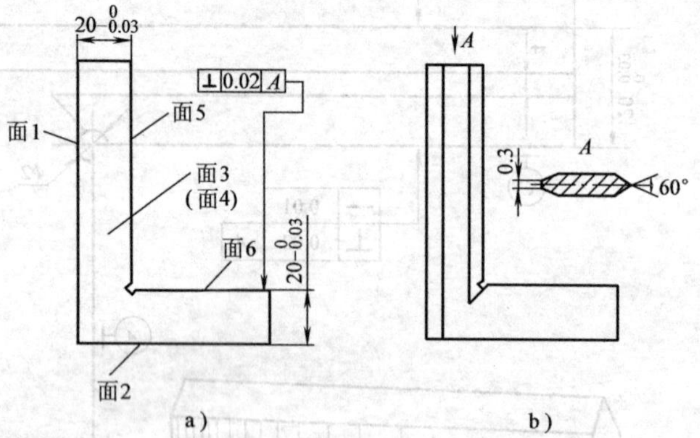

图 7-4　角尺锉削方法示意图

a）锉削面 6、面 5　b）锉削刃口斜面

8）用 0 级精度的宽座直角尺测量工件的内外直角，如图 7-5 所示。

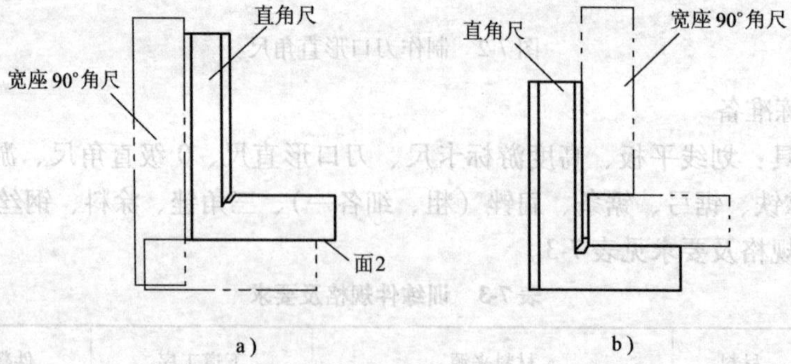

图 7-5　测量方法示意图

a）测量外 90°角　b）测量内 90°角

9）锐边倒棱去毛刺，并作全部精度检查。

4. 质量检查内容和评分标准（见表 7-4）

表 7-4　质量检查内容和评分标准

学号			姓名		总得分	
项目	序号	质量检查内容	配分	评分标准	扣分	得分
刀口形直角尺	1	$20_{-0.03}^{0}$mm 2 处	20	每处 10 分		
	2	⏤ 0.01，8 面	12	每面 1.5		
	3	// 0.05 D　// 0.02 C	10	每组 5 分		
	4	⊥ 0.02 B　⊥ 0.02 A	20	每组 10 分		
	5	100mm 和 70mm	4	每处 2 分		
	6	刀口斜面 60°角，2 面	4	每处 2 分		
	7	刀口（0.3mm）	4	每处 2 分		
	8	工艺孔（槽）	2	目测，超差全扣		
	9	刀口斜面对称	6	目测，超差全扣		
	10	$R_a \leqslant 1.6\mu m$　8 处	8	每处 1 分		
	11	安全文明生产	10	每项 5 分		

三、注意事项

1）在锉厚度两平面时，锉削表面锉纹一致平面度达到图样的技术要求。

2）刀口形直角尺是以短面 2 为基准测量直角的，但在加工时应先加工长直角面 1 然后以此面为基准来加工短面 2 达到 90°角。最后检查垂直度时，仍应以短直角面为测量基准。

3）锉刀口斜面时，必须在平面加工达到技术要求后进行。并注意不能碰坏邻边的直角边，以免造成角度误差。

4）因本刀口形直角尺的测量面最后还须进行研磨加工，使表面粗糙度值达到 $R_a \leqslant 0.8\mu m$ 的要求，故在加工后必须保证各测量面的精度（用油光锉加工），不应有可见的锉削纹路。

分课题三　制作錾口锤

一、技能训练作业

1. 技能训练作业图（见图 7-6）

2. 训练准备

1）工、量具：划线平板、样冲、锤子、划针、钻床、钻头、扁锉、圆锉、整形锉、游标卡尺、千分尺、游标万能角度尺，刀口形直尺、直角尺、金属直尺、半径样板、毛刷、涂料。

2）训练件规格及要求见表 7-5。

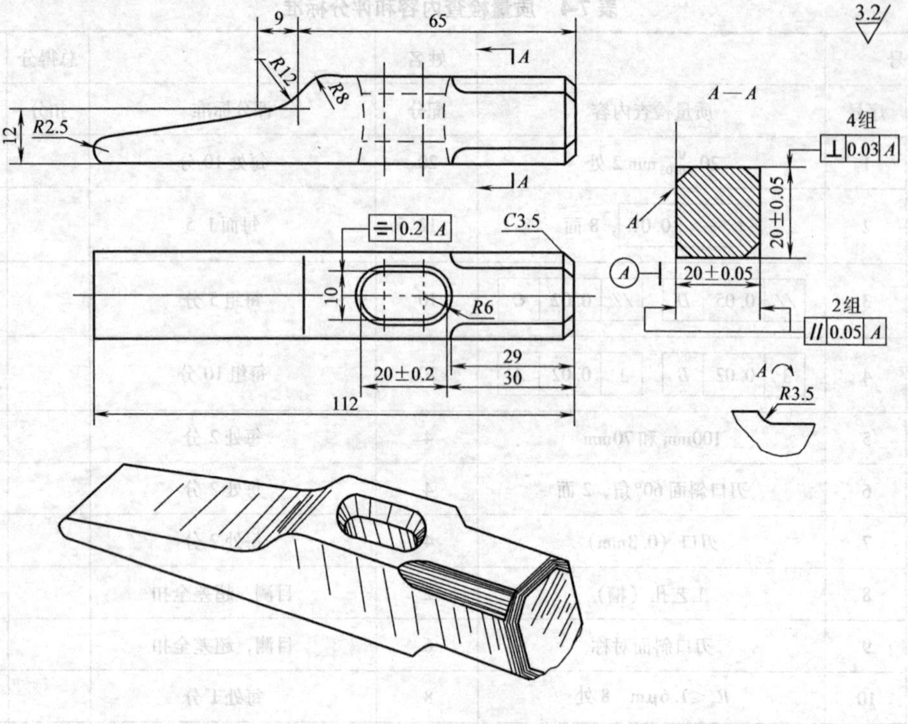

图 7-6　制作錾口锤

表 7-5　训练件规格及要求

训练件名称	材料	材料来源	下道工序	件数	工时/h
长方体	45	由课题五分课题五转来	热处理	1	16

3. 训练步骤

1）检查来料尺寸。

2）按图样要求加工（20 ±0. 05）mm ×（20 ±0. 05）mm 的长方体。

3）以一长面为基准锉一端面达到基本垂直，表面粗糙度 $R_a \leqslant 3.2\mu m$。

4）以一长面及端面为基准，按图样尺寸划出形体加工线（两面同时划出）和 4 处 C3. 5 倒角加工线。

5）用圆锉粗锉出 R3. 5mm 圆弧，然后分别用粗、细板锉、粗锉、细锉倒角，再用圆锉细加工 R3. 5mm 圆弧，最后用推锉法修整，并用砂布打光。并锉 4 处 C3. 5 倒角达到要求。

6）按图划出腰孔加工线及钻孔检查线，并用 ϕ9. 7mm 钻头钻孔。

7）用圆锉锉通两孔，然后用掏锉按图样要求锉好腰孔。

8）按所划加工线在 R12mm 处钻 ϕ5mm 的孔，然后用手锯按加工线锯去多余部分（锉削余量）。

9）用半圆锉按线粗锉 R12mm 内圆弧面，用平锉粗锉斜面与 R8mm 圆弧面至划线线条。然后用细扁锉锉斜面，用半圆锉细锉 R12mm 内圆弧，再用细扁锉细锉 R8mm 外圆弧面。最后用细扁锉及半圆锉作锉推修整，达到各型面连接圆滑、光洁、纹理齐整。

10）锉 R2. 5mm 圆头，并保证工件总长 112mm。

11）八角端部棱边倒角 C3. 5。

12）用砂布将各加工面全部打光，交件待验。

13）待工件检验后，再将腰形孔各面倒出1mm弧形喇叭口，20mm端面锉成略凸弧面，然后将工件两端热处理淬硬。

4. 质量检查内容及评分标准（见表7-6）

表7-6 质量检查内容及评分标准

学号			姓名		总得分	
项目	序号	质量检查内容	配分	评分标准	扣分	得分
制作錾口锤	1	（20±0.05）mm 2处	8	每处4分		
	2	∥ 0.05 A ，2处	6	每处3分		
	3	⊥ 0.03 A ，4处	12	每处3分		
	4	C3.5倒角4处	8	每处2分		
	5	R3.5mm 4处	8	每处2分		
	6	R12mm与R8mm圆弧面连接圆滑	6	目测，连接不好全扣		
	7	斜面平直度小于0.03mm	6	超差全扣		
	8	腰形孔（20±0.2）mm	10	超差全扣		
	9	腰形孔 ⌯ 0.2 A	8	超差全扣		
	10	R2.5mm圆弧面圆滑	8	目测超差全扣		
	11	倒角均匀棱线清晰	4	目测，1角1分		
	12	$R_a \leqslant 3.2\mu m$	6	每面0.5		
	13	文明安全生产	10	每项5分		

二、注意事项

1）钻腰形孔时，要求钻孔位置正确，钻孔孔径没有明显扩大，以免造成加工余量不足，影响腰形孔的正确加工。

2）锉削腰形孔时，应先锉两侧平面，后锉两端圆弧面。在锉平面时要注意控制好锉刀的横向移动，防止锉坏两端孔面。

3）加工四角R3.5mm凹圆弧时，横向锉要锉准、锉光，然后推光就容易了，且圆弧尖角处也不易塌角。

4）在加工R12mm与R8mm内、外圆弧面时，横向必须平直，并与侧平面垂直，才能使弧面连接正确，外形美观。

5）锉斜面时要注意控制平面度误差并与圆弧连接要相切。

分课题四 制作角度样板

一、技能训练作业

1. 技能训练作业图（见图7-7）

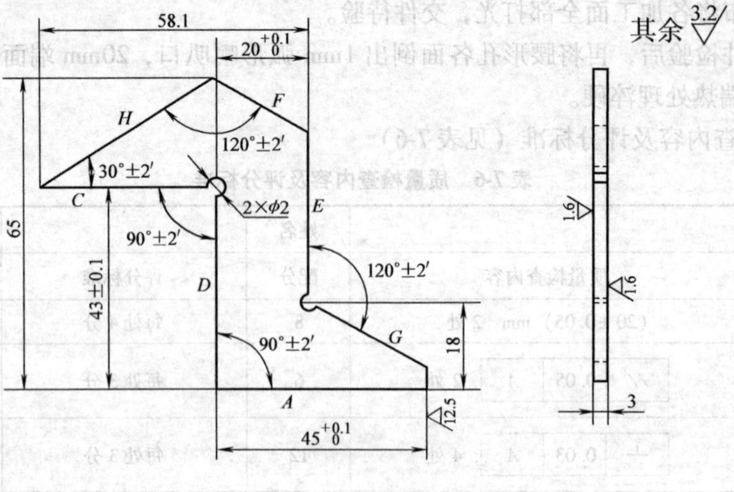

图 7-7　角度样板

2. 训练准备

1）工、量具：划线平板、划针、锤子、样冲、锯弓、锯条、扁锉（粗、细各一）、三角锉、铜钳口、高度游标卡尺、游标卡尺、千分尺、游标万能角度尺、刀口形直角尺，刀口形直尺、涂料、毛刷。

2）训练件规格及要求见表 7-7。

表 7-7　训练件规格及要求

训练件名称	材料	材料来源	下道工序	件数	工时/h
角度样板	45	备料 85mm × 70mm × 3mm	课题七分课题五	1	12

3. 训练步骤

1）检查备料尺寸，各边缘去刺。

2）加工外形基准面 A、B 面，并且达到垂直度要求。并以 A、B 面为划线基准，按图样要求划出所有加工线，并打上样冲眼（冲在角度交点线上），钻 2 处 ϕ2mm 工艺孔（或锯工艺槽），如图 7-8 所示。

3）加工 C、D 面：如图 7-9 所示，先锯削去除余料，并留有一定锉削的加工余量。锉削加工 C、D 面时达到尺寸精度（$45^{+0.1}_{0}$mm、(43 ± 0.1) mm）及垂直度要求。

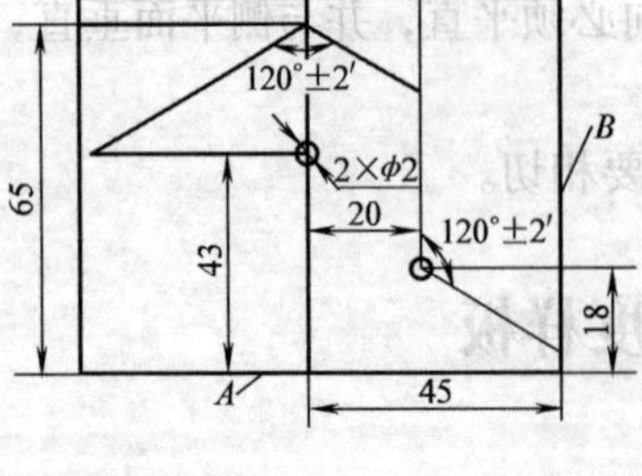

图 7-8　精锉基准垂直面 A、B

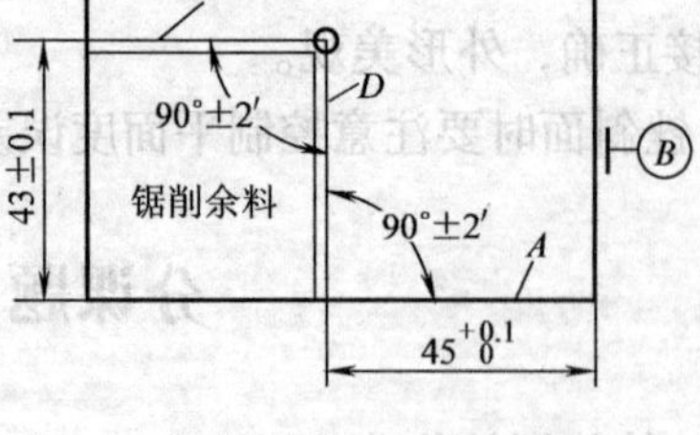

图 7-9　加工 D、C 面

4）加工 *E* 面：以 *D* 面为基准，根据划线的加工线条进行锯削并锉削加工 *E* 面，达到 $20^{+0.1}_{0}$mm 尺寸要求，如图 7-10 所示。

5）加工 *F*、*H*、*G* 面：根据划线的加工线条锯削余料。锉削加工 *F* 面、*H* 面及 *G* 面并保证 120° ±2′（2 处）和 30° ±2′角度的要求，如图 7-11 所示。

6）复检、倒棱、去毛刺。

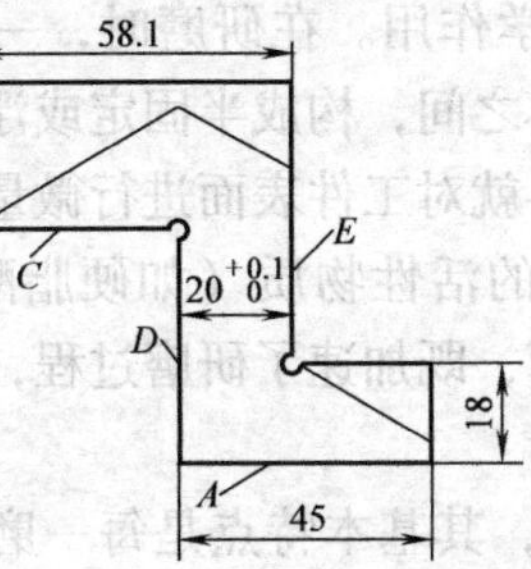

图 7-10　加工 *E* 面

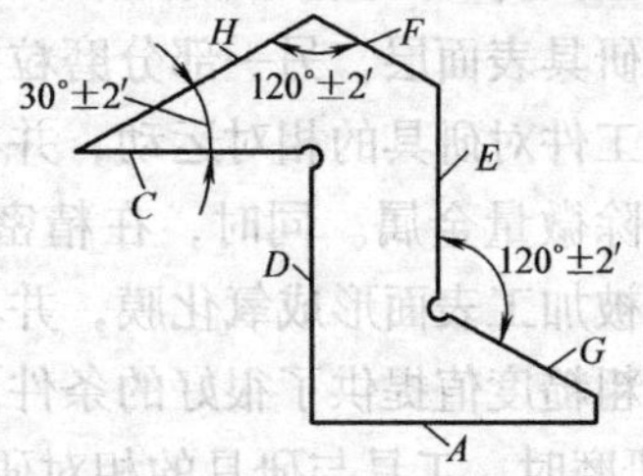

图 7-11　加工 *F*、*H*、*G* 面

4. 质量检查内容及评分标准（见表 7-8）

表 7-8　质量检查内容及评分标准

学号			姓名		总得分	
项目	序号	质量检测内容	配分	评分标准	扣分	得分
制作角度样板	1	90° ±2′（2 处）	20	一处超差扣 10 分		
	2	120° ±2′（2 处）	20	一处超差扣 10 分		
	3	30° ±2′	10	超差不得分		
	4	$20^{+0.1}_{0}$mm	8	超差不得分		
	5	（43 ±0.1）mm	8	超差不得分		
	6	$45^{+0.1}_{0}$mm	8	超差不得分		
	7	65mm、58.1mm、18mm、2 × ϕ2mm	2	一处超差扣 0.5 分		
	8	R_a3.2μm（8 处）	4	一处升高 1 级扣 0.5 分		
	9	安全文明生产	10	一项违者扣 5 分		

二、注意事项

1）锉削窄面时，为了提高锉纹方向一致性，在将要锉到尺寸时应采用推锉的方法。

2）各窄面的加工应与大平面垂直。

3）加工 *E* 面角度边 *F* 面时，应先以 *B* 面为基准，加工、测量 120°角度边 *F* 面后再锯锉 *E* 面并达到图样的 $20^{+0.1}_{0}$mm 尺寸和其他技术要求。

4）加工完毕后，对全部棱角进行去毛刺倒钝。

分课题五　研 磨 平 面

一、相关工艺知识

用研磨工具、研磨剂和润滑液对工件表面进行精密加工的操作称研磨。

1. 研磨加工的特点

1）研磨过程有机械加工作用（物理作用），也有化学作用。在研磨时，一部分磨料嵌入较软的研具表面层，另一部分磨粒则悬浮于工件与研具之间，构成半固定或浮动的多刃基体。利用工件对研具的相对运动，并在一定压力下，磨料就对工件表面进行微量的切削、挤压，以去除微量金属。同时，在精密研磨时，研磨剂中的活性物质（如硬脂酸、油酸等）能使工件被加工表面形成氧化膜，并不断被软质磨料除掉，既加速了研磨过程，又为获得较小的表面粗糙度值提供了很好的条件。

2）研磨时，工具与研具的相对研磨运动是较复杂的，其基本特点是每一磨粒在工件表面上不重复自己的运动轨迹，均匀不断地切除工件表面上的微小凸峰。

3）可获得高的尺寸精度、形位精度及较小的表面粗糙度值。尺寸误差一般可控制在0.001mm以内；锥度和圆度可控制在0.001～0.002mm以内；表面粗糙度$R_a<0.16\mu m$。同时，配合件经过研磨能获得较高的接触精度，其耐磨性和抗蚀性都大为提高。

2. 研磨工具和研磨剂

（1）研磨工具　平面研磨通常采用标准平板。粗研磨时，平板上可开槽，以避免过多的研磨剂浮在平板上，易使工件研平，如图7-12a所示；精研时则用精密镜面平板，如图7-12b所示。

研具材料要比工件软，才能使研磨剂嵌入研具表面。常用的研具材料有：灰铸铁，润滑性好，硬度适中，研磨效率较高，应用较广；球墨铸铁，更易嵌存磨料，强度较高；低碳钢，用于研磨螺纹和小直径工具；纯铜或黄铜，用于研磨余量大的工件等。

（2）研磨剂　研磨剂是由磨料和研磨液混合而成的混合剂。

1）磨料：磨料的作用是研削工件表面，其种类很多，使用时应根据工件材料和加工精度来选择。粗研钢件或铸铁时，可用刚玉类磨料；精研时可用氧化铬。磨料粗细的选用：粗研磨或表面粗糙度要求$R_a>0.2\mu m$时，用磨粉，粒度在F100～F280范围内选取，精研磨或表面粗糙度要求$R_a0.2～0.1\mu m$时，用微粉，粒度在F280～F400范围内选取；表面粗糙度要求$R_a0.1～0.05\mu m$时，用微粉，粒度在F500～F800范围内选取；表面粗糙度要求$R_a<0.05\mu m$时，用微粉，粒度应在F1000以下。

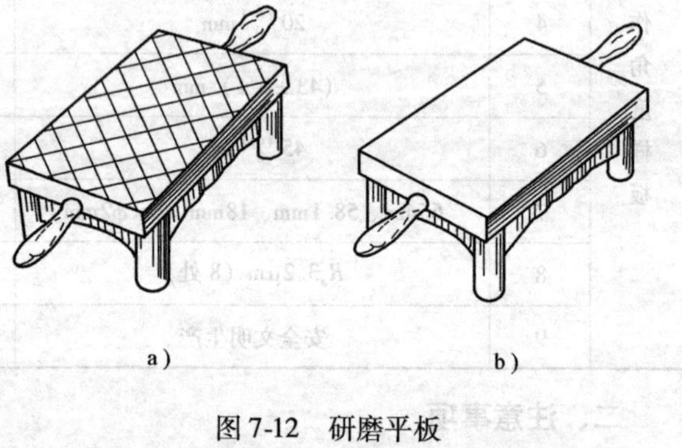
a)　　b)

图7-12　研磨平板
a) 粗研用平板　b) 精研用平板

2）研磨液：研磨液在研磨过程中起四个作用：

①　调和磨料：使磨料在研具上很好贴合和分布均匀。

②　润滑：使研磨时推动轻松及保证工件表面不拉毛。

③ 冷却：减少工件发热变形。

④ 有的润滑液还起促进工件表面的氧化作用，以加速研磨过程。

粗研钢件时可用煤油、汽油或全损耗系统用油；精研时可用全损耗系统用油（或透平油，电容器油）与煤油混合的混合液。

3）研磨膏：使用微粉进行研磨时，常事先用研磨粉、研磨液和粘接剂配制成研磨膏。使用时，将研磨膏加全损耗系统用油稀释后可进行研磨。研磨膏分粗、中、精三种，可按研磨精度的高低选用。

3. 研平面的方法

（1）研磨运动　为了使工件表面能达到理想的研磨效果，根据工件形体的不同，常采用不同的研磨运动轨迹，如图 7-13 所示。由于刀口形直角尺的侧面是台阶形的狭长平面，所以只能采用直线研磨运动轨迹，并用靠块作依靠进行研磨，如图 7-14 所示。

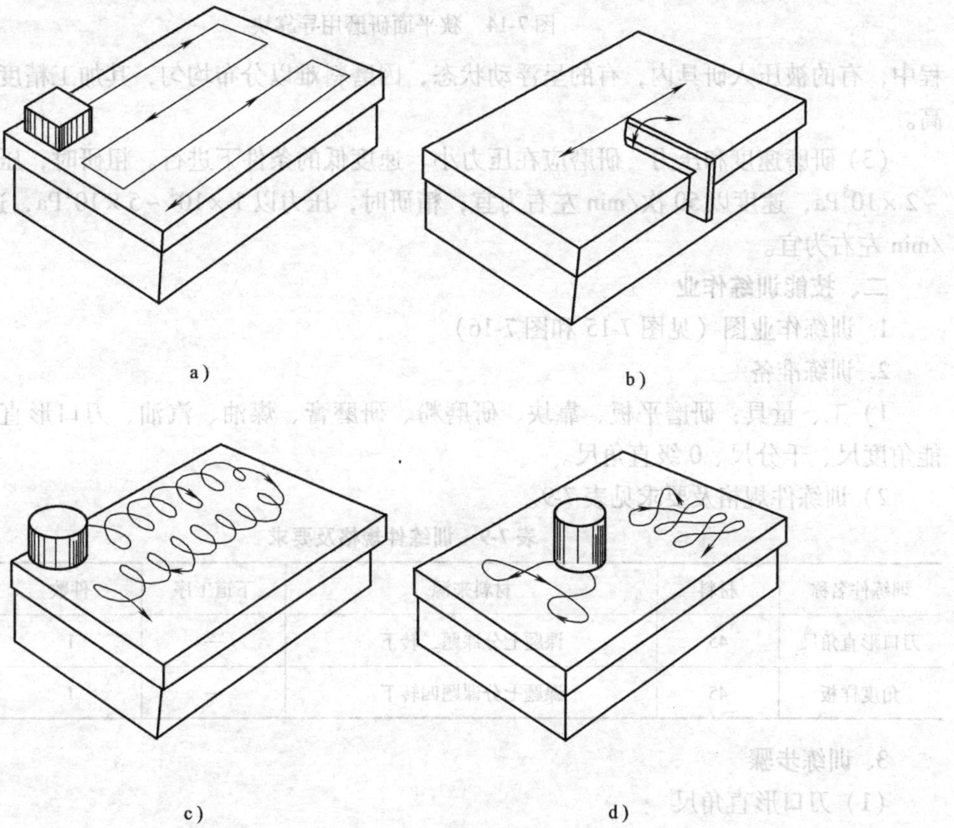

图 7-13　研磨运动轨迹

a）直线　b）直线摆动　c）螺旋形　d）“8”字形和仿“8”字形

（2）研磨时的上料　研磨时上料的方法有两种：

1）压嵌法：压嵌法又分为两种方法：一是用三块平板在其上加研磨剂，用原始研磨法轮换嵌砂，使砂粒均匀嵌入平板内；二是用淬硬压棒将研磨剂均匀压入平板，以进行研磨工作。

2）涂敷法：研磨前，将研磨剂涂敷在工件或研具上的上料方法称为涂敷法。在研磨过

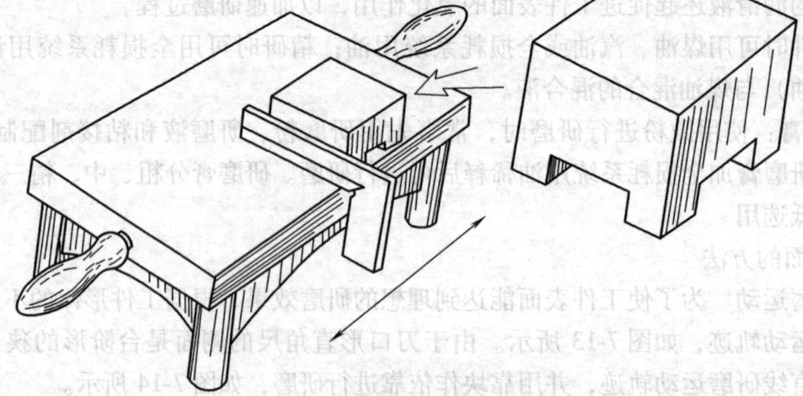

图 7-14　狭平面研磨用导靠块

程中，有的被压入研具内，有的呈浮动状态，因磨料难以分布均匀，其加工精度不及压嵌法高。

（3）研磨速度和压力　研磨应在压力小、速度低的条件下进行。粗研时，压力以 $1\times10^5 \sim 2\times10^5$ Pa，速度以 50 次/min 左右为宜；精研时，压力以 $1\times10^4 \sim 5\times10^4$ Pa，速度以 30 次/min 左右为宜。

二、技能训练作业

1. 训练作业图（见图 7-15 和图 7-16）

2. 训练准备

1）工、量具：研磨平板、靠块、研磨粉、研磨膏、煤油、汽油、刀口形直尺、游标万能角度尺、千分尺、0 级直角尺。

2）训练件规格及要求见表 7-9。

表 7-9　训练件规格及要求

训练件名称	材料	材料来源	下道工序	件数	工时/h
刀口形直角尺	45	课题七分课题二转下	—	1	2
角度样板	45	课题七分课题四转下	—	1	2

3. 训练步骤

（1）刀口形直角尺

1）练习研磨时先用三块小平板分组进行粗磨练习，使平板平面度误差≤0.01mm，表面粗糙度 R_a≤0.4μm。

2）选用 F280 ~ F400 的研磨粉，粗研磨角尺两平面，要求表面粗糙度 R_a≤0.4μm。

3）用方铁导靠块作导靠，粗、精研磨尺座内侧和内侧刀口面，达到两面垂直度误差≤0.01mm，直线度误差≤0.005mm、表面粗糙度 R_a≤0.1μm 的要求。

4）仍用方铁导靠块作导靠，粗、精研磨尺座外侧和尺瞄外侧刀口面，达到两面垂直度误差≤0.01mm、直线度误差≤0.005mm、平行度误差≤0.01mm、表面粗糙度 R_a≤0.1μm 的技术要求。

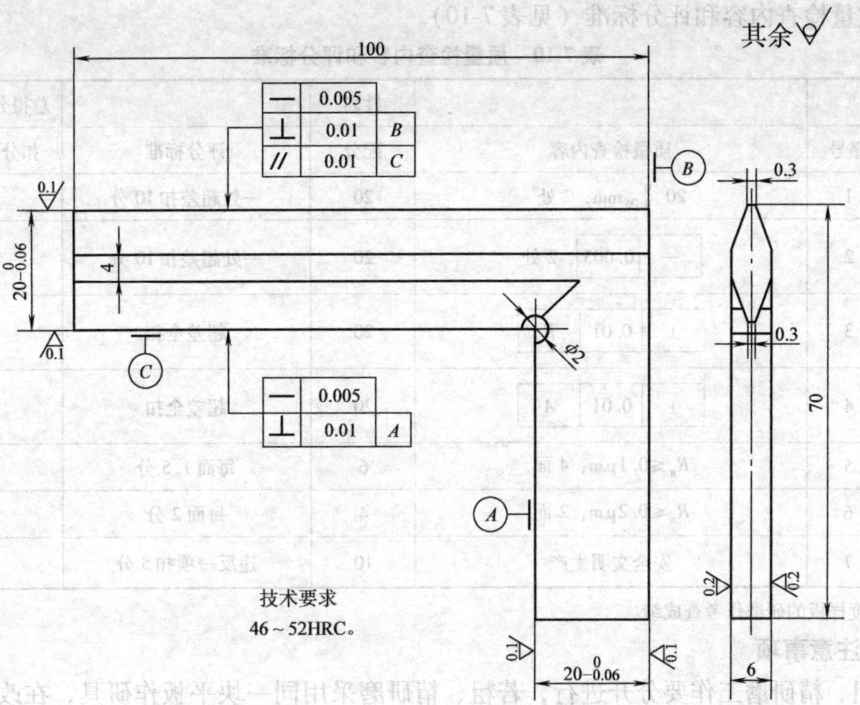

图 7-15　刀口形直角尺的研磨

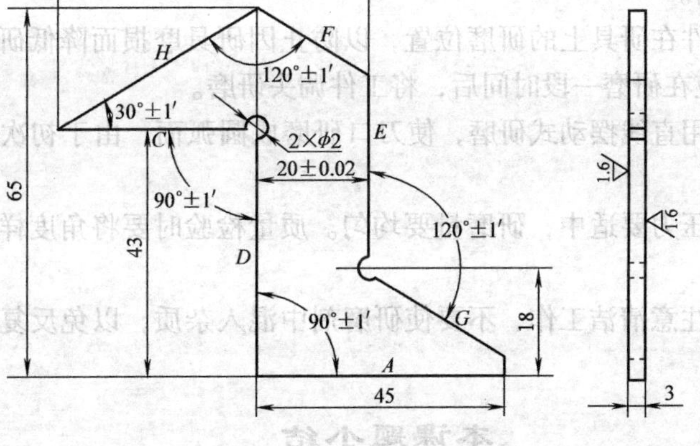

图 7-16　角度样板的研磨

5）精研两平面，达到 $R_a \leqslant 0.2\mu m$ 的要求。

（2）角度样板

1）用浸过汽油的棉蘸上 F400～F600 的研磨粉，均匀地涂在平板的研磨面上，用方铁导靠块作导靠，按顺序粗、精研磨角度样板的 A、C、D、E、F、G、H 面，并保证各角公差 ≤1′、直线度误差 ≤0.005mm、表面粗糙度 $R_a \leqslant 0.1\mu m$ 的技术要求。

2）采用光隙判别法检验角度质量，用游标万能角度尺、0 级刀口形直角尺检测工件各角度，并用千分尺检测（20±0.02）mm 尺寸精度。

4. 质量检查内容和评分标准（见表 7-10）

表 7-10　质量检查内容和评分标准

学号			姓名		总得分	
项目	序号	质量检查内容	配分	评分标准	扣分	得分
研磨刀口形直角尺	1	$20_{-0.06}^{0}$mm，2 处	20	一处超差扣 10 分		
	2	| — | 0.005 |，2 处	20	一处超差扣 10 分		
	3	| ⊥ | 0.01 | B |	20	超差全扣		
	4	| ⊥ | 0.01 | A |	20	超差全扣		
	5	$R_a \leqslant 0.1\mu m$，4 面	6	每面 1.5 分		
	6	$R_a \leqslant 0.2\mu m$，2 面	4	每面 2 分		
	7	安全文明生产	10	违反一项扣 5 分		

注：角度样板的研磨作考查成绩。

三、注意事项

1）粗、精研磨工作要分开进行，若粗、精研磨采用同一块平板作研具，在改变研磨工序时，必须全面清洗平板，以清除上道工序所留下的较粗的磨料。

2）研磨剂每次上料不宜太多，并要分布均匀，以免造成工件边缘研坏。

3）研磨窄平面时，要采用方铁导靠块。研磨时使工件靠紧，保持研磨平面与侧面垂直，以避免产生倾斜和圆角。

4）应经常改变工件在研具上的研磨位置，以防止因研具磨损而降低研磨质量，同时为了使工件均匀受压，应在研磨一段时间后，将工件调头研磨。

5）刀口面本应采用直线摆动式研磨，使刀口研磨成圆弧面，由于初次练习，故要求按直线研磨平直即可。

6）研磨过程中，压力要适中，研磨量要均匀。质量检验时要将角度样板擦拭干净，以免影响检测精度。

7）研磨时要特别注意清洁工作，不要使研磨剂中混入杂质，以免反复研磨时划伤工件表面。

本课题小结

通过综合技能训练，掌握已学课题的基本技能，并能进行一般的手工具制作。同时能对不同形状的工件独立制定加工步骤，确定使用的工具、量具，并掌握有关的基准及测量方法的确定等知识。

技能训练思考题

1. 如何用透光法检查工件的精度？
2. 独立思考制订（图 7-17）角度块的加工步骤。

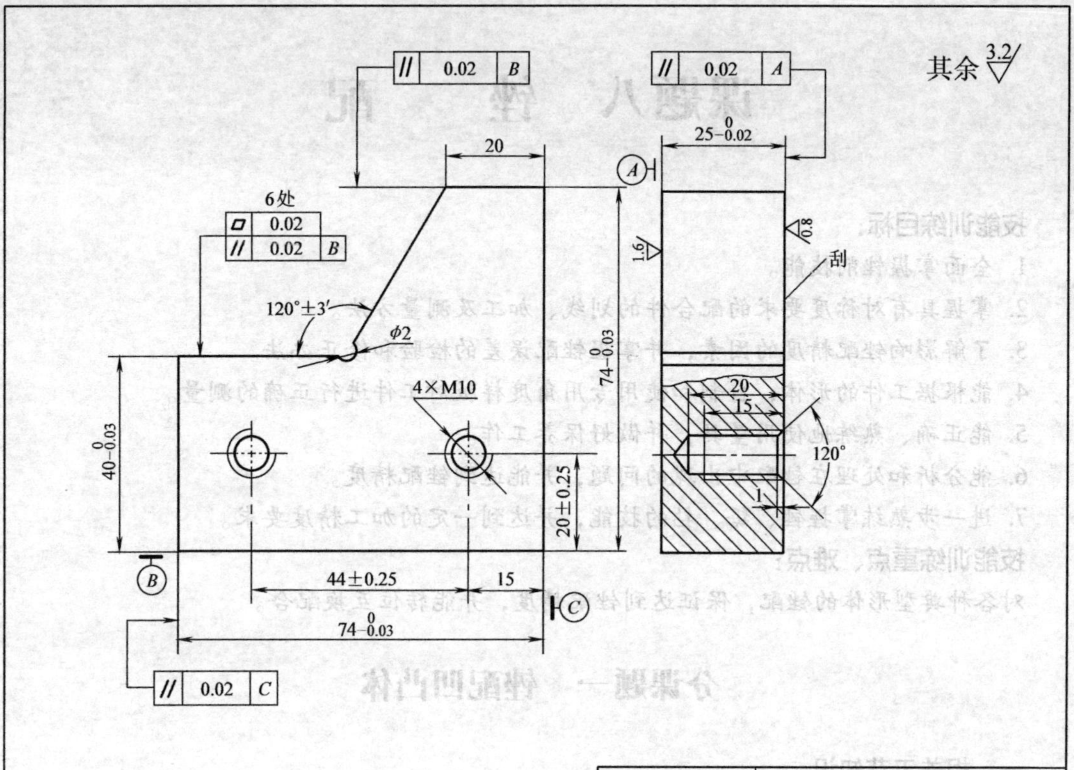

训练内容	制作角度块		
材　　料	HT50	工　时	12h

图 7-17　加工角度块

课题八　锉　　配

技能训练目标：

1. 全面掌握锉削技能。
2. 掌握具有对称度要求的配合件的划线、加工及测量方法。
3. 了解影响锉配精度的因素，并掌握锉配误差的检验和修正办法。
4. 能根据工件的形体，自制和使用专用角度样板对工件进行正确的测量。
5. 能正确、熟练地使用量具，并做好保养工作。
6. 能分析和处理在锉配中出现的问题，并能达到锉配精度。
7. 进一步熟练掌握锉、锯、钻的技能，并达到一定的加工精度要求。

技能训练重点、难点：

对各种典型形体的锉配，保证达到锉配精度，并能转位互换配合。

分课题一　锉配凹凸体

一、相关工艺知识

1. 对称度的概念

1）对称度误差是指被测表面的对称平面与基准表面的对称平面间的最大偏移距离 Δ，如图 8-1 所示。

2）对称度公差带是指相对基准中心平面对称配置的两个平行平面之间的区域，两平行面距离即为公差值，如图 8-2 所示。

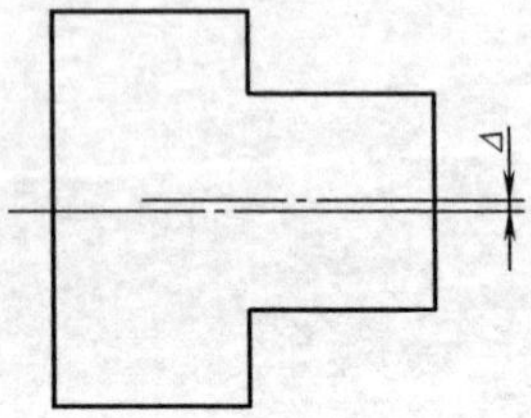

图 8-1　对称度误差

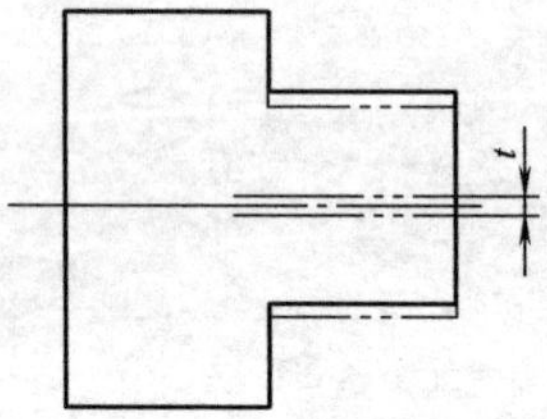

图 8-2　对称度公差带

2. 对称度误差的测量

（1）对称度误差的测量方法　测量被测表面与基准表面的尺寸 A 和 B 其差值之半即为对称度误差值如图 8-3 所示。

（2）对称形体工件的划线　对于平面对称工件的划线，应在形成对称中心平面的两个基准面精加工后进行。划线基准与该两基准面重合，划线尺寸则按两个对称基准平面间的实际尺寸及对称要素的要求尺寸计算得出。

（3）对称度误差对转位互换精度的影响　如图 8-4 所示，说明如下：当凹、凸件都有对称度误差为 0.04mm，且在一个同方向位置配合达到间隙要求后，得到两侧面平齐，而转位

180°作配合，就会产生两基准面偏位误差，其总值为0.08mm。

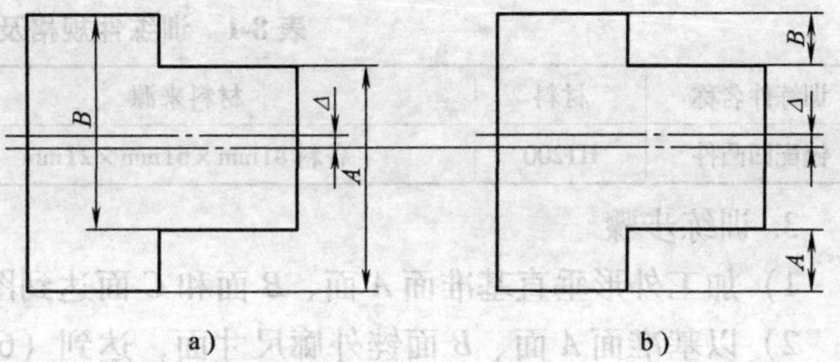

图8-3　对称度的测量

二、技能训练作业

1. 技能训练作业图（见图8-5）

2. 训练准备

1）工、量具：划针、样冲、锤子、划线平板、划线靠铁、锯弓锯条、扁锉（粗、细各一）、三角锉、钻头（ϕ3mm）、金属直尺、高度游标卡尺、游标卡尺、千分尺、刀口形直角尺、刀口形直尺、游标万能角度尺、塞尺、灯箱。

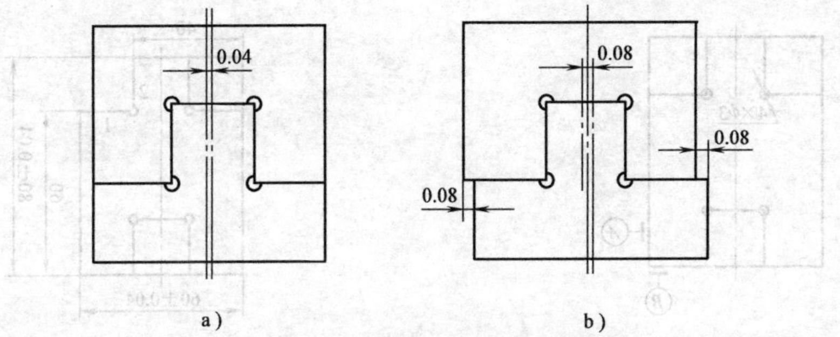

图8-4　对称度误差对转位的精度影响

a）同方向位置配合　b）转位后的配合

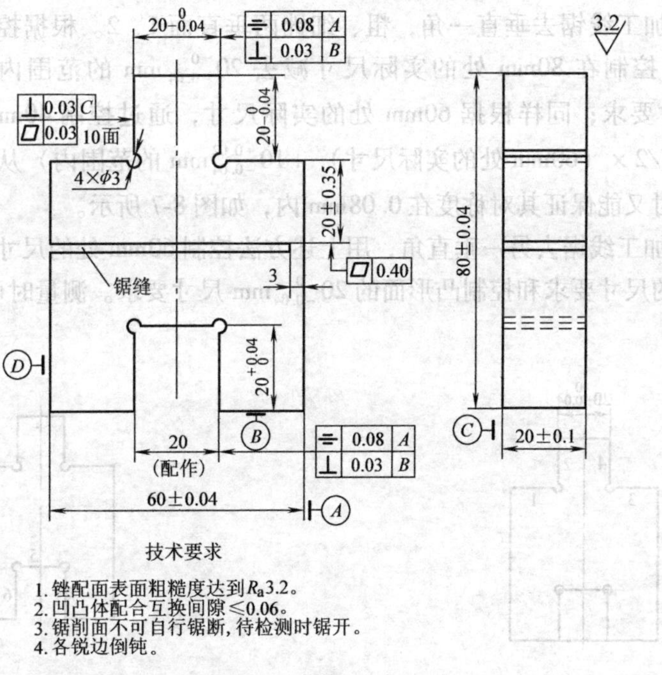

图8-5　锉配凹凸件

2）训练件规格及要求见表8-1。

表 8-1 训练件规格及要求

训练件名称	材料	材料来源	下道工序	件数	工时/h
锉配凹凸件	HT200	备料 81mm×61mm×21mm	—	1	10

3. 训练步骤

1）加工外形垂直基准面 A 面、B 面和 C 面达到图样的技术要求。

2）以基准面 A 面、B 面锉外廓尺寸面，达到（60±0.04）mm、（80±0.04）mm 及垂直度误差、平行度误差、平面度误差和表面粗糙度值的要求。

3）按图样划出凹凸体加工线，并钻 4 个 $\phi3$mm 的工艺孔，如图 8-6 所示。

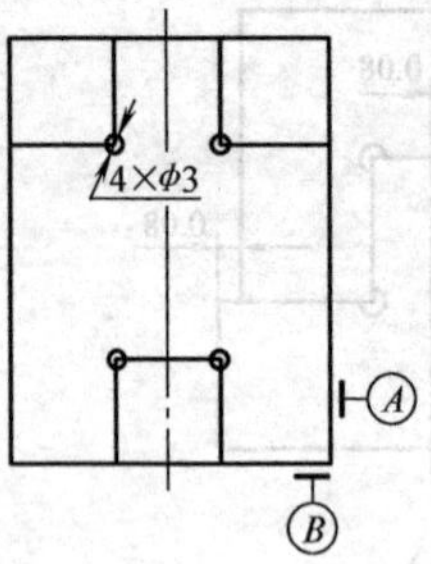

图 8-6 划线钻工艺孔

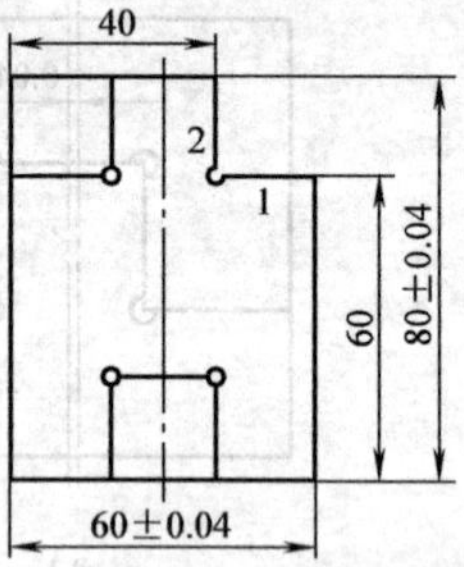

图 8-7 锯锉垂直一角 1、2 面

4）加工凸形面

① 按所划加工线锯去垂直一角，粗、细锉两垂直面 1、2。根据控制 60mm 处的尺寸误差值（本处应控制在 80mm 处的实际尺寸减去 $20_{-0.04}^{\ 0}$mm 的范围内），从而保证达到 $20_{-0.04}^{\ 0}$mm 的尺寸要求；同样根据 60mm 处的实际尺寸，通过控制 40mm 处的尺寸误差值（本处应控制在 1/2×（60mm 处的实际尺寸）$+10_{-0.04}^{+0.02}$mm 的范围内）从而在保证在取得尺寸 $20_{-0.04}^{\ 0}$mm 同时又能保证其对称度在 0.08mm 内，如图 8-7 所示。

② 按所划加工线锯去另一垂直角，用上述方法控制 60mm 处的尺寸误差值，从而保证达到 $20_{-0.04}^{\ 0}$mm 的尺寸要求和控制凸形面的 $20_{-0.04}^{\ 0}$mm 尺寸要求。测量时可以直接用千分尺，图 8-8 所示。

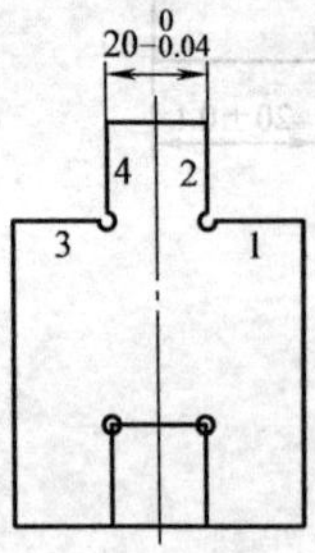

图 8-8 加工凸形面

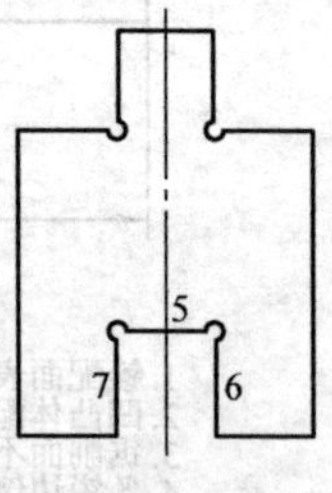

图 8-9 加工凹形面

5）加工凹形面

① 按所划加工线用钻头钻出排孔，并锯除凹形面的多余部分，然后粗锉接近所划线条，如图 8-9 所示。

② 用细锉加工凹形面顶端面 5，根据 80mm 处的实际尺寸，通过计算控制 60mm 处的尺寸误差值（本处与凸行面的两垂直面一样控制尺寸），从而保证与凸形端面的配合精度要求，如图 8-10 所示。

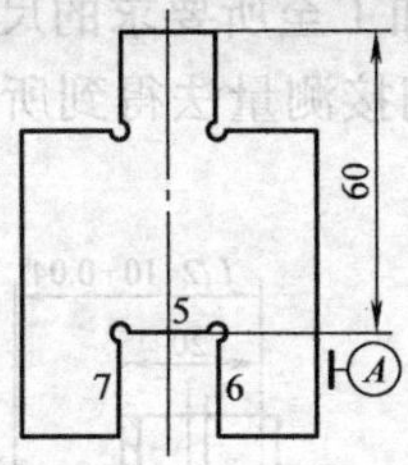

图 8-10 锉削凹形面

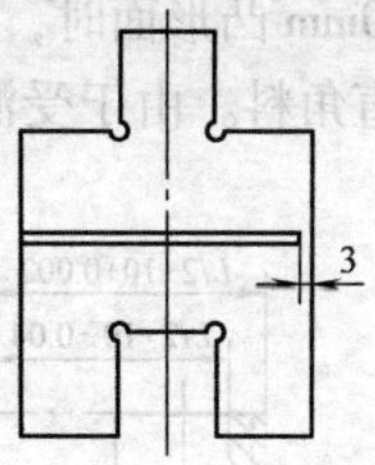

图 8-11 锯削

③ 细锉两侧垂直面，两面同样根据外形 60mm 和凸形面的 20mm 的实际尺寸，通过控制 20mm 的尺寸误差值，从而保证达到与凸形面 20mm 的配合精度要求，同时也能保证其对称度误差在 0.08mm 内。如凸形面尺寸为 19.96mm，则一侧面可用 1/2 ×（60mm 处的实际尺寸）$-10^{+0.04}_{-0.01}$mm，而另一侧面必须控制为 1/2 ×（60mm 处的实际尺寸）$-10^{+0.01}_{-0.04}$mm。

6）全部锐边倒角，并检查全部尺寸精度。

7）锯削时，要求保证尺寸（20 ± 0.35）mm，锯削面的平面度误差为 0.4mm，留 3mm 不锯断，见图 8-11，最后修去锯口毛刺。

4. 质量检查内容和评分标准（见表 8-2）

表 8-2 质量检查内容和评分标准

学号			姓名		总得分	
项目	序号	质量检查内容	配分	评分标准	扣分	得分
锉削	1	$(20^{0}_{-0.04})$ mm2 处，$(20^{+0.04}_{0})$ mm1 处	18	一处超差扣 6 分		
	2	▱ 0.03，10 处	20	一处超差扣 2 分		
	3	⊥ 0.03 B ⊥ 0.03 C	8	一处超差扣 1 分		
	4	⌯ 0.08 A，2 处	8	一处超差扣 4 分		
	5	（60 ± 0.04）mm	4	超差全扣		
	6	（80 ± 0.04）mm	4	超差全扣		
锯削	7	（20 ± 0.35）mm	4	超差全扣		
	8	▱ 0.4	4	超差全扣		
锉削	9	配合间隙 ≤ 0.06mm	15	一处超差扣 3 分		
	10	$R_a \leq 3.2\mu m$	5	一面升高一级扣 0.5 分		
	11	安全文明生产	10	违者一项扣 5 分		

三、注意事项

1）为了能对20mm凸凹形的对称度进行测量控制，必须准确测量60mm处的实际尺寸，并应取其各点实测值的平均数值。

2）加工20mm凸形面时，只能先去掉一垂直角料，待加工至所要求的尺寸精度后，才能去掉另一垂直角料。由于受测量工具的限制，只能采用间接测量法得到所需要的尺寸精度。

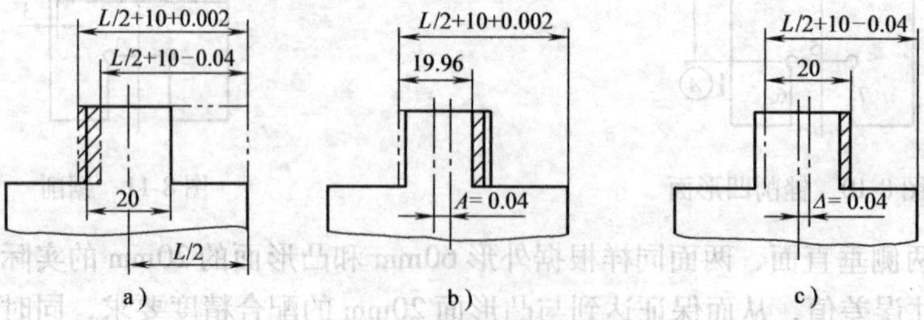

图8-12　间接控制时的尺寸

3）采用间接测量方法来控制工件尺寸的精度，必须控制好有关的工艺尺寸。例如为保证20mm凸形面的对称度要求，用间接测量控制有关工艺尺寸的说明如下：图8-12a所示为凸形面的最大与最小控制尺寸；图8-12b所示为在最大控制尺寸下取得的尺寸19.96mm，这时对称度误差最大左偏值为0.04mm；图8-12c所示为在最小控制尺寸下，取得的尺寸20mm，这时对称度误差最大右偏值为0.04mm。

4）训练件不允许直接配锉，而要达到互配件的要求间隙就必须认真控制凸凹件的尺寸误差。

5）为了达到配合后转位互换精度，在加工凸凹形面时，必须控制垂直度误差（包括与大平面C面的垂直度误差）在最小的范围内。如图8-13所示，由于凸凹形面没有控制好垂直度误差，导致互换配合后出现很大间隙。

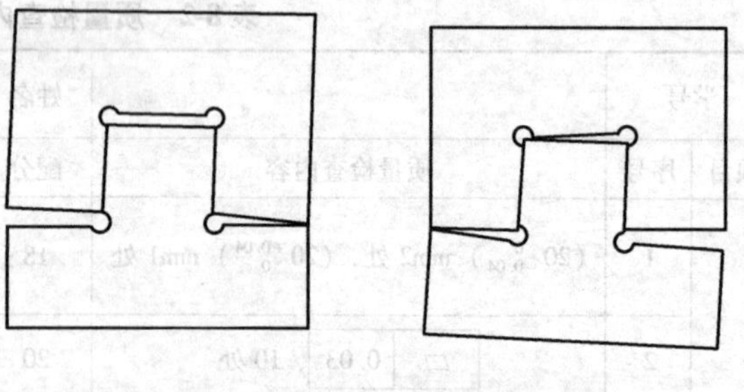

图8-13　垂直度误差对配合间隙的影响

a）凸形面垂直度误差过大产生的间隙

b）凹形面垂直度误差过大产生的间隙

6）在加工垂直面时，要防止锉刀侧面碰坏另一垂直侧面，因此必须将锉刀一侧在砂轮上进行修磨，并使其与锉刀面夹角略小于90°（锉内垂直面时），刃磨后最好用磨石磨光。

分课题二　锉配角度样板

一、相关工艺知识

用锉削加工方法使两个互配零件达到规定的配合要求，这种加工称为锉配，也称为镶配。

1. 锉配方法

1）锉配时，由于工件的外表面比内表面容易加工和测量，易于达到较高精度，故一般应先加工凸件，然后锉配凹件。

2）加工内表面时，为了便于控制尺寸，一般均应选择有关表面作测量基准，因此加工外形基准面时必须达到较高的精度要求，才能保证规定的锉配精度。

3）锉配角度样板工件时，可锉制一副内、外角度检查样板，见图8-14，作加工时测量角度用。

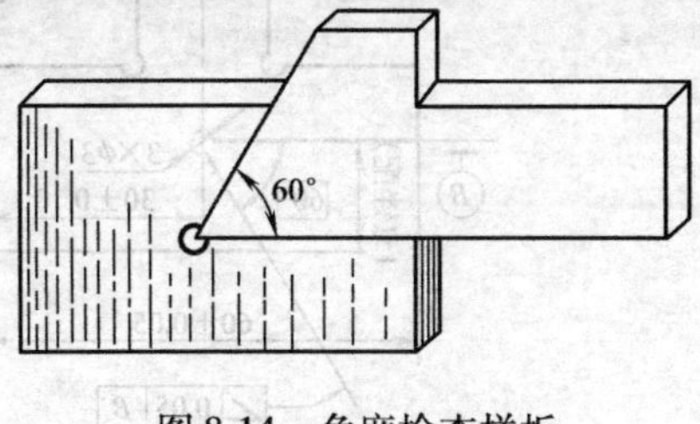

图8-14　角度检查样板

4）在作配合修锉时，可通过透光法和涂色显示法来确定其修锉部位和余量，逐步达到正确的配合要求。

2. 角度样板的尺寸测量

角度样板斜面锉削时的尺寸测量，一般都采用间接的测量法，见图8-15，其测量尺寸 M 与样板尺寸 B，圆柱直径 d 之间有如下关系

$$M = B + \frac{d}{2}\cot\frac{\alpha}{2} + \frac{d}{2}$$

式中　M——测量读数值，mm；

B——样板斜面与槽底的交点至侧面的距离，mm；

d——圆柱量棒的直径尺寸，mm；

α——斜面的角度值。

当要求尺寸为 A 时，则可按下式进行换算

$$B = A - C\cot\alpha$$

式中　A——斜面与槽口平面的交点（边角）至侧面的距离，mm；

C——深度尺寸，mm。

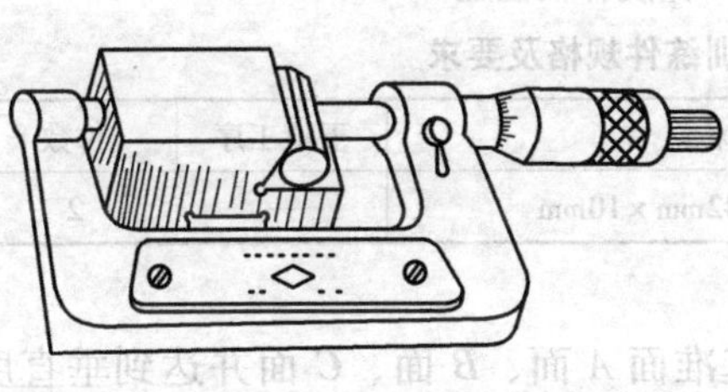
a）

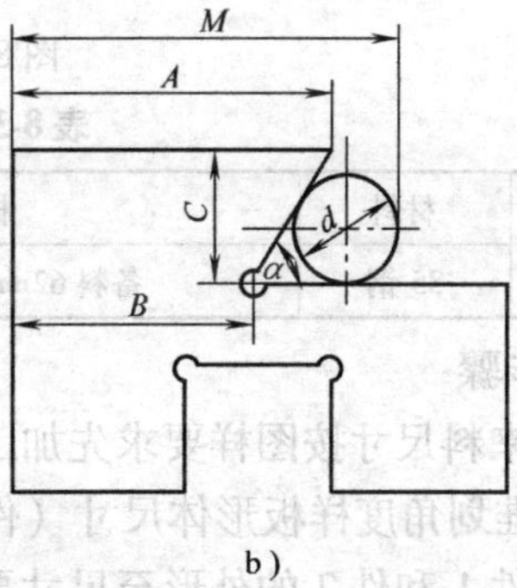

b）

图8-15　角度样板边角尺寸的测量

二、技能训练作业

1. 技能训练作业图（见图8-16）

2. 训练准备

1）工、量具：划针、样冲、锤子、锯弓、锯条、精细扁锉、三角锉、半圆锉、整形锉、钻头（ϕ2mm）、划线平板、导铁、高度游标卡尺、游标卡尺、千分尺、游标万能角度尺（角度样板），刀口形直角尺、刀口形直尺、灯箱、塞尺。

2）训练件规格及要求见表8-3。

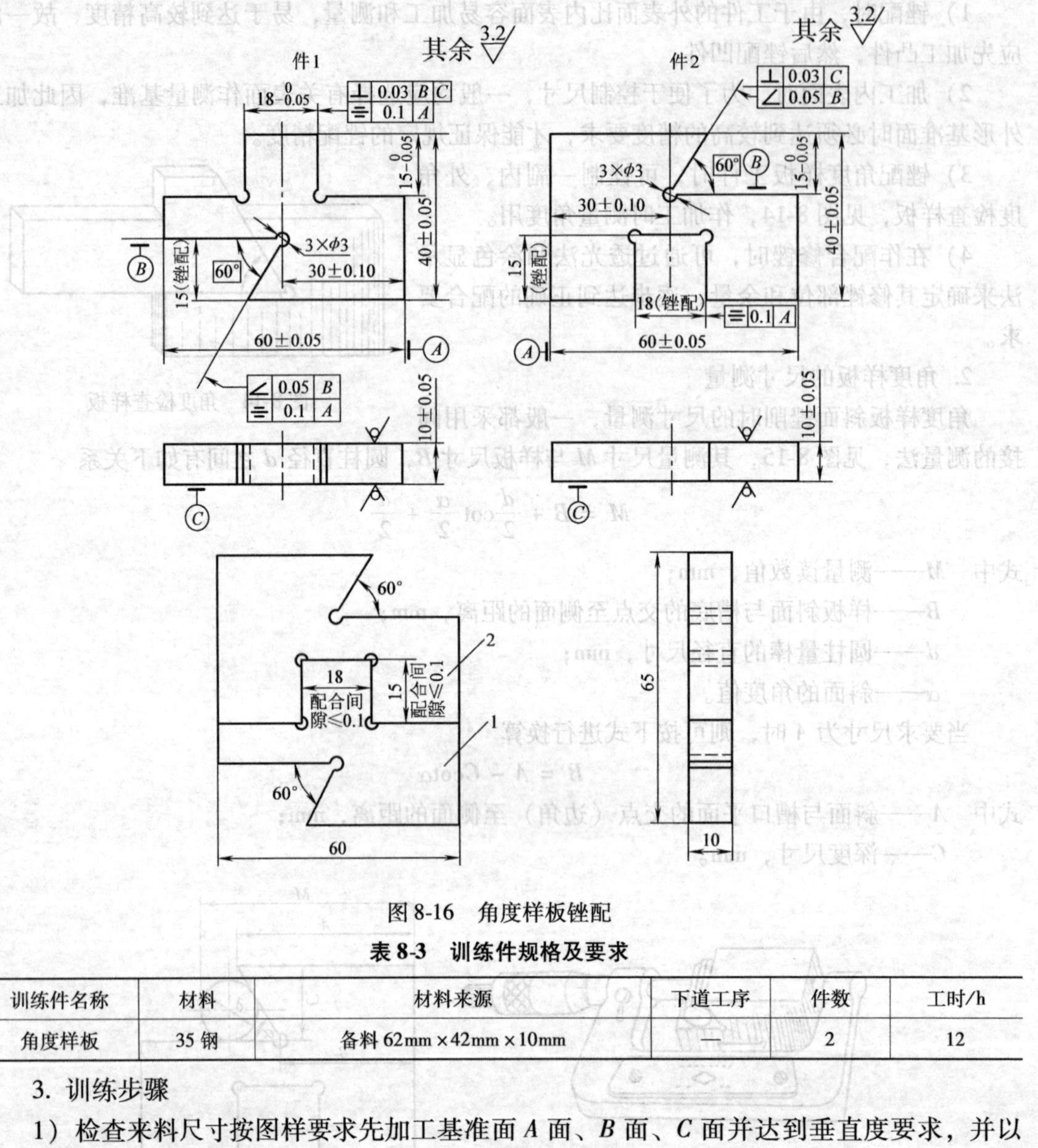

图 8-16　角度样板锉配

表 8-3　训练件规格及要求

训练件名称	材料	材料来源	下道工序	件数	工时/h
角度样板	35 钢	备料 62mm×42mm×10mm	—	2	12

3. 训练步骤

1）检查来料尺寸按图样要求先加工基准面 A 面、B 面、C 面并达到垂直度要求，并以 A、B 面为基准划角度样板形体尺寸（件 1、件 2）。并钻 3 个 φ2mm 的工艺孔。

2）加工件 1 和件 2 的外形至尺寸要求（40±0.05）mm、（60±0.05）mm，并保证垂直度误差、平行度误差、平面度误差和表面粗糙度值符合要求。

3）加工件 1 凸形面时，按所划加工线垂直锯去一角余料，粗、精锉两垂直面。根据 40mm 处的实际尺寸，通过控制 25mm 处的尺寸误差值（本处应控制在（40mm 处的实际尺寸）$-15_{-0.05}^{0}$mm 的范围内），保证 $15_{-0.05}^{0}$mm 的尺寸要求，通过控制 39mm 的尺寸误差值（本处应控制在 1/2×（60mm 处的实际尺寸）$+9_{-0.05}^{+0.025}$mm 的范围内），保证在取得尺寸 $18_{-0.05}^{0}$mm 的同时，又能保证其对称度误差在 0.1mm 内。

按所划加工线锯去另一侧垂直角余料，用上述方法控制尺寸 $15_{-0.05}^{0}$mm，并用千分尺直接测量 18mm 处的尺寸精度。

4）加工件2：尺寸15mm和18mm处可参照课题八分课题一中凹形面的锉削尺寸控制方法，来达到对称度要求，并用件1凸形面锉配，达到配合间隙≤0.1mm及凸凹对称度误差≤0.1mm的要求。然后按所划加工线锯去60°角余料，锉削加工并按前述方法控制25mm处的尺寸误差，来达到$15_{-0.05}^{0}$mm的尺寸要求。再用60°角度样板（游标万能角度尺）检验60°角，并用0.05mm塞尺检查，达到配合间隙<0.05mm的要求。最后用圆柱间接测量，按前述公式求出测量的规定读数来控制30±0.1mm的尺寸要求。

5）再加工件1，按所划加工线锯去60°角余料，照件2锉配，达到角度配合间隙≤0.1mm的要求，同时用圆柱间接测量，来控制（30±0.1）mm尺寸要求。

6）全部锐边倒钝，全面检查各项精度。

4. 质量检查内容和评分标准（见表8-4）

表8-4　质量检查内容和评分标准

学号			姓名		总得分	
项目	序号	质量检查内容	配分	评分标准	扣分	得分
角度样板锉配	1	（40±0.05）mm，2处	8	一处超差扣4分		
	2	（60±0.05）mm，2处	8	一处超差扣4分		
	3	$15_{-0.05}^{0}$mm，2处	8	一处超差扣4分		
	4	$18_{-0.05}^{0}$mm	4	超差全扣		
	5	⊥ 0.03 *B* *C*	4	一处超差扣2分		
	6	⊥ 0.03 *C*，2处	4	一处超差扣2分		
	7	∠ 0.05 *B*	6	超差全扣		
	8	▱ 0.03，20面	5	一处超差扣0.5分		
	9	配合间隙≤0.10mm，7处	21	每处超差扣3分		
	10	（30±0.10）mm	6	超差全扣		
	11	⌯ 0.1 *A*，2处	6	一处超差扣3分		
	12	R_a≤3.2μm，20面	10	每面0.5分		
	13	安全文明生产	10	违者一项扣5分		

三、注意事项

1）因为采用间接测量法来控制尺寸精度，故必须进行正确的计算和测量，才能得到所要求的精度。

2）因加工面都比较狭窄，所以在整个加工工程中一定要锉平和保证与大平面*C*面的垂直，才能达到配合精度。

3）凸形面的加工，为了保证对称度精度，只能先去掉一端角料，待加工至规定要求后再去掉另一端角料。同样只许在凸形面加工结束后，才能去掉60°角余料，完成角度面的锉削加工，以便于加工时的测量和控制。

4）在锉配凹形面时，必须先锉一凸形侧面，根据60mm处的实际尺寸，通过控制21mm处的尺寸误差值［本处为1/2×（60mm处的实际尺寸）-1/2×（18mm处的实际尺寸）+1/2的间隙值］，来达到配合后的对称度要求的。

5）凸凹件锉配时，应按加工好的凸形面先锉配凹形两侧面，后锉凹形端面，在锉配时一般不再加工凸形面。

分课题三　锉配四方体

一、相关工艺知识

1. 四方体锉配方法

1）先锉准外四方体，后配锉内四方体。内四方体锉配时，为了便于控制尺寸，应按图样要求选择有关的垂直外形面作测量基准，锉配前必须首先保证所选定基准面的精度。

2）加工过程中，可使用自制角度样板检验内四方体各表面之间的垂直度误差，如图8-17所示。此样板还可以用于检查内表面的直线度误差。

3）在内四方体锉削中为获得内棱清角，必须修磨好锉刀边，锉削时应使锉刀略小于90°的一边紧靠内棱角进行直锉。

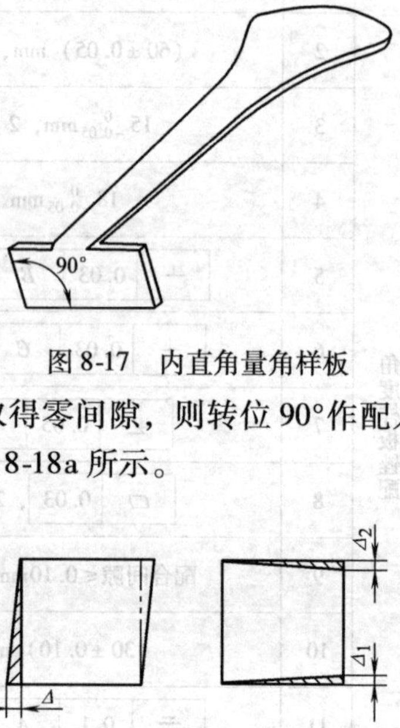

图8-17　内直角量角样板

2. 四方体的形体误差对锉配的影响

1）当四方体各边尺寸出现误差时，如配合面的一处加工为25mm，另一处加工为24.95mm，且在一个位置锉配后取得零间隙，则转位90°作配入修整后，配合面之间将引起间隙扩大，其值为0.05mm，如图8-18a所示。

2）当四方体的一面有垂直度误差，且在一个位置锉配后取得零间隙时，在转位180°作配入修整后，会产生附加间隙Δ，将使四方形成为平行四边形，如图8-18b所示。

3）当四方体有平行度误差时，在一个位置锉配后取得零间隙，则在转位180°作配入修整后，使四方体小尺寸一处产生配合间隙Δ_1和Δ_2，如图8-18c所示。

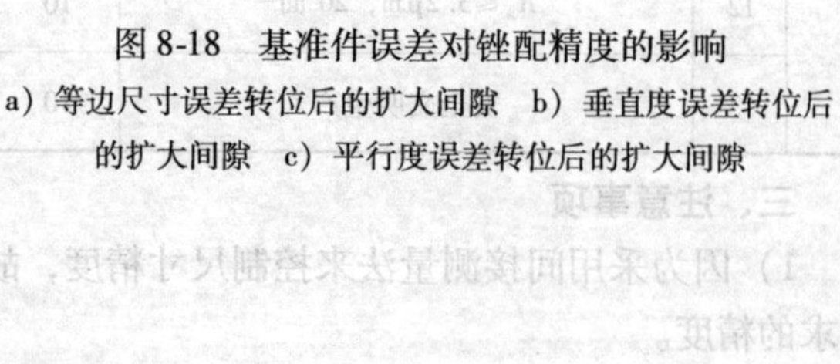

图8-18　基准件误差对锉配精度的影响

a）等边尺寸误差转位后的扩大间隙　b）垂直度误差转位后的扩大间隙　c）平行度误差转位后的扩大间隙

3. 当四方体有平面度误差时，配合后则产生喇叭口。

二、技能训练作业

1. 技能训练作业图（见图8-19）

2. 训练准备

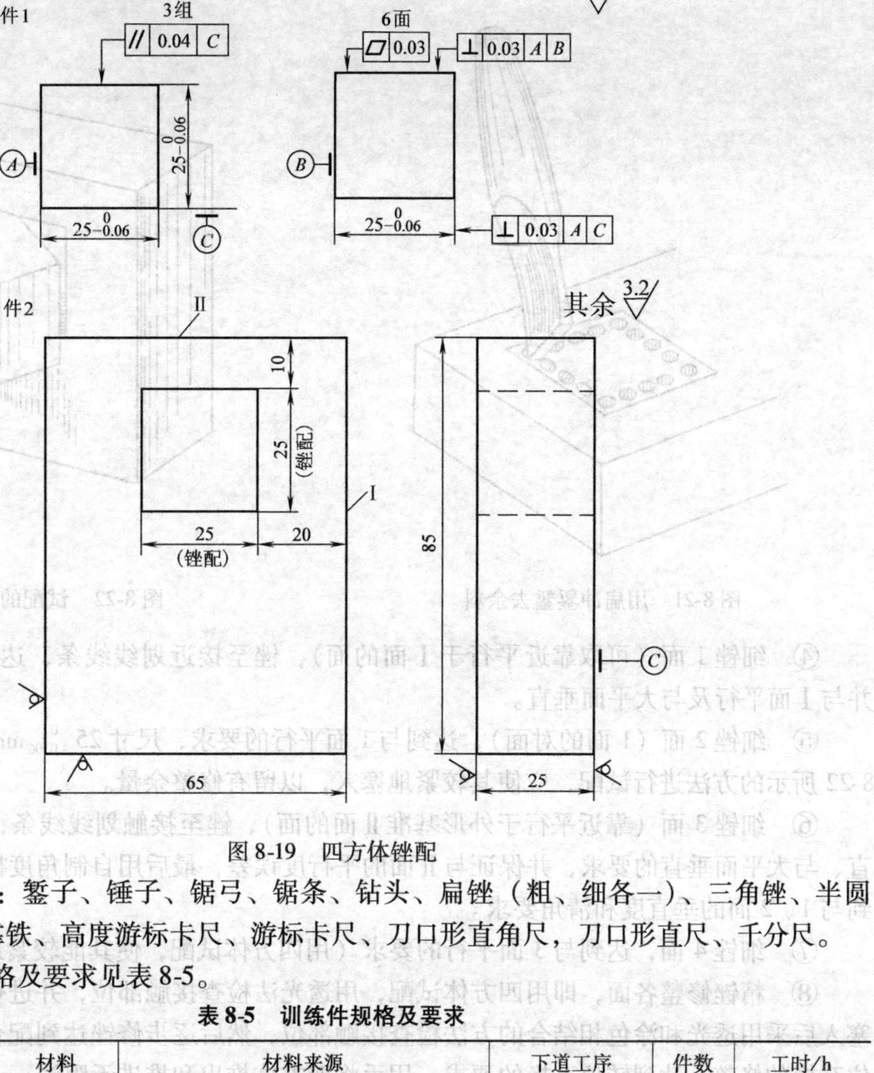

图 8-19　四方体锉配

1）工、量具：錾子、锤子、锯弓、锯条、钻头、扁锉（粗、细各一）、三角锉、半圆锉、划线平板、靠铁、高度游标卡尺、游标卡尺、刀口形直角尺，刀口形直尺、千分尺。

2）训练件规格及要求见表 8-5。

表 8-5　训练件规格及要求

训练件名称	材料	材料来源	下道工序	件数	工时/h
四方铁（件1）	HT150	备料 ϕ38mm×30mm		1	12
长方铁（件2）	HT150	备料 86mm×66mm×25mm	课题八分课题四	1	

3. 训练步骤

1）按图样要求，加工四方体的 6 个面，其加工步骤顺序为面 1→2→3→4→5→6，加工步骤如图 8-20 所示。各项精度达到图样的技术要求。

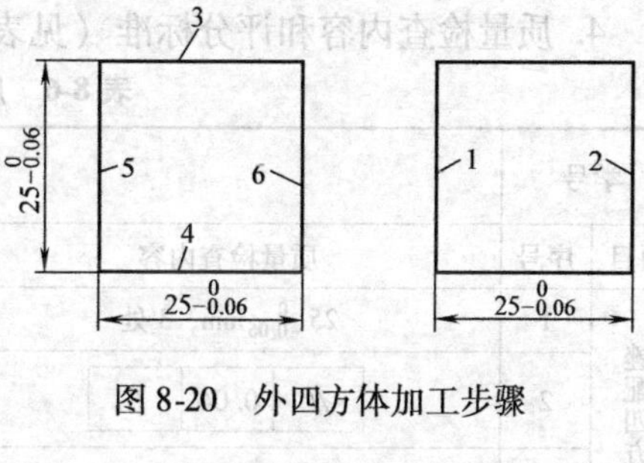

图 8-20　外四方体加工步骤

2）锉配内四方体

①　修整外形基准面 Ⅰ、Ⅱ 面，使其互相垂直并与大平面垂直。

②　以 Ⅰ、Ⅱ 面为基准，按图样尺寸划线，并用四方体核对线条的正确性。

③　钻排孔，用扁冲錾沿排孔四周錾去余料，见图 8-21，然后用方锉粗锉余量，每边留

0.1～0.2mm 作细锉余量。

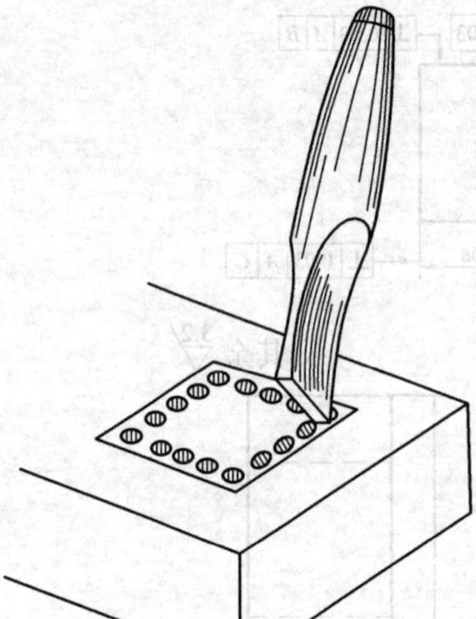

图 8-21　用扁冲錾錾去余料

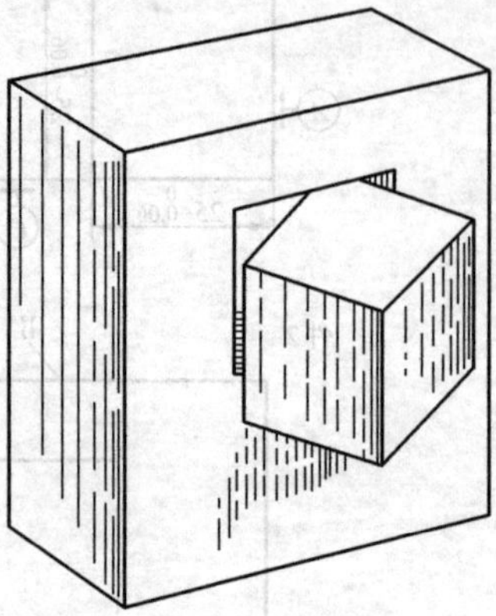

图 8-22　试配的方法

④　细锉 1 面（可取靠近平行于Ⅰ面的面），锉至接近划线线条，达到平面纵横平直，并与Ⅰ面平行及与大平面垂直。

⑤　细锉 2 面（1 面的对面），达到与 1 面平行的要求，尺寸 $25_{-0.06}^{\ 0}$mm 可用四方体按图 8-22 所示的方法进行试配，应使其较紧地塞入，以留有修整余量。

⑥　细锉 3 面（靠近平行于外形基准Ⅱ面的面），锉至接触划线线条，达到平面纵横平直、与大平面垂直的要求，并保证与Ⅱ面的平行度误差，最后用自制角度样板检查修整，达到与 1、2 面的垂直度和清角要求。

⑦　细锉 4 面，达到与 3 面平行的要求（用四方体试配，使其能较紧地塞入）。

⑧　精锉修整各面，即用四方体试配，用透光法检查接触部位，并进行修整。当四方体塞入后采用透光和涂色相结合的方法检查接触部位，然后逐步修锉达到配合要求。最后作转位互换的修整，达到转位互换的要求，用手将四方体推出和推进无阻滞。

⑨　各锐边去毛刺、倒棱。检查配合精度，最大间隙处用两片 0.06mm 塞片塞入相对面检查，其塞入深度不得超过 10mm，最大喇叭口用两片 0.10mm 塞片检查，其塞入深度不得超过 4mm。

4. 质量检查内容和评分标准（见表 8-6）

表 8-6　质量检查内容和评分标准

学号			姓名		总得分	
项目	序号	质量检查内容	配分	评分标准	扣分	得分
锉配四方体	1	$25_{-0.06}^{\ 0}$mm，3 处	12	每处超差扣 4 分		
	2	// 0.04 C	8	超差全扣		
	3	▱ 0.03，6 面	12	每面超差扣 2 分		

（续）

学号			姓名		总得分	
项目	序号	质量检查内容	配分	评分标准	扣分	得分
锉配四方体	4	⊥ 0.03 A B	8	每面超差扣4分		
	5	⊥ 0.03 A C	8	每面超差扣4分		
	6	R_a≤3.2μm，6面	6	每面升高1级扣1分		
	7	配合间隙≤0.06mm	16	每面超差扣4分		
	8	喇叭口≤0.1mm	6	每面超差扣1.5分		
	9	角清晰	4	目测每角超差扣1分		
	10	转位互换精度	6	不能塞进一次扣2分		
	11	R_a≤3.2μm，4面	4	每面1分		
	12	安全文明生产	10	违者一项扣5分		

三、注意事项

1）锉配件的划线要准确，线条要细而清晰，两端口必须一次划出。

2）为了得到转位互换的配合精度，基准四方体的三个尺寸误差值应尽可能控制在最小范围内（必须控制在配合间隙的1/2范围内）其垂直度误差和平行度误差也尽量控制在最小的范围内，并且要求将尺寸作在上限，使锉配时有可能作微量的修正。

3）锉配件外形基准面Ⅰ、Ⅱ的相互垂直度误差及大平面的垂直度误差，应控制在较小差值内（垂直度误差小于0.02mm），以保证在划线时的准确性和锉配时有较好的测量基准。

4）锉配时的修锉部位，应在透光与涂色检查后再从整体情况考虑，合理确定（特别要注意四角的接触），避免仅根据局部试配情况就进行修锉，造成配合面出现局部间隙过大。

5）当整体试配时，四方体轴线必须垂直于配锉件的大平面，否则不能反映正确的修整部位。

6）注意掌握内四方清角的修锉，防止修成圆角或锉坏相邻面。

7）在试配过程中，不能用锤子敲击，退出时也不能直接用锤子和硬金属敲击，防止将配锉面咬毛或将锉配工件敲毛。

分课题四　锉配六角形体

一、相关工艺知识

1. 六角形工件的划线方法

1）在圆料工件上划内接正六角形方法。将工件安放在V形铁上，调整高度游标卡尺至中心位置，划出中心线，见图8-23a，并记下高度尺的尺寸数值。按六角对边距离，调整高度尺划出与中心线平行的六角体二对边线，见图 8-23b，然后顺次连接圆上各交点即可，如图 8-23c 所示。

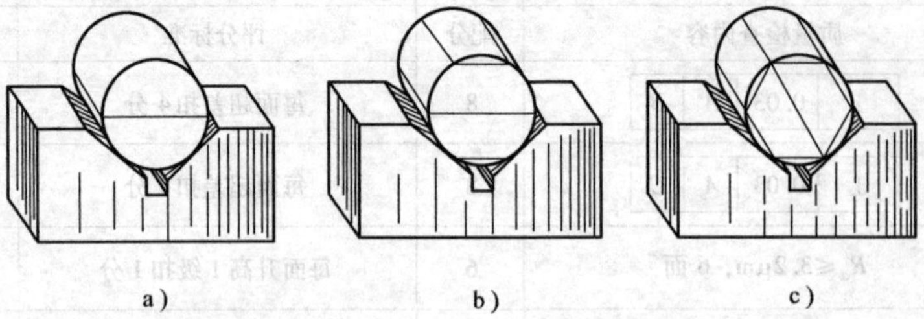

图 8-23　在圆柱体工件上划内接正六角形

2）在直角形工件上划六角形的方法如图 8-24 所示，分别以直角基准面 *A*、*B* 作划线基准，按给定尺寸在划线平板上用高度游标卡尺，划出六角各点，然后连接各交点即可。

2. 六角形体的锉配方法

1）要使锉配的内、外六角形体能转位互换，达到配合精度，其关键在于外六角形体要加工得准确，不但边长要相等（可用边长卡板检查），而且各个尺寸和角度误差也要控制在最小范围内。

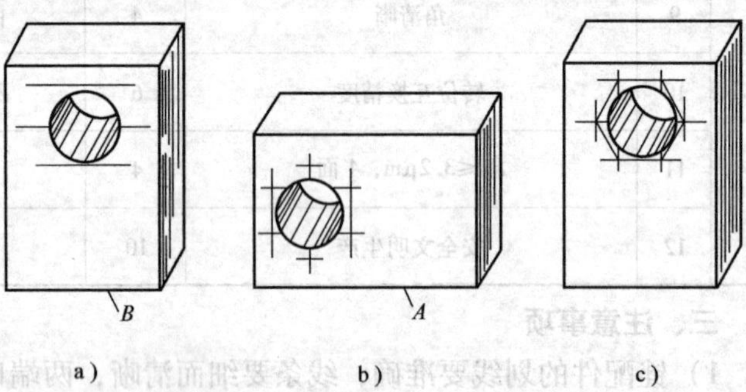

图 8-24　在直角工件上划六角形

2）锉配内、外六角形工件有两种加工顺序，一种按前面锉配四方体的方法，先锉配一组对面，然后依次将三组试配后，作整体修锉配入。另一种可以先锉三个邻面，用 120°样板及用外六角体试配检查三面的 120°角度与等边边长的准确性，并按所划加工线锉至接触线条，见图 8-25，然后再同时锉三个面的对应面，再作整体修锉配入。

3）内六角棱线的直线度控制方法与四方体相同，必须用扁锉按所划加工线仔细锉直，使棱角线直而清晰。

4）六角形工件在锉配过程中，某一面配合间隙增大时，对其间隙面的两个邻面可作适当修整，即可减少该面的间隙，采用这种方法要从整体来考虑其修整部位和余量，不可贸然动手。

二、技能训练作业

1. 技能训练作业图（见图 8-26）

2. 训练准备

1）工、量具：錾子、锤子、锯弓、锯条、钻头、扁锉（粗、细各一）、三角锉、方锉、整形锉、划线平板、靠铁、高度游标卡尺、游标卡尺、千分尺、刀口形直角尺、刀口形直尺、灯箱、铜钳口、120°角度样板或游标万能角度尺。

2）训练件规格及要求见表 8-7。

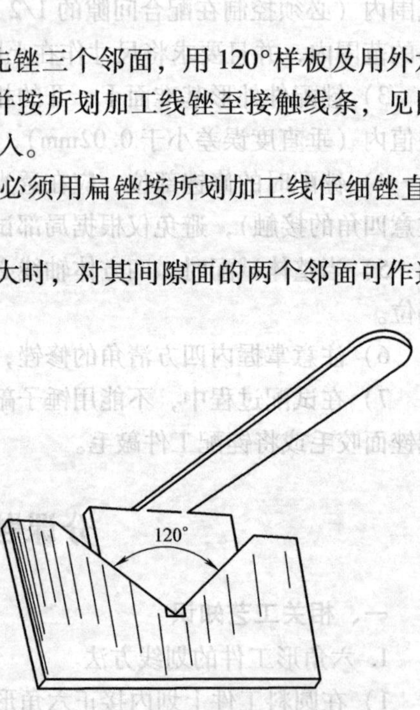

图 8-25　内、外 120°角度样板

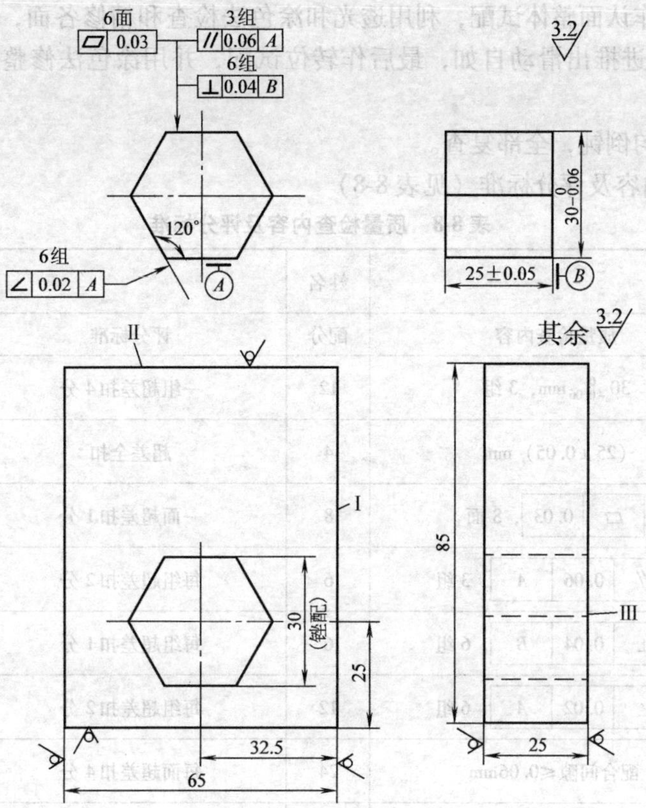

图 8-26 六角形体锉配

表 8-7 训练件规格及要求

训练件名称	材料	材料来源	下道工序	件数	工时/h
六角形体	HT150	备料 ϕ38mm×26mm	—	1	14
长方体	HT150	由课题八分课题三转来	—	1	

3. 训练步骤

（1）按图样要求加工外六角体　其训练步骤参照课题五分课题六锉削六角形体。

（2）锉配内六角

1）按六角体的实际尺寸，在配锉件（长方铁）的正、反两面划出内六角形加工线，并用外六角体校核。

2）在内六角体中心扩钻或钻排孔，并去除六角体大部加工余量余料。

3）粗锉内六角各面，至接近划线线条，使每边留有 0.1～0.2mm 作细锉余量。

4）细锉内六角相邻三个面：先锉削第一面，要求平直，并与其准大平面Ⅲ面垂直；锉削第二面达到与第一面相同的要求。锉削时，经常用 120°角度样板检查清角与 120°角；锉削第三面时也要达到与上述相同要求。锉削时除用 120°角度板检查外，还要用外六角体作认面试配，检查三面的 120°角度和边长情况，修锉到符合要求。三个邻面都应该锉至接触正、反两面的划线线条。

5）细锉三个邻面的各自对面，用同样方法检查三面，并认面将外六角体的三组面用内六角的正、反两面试配，达到均能较紧地塞入。

6）用外六体作认面整体试配，利用透光和涂色法检查和精修各面，使外六角体配入后达到透光均匀，推进推出滑动自如，最后作转位试配，并用涂色法修整，达到互换配合要求。

7）各棱边均匀倒钝，全部复查。

4. 质量检查内容及评分标准（见表8-8）

表8-8　质量检查内容及评分标准

学号			姓名		总得分	
项目	序号	质量检查内容	配分	评分标准	扣分	得分
锉配六角形体	1	$30_{-0.06}^{0}$mm，3组	12	一组超差扣4分		
	2	（25±0.05）mm	4	超差全扣		
	3	⏥ 0.03，8面	8	一面超差扣1分		
	4	// 0.06 A，3组	6	每组超差扣2分		
	5	⊥ 0.04 B，6组	6	每组超差扣1分		
	6	∠ 0.02 A，6组	12	每组超差扣2分		
	7	配合间隙≤0.06mm	24	每面超差扣4分		
	8	六位互换	12	不能互换一次扣2分		
	9	R_a≤3.2μm，12处	6	每处0.5分		
	10	安全文明生产	10	违者一项扣5分		

三、注意事项

1）为了使配合体在推进、推出时能滑动自如，必须做到六角形体的六面与端面的垂直度误差在公差范围内。

2）为了达到转位互换配合精度的要求，外六角体各项目的加工误差要尽量控制在最小公差范围内。

3）在内六角清角时，锉刀推出要慢而稳，紧靠邻边直锉，以防锉坏邻面或锉成混角。

4）锉配时应认面定向进行，故必须做好标记，为了取得转位互换配合精度，不能按配合情况修整外六角件。当外六角体必须修整时，应进行单体精确测量，找出误差后，加以适当修整。

5）在锉配训练中，仍应着眼于锉削基本技能的训练，对使用的锉刀规格和锉配方法都应按学习要求进行。

分课题五　锉配T形体

一、技能训练作业

1. 技能训练作业图（见图 8-27）

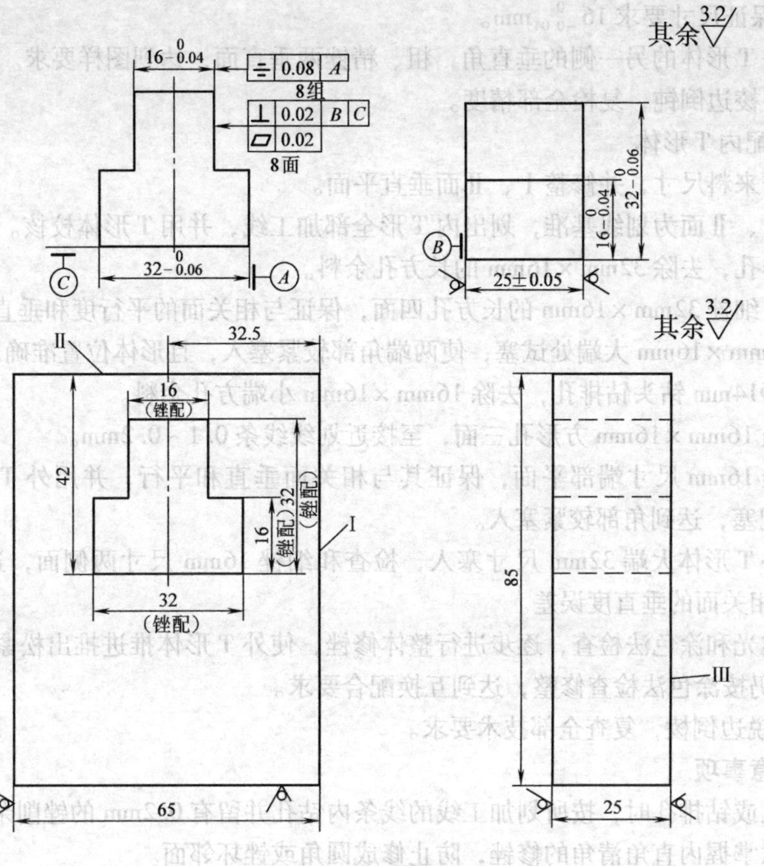

图 8-27　T 形体锉配

2. 训练准备

1）工、量具：錾子、锤子、锯弓、锯条、钻头、扁锉（粗、细各一）、三角锉、方锉、半圆锉、整形锉、划线平板、靠铁、高度游标卡尺、游标卡尺、千分尺、刀口形直角尺、刀口形直尺、灯箱、铜钳口、内直角样板、涂料、毛刷。

2）训练件规格及要求见表 8-9。

表 8-9　训练件规格及要求

训练件名称	材料	材料来源	下道工序	件数	工时/h
T 形体	HT150	备料 34mm×34mm×26mm	—	1	14
长方体	HT150	备料 86mm×66mm×26mm	课题八分课题六	1	

3. 训练步骤

（1）加工 T 形体

1）划线锉正四方，达到尺寸精度的要求，并能满足垂直度误差、平面度误差和表面粗糙度值的要求。

2）以Ⅰ、Ⅱ两基准面划出 T 形体各平面的加工线条。

3）按所划加工线锯去 T 形体的一侧垂直角，粗、细锉两垂直面。根据 32mm 处的实际尺寸，通过控制 24mm 处尺寸的误差值（本处应控制在 1/2 ×（32mm 处的实际尺寸）+

$8^{+0.02}_{-0.04}$mm 的范围内），保证尺寸 $16^{\ 0}_{-0.04}$mm 的要求，同时又能保证其对称度误差在 0.08mm 之内，直接保证尺寸要求 $16^{\ 0}_{-0.04}$mm。

4）锯去 T 形体的另一侧的垂直角，粗、精锉两垂直面，达到图样要求。

5）将各棱边倒钝，复检全部精度。

（2）锉配内 T 形体

1）检查来料尺寸，并修整Ⅰ、Ⅱ面垂直平面。

2）以Ⅰ、Ⅱ面为划线基准，划出内 T 形全部加工线，并用 T 形体校核。

3）钻排孔，去除 32mm×16mm 的长方孔余料。

4）粗、细锉 32mm×16mm 的长方孔四面，保证与相关面的平行度和垂直度误差，并用外 T 形体 32mm×16mm 大端处试塞，使两端角部较紧塞入，且形体位置准确。

5）用 Φ14mm 钻头钻排孔，去除 16mm×16mm 小端方孔余料。

6）粗锉 16mm×16mm 方形孔三面，至接近划线线条 0.1～0.2mm。

7）细锉 16mm 尺寸端部平面，保证其与相关面垂直和平行，并用外 T 形体 32mm 和 16mm 两端配塞，达到角部较紧塞入。

8）用外 T 形体大端 32mm 尺寸塞入，检查和细锉 16mm 尺寸两侧面，达到较紧塞入，同时保证与相关面的垂直度误差。

9）用透光和涂色法检查，逐步进行整体修锉，使外 T 形体推进推出松紧适当，然后作转位试配，仍按涂色法检查修整，达到互换配合要求。

10）各锐边倒棱，复查全部技术要求。

二、注意事项

1）钻孔或钻排孔时，按所划加工线的线条内钻孔并留有 0.2mm 的锉削余量。

2）注意掌握内直角清角的修锉，防止修成圆角或锉坏邻面。

3）在试配过程中，应用涂色法和透光法检查。配塞较紧时，可用软材料轻轻敲击外 T 形体进行塞入和退出的试配，并视塞入和退出情况作整体修整。

4）在锉配时，必须保证各面的平直度，还要保证与大平面垂直度误差的要求。

5）为了达到配合后转位互换精度，在加工外 T 形体时，必须严格控制其垂直度误差在最小范围内，否则在互换配合后会产生较大的间隙。

分课题六　锉配曲面

一、技能训练作业

1. 技能训练作业图（见图 8-28）

2. 训练准备

1）工、量具：尖錾、锤子、样冲、划规、锯弓、锯条、扁锉（粗、细各一）、三角锉、圆锉、半圆锉、钻头、划线平板、靠铁、高度游标卡尺、游标卡尺、刀口形直角尺、千分尺、塞尺、半径样板、涂料、毛刷、钢丝刷、铜钳口。

2）训练件规格及要求见表 8-10。

3. 训练步骤

（1）加工键形体

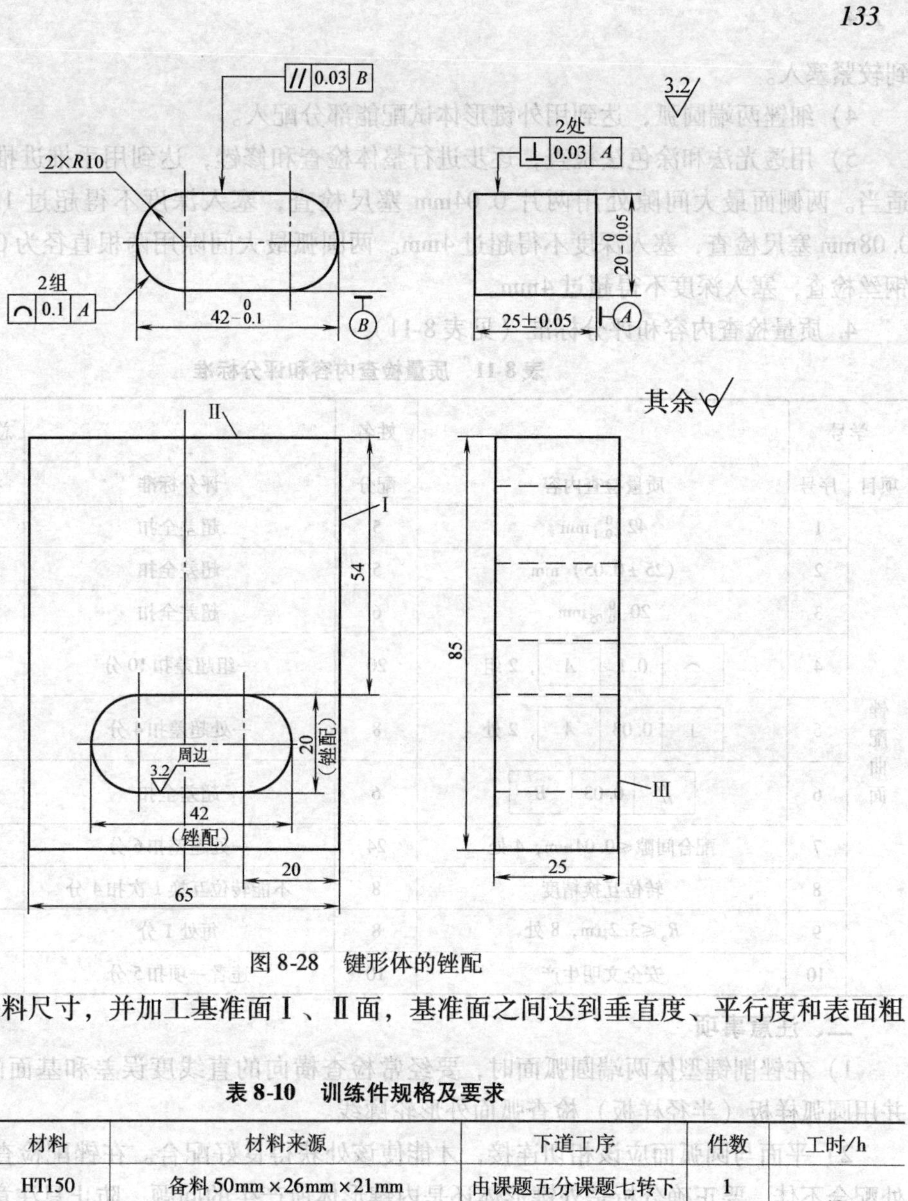

图 8-28　键形体的锉配

1）检查来料尺寸，并加工基准面Ⅰ、Ⅱ面，基准面之间达到垂直度、平行度和表面粗糙度值的要求。

表 8-10　训练件规格及要求

训练件名称	材料	材料来源	下道工序	件数	工时/h
键形体	HT150	备料 50mm×26mm×21mm	由课题五分课题七转下	1	12
长方体	HT150	由课题八分课题五转来	—	1	

2）以Ⅰ、Ⅱ面为划线基准，划键形体的外形加工线，划出 $R10$mm 中心孔，冲上样冲眼，并用划规划 $R10$mm 的圆弧加工线。

3）粗、精锉厚度尺寸（25±0.05）mm，达到图样各项技术要求。

4）粗、精锉尺寸为 20mm 两侧面，达到尺寸精度、垂直度误差、平行度误差、平面度误差与表面粗糙度值的要求。

5）锯四角余料，粗、精锉两端 $R10$mm 圆弧，达到图样要求，且与两侧面连接圆滑。

（2）锉配内键形体

1）按外键形体的实际尺寸在锉配件（长方体）的正反面划线。

2）钻孔或钻排孔，并用尖錾去除余料，并粗锉接近划线线条。

3）细锉尺寸为 20mm 的两侧面，保证与相关面的平行度误差，并用外键形体试配，达到较紧塞入。

4）细锉两端圆弧，达到用外键形体试配能部分配入。

5）用透光法和涂色法检查，逐步进行整体检查和修锉，达到用手推进推出时感觉松紧适当。两侧面最大间隙处用两片 0.04mm 塞尺检查，塞入深度不得超过 12mm 或用两片 0.08mm 塞尺检查，塞入深度不得超过 4mm。两圆弧最大间隙用两根直径为 0.08mm 铜丝或钢丝检查，塞入深度不得超过 4mm。

4. 质量检查内容和评分标准（见表 8-11）

表 8-11　质量检查内容和评分标准

学号			姓名		总得分	
项目	序号	质量检查内容	配分	评分标准	扣分	得分
锉配曲面	1	$42^{\ 0}_{-0.1}$ mm	5	超差全扣		
	2	(25 ±0.05) mm	5	超差全扣		
	3	$20^{\ 0}_{-0.05}$ mm	6	超差全扣		
	4	⌒ 0.1 *A*，2 组	20	一组超差扣 10 分		
	5	⊥ 0.03 *A*，2 处	8	一处超差扣 4 分		
	6	// 0.03 *B*	6	超差全扣		
	7	配合间隙≤0.04mm，4 处	24	一处超差扣 6 分		
	8	转位互换精度	8	不能转位互换 1 次扣 4 分		
	9	R_a≤3.2μm，8 处	8	每处 1 分		
	10	安全文明生产	10	违者一项扣 5 分		

二、注意事项

1）在锉削键型体两端圆弧面时，要经常检查横向的直线度误差和基面的垂直度误差，并用圆弧样板（半径样板）检查弧面外形轮廓线。

2）平面与圆弧面应该相切连接，才能使该处获得良好配合。在锉配检查时，当发现该处配合不佳，要正确分析是外键形体还是内键形体所产生的问题，防止只注意锉配件，使该处出现更大的间隙。

3）在锉配过程中，当锉配两侧面时，应该用细扁锉，特别注意不要碰坏两端圆弧面，同样在锉两端圆弧面时也要防止锉伤两侧平面，使局部间隙增大。

分课题七　锉配工形体

一、技能训练作业

1. 技能训练作业图（见图 8-29）

2. 训练准备

1）工、量具：尖錾、锤子、锯弓、锯条、钻头、扁锉（粗、细各一）、三角锉、半圆锉、整形锉、划线平板，靠铁、高度游标卡尺、游标卡尺、千分尺、刀口形直角尺，刀口形

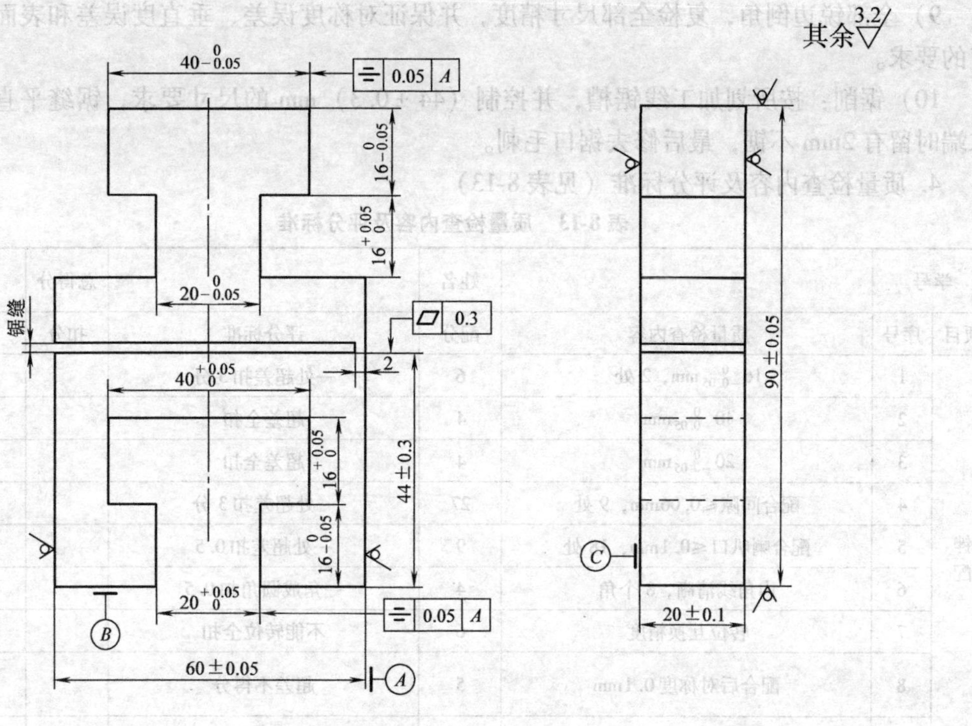

图 8-29　锉配工形体

直尺，铜钳口，游标万能角度尺或内直角样板、涂料、毛刷。

2）训练件规格及要求见表 8-12。

表 8-12　训练件规格及要求

训练件名称	材料	材料来源	下道工序	件数	工时/h
工形体	HT150	备料 91mm × 61mm × 20mm	—	1	16

3. 训练步骤

1）检查来料尺寸，并加工基准垂直面 *A*、*B*、*C* 面。基准面之间达到垂直度误差、平面度误差和表面粗糙度值的要求。

2）以 *A*、*B* 面为划线基准，划出图样各形体（外工形体和内工形体）的加工线。

3）先锯外工形体一侧垂直角。以 A 面为基准，根据外形 60mm 处的实际尺寸，通过间接测量法，用计算、测量、锉削加工保证 50mm 和 40mm 处的尺寸误差值，同时，能保证对称度的精度要求。

4）控制直角边的台阶尺寸 $16\,^{0}_{-0.05}$mm 和缺口的尺寸 $16\,^{+0.05}_{0}$mm 的各项技术要求。

5）锯工件另一侧垂直角，粗、精锉两垂直面和缺口的各面。并达到图样的要求。

6）将各棱边倒钝，并复检全部的精度。

7）加工内工形体。按所划加工线钻排孔，去余料。粗、精锉长方体 40mm × 16mm 四边，并保证与相关面的平面度误差、平行度误差、垂直度误差和表面粗糙度值达到技术要求。

8）粗、精锉内长方孔 20mm × 16mm，并达到各项技术要求和对称度误差≤0.05mm 的要求。

9）全部锐边倒角，复检全部尺寸精度，并保证对称度误差、垂直度误差和表面粗糙度值的要求。

10）锯削：按所划加工线锯槽，并控制（44 ±0.3）mm 的尺寸要求，锯缝平直，锯到末端时留有 2mm 不锯，最后修去锯口毛刺。

4. 质量检查内容及评分标准（见表 8-13）

表 8-13 质量检查内容及评分标准

学号			姓名		总得分	
项目	序号	质量检查内容	配分	评分标准	扣分	得分
锉配	1	$16_{-0.05}^{0}$mm，2 处	6	一处超差扣 3 分		
	2	$40_{-0.05}^{0}$mm	4	超差全扣		
	3	$20_{-0.05}^{0}$mm	4	超差全扣		
	4	配合间隙≤0.06mm，9 处	27	一处超差扣 3 分		
	5	配合喇叭口≤0.1mm，18 处	9	一处超差扣 0.5		
	6	内角线清晰，8 个角	4	一角成圆角扣 0.5		
	7	转位互换精度	6	不能转位全扣		
	8	配合后对称度 0.1mm	5	超差不得分		
	9	R_a≤3.2μm，18 面	9	每面 0.5		
锯削	10	（44 ±0.3） mm	3	超差全扣		
	11	▱ 0.3	3	超差全扣		
	12	文明安全生产	10	违者一项扣 5 分		
	13	制订加工工艺	10	根据制订情况酌情量分		

二、注意事项

1）该训练件由学生自己编订加工工艺，交教师审阅评分后再进行操作。

2）注意台阶高度尺寸 $16_{0}^{+0.05}$mm 的计算和检测，通过间接测量法来保证台阶的精度。

3）内角清角时，必须把锉刀光边在砂轮上磨成小于 90°的锐角。在试配时，推入推出要慢而稳，锉削时紧靠邻边直锉，以防锉坏邻面或锉成混面圆角。

4）训练工件交检后，由教师在现场评分。由学生把留下的 2mm 锯口锯开，检查锯削质量和锉配质量。

5）工形体锉配采用整体配合。最好在灯箱下辨别和检查配合间隙的大小。在锉配中采用涂色法和透光法相结合的检查方法，并感觉配合件推进推出松紧适当，使配合间隙达到图样的配合要求。

本课题小结

通过几种曲面形体，如角度样板、四方体、六角形体、T 形体、曲面及工形体的锉配，来进一步巩固锉、锯、钻基本功；通过分析和处理锉配中出现的问题，逐步掌握锉配技能技巧。

技能训练思考题

1. 为什么在加工凸形体时，要先锯锉一角，达到各项精度要求后，才能加工其他各面？
2. 试加工如图 8-30 所示工件

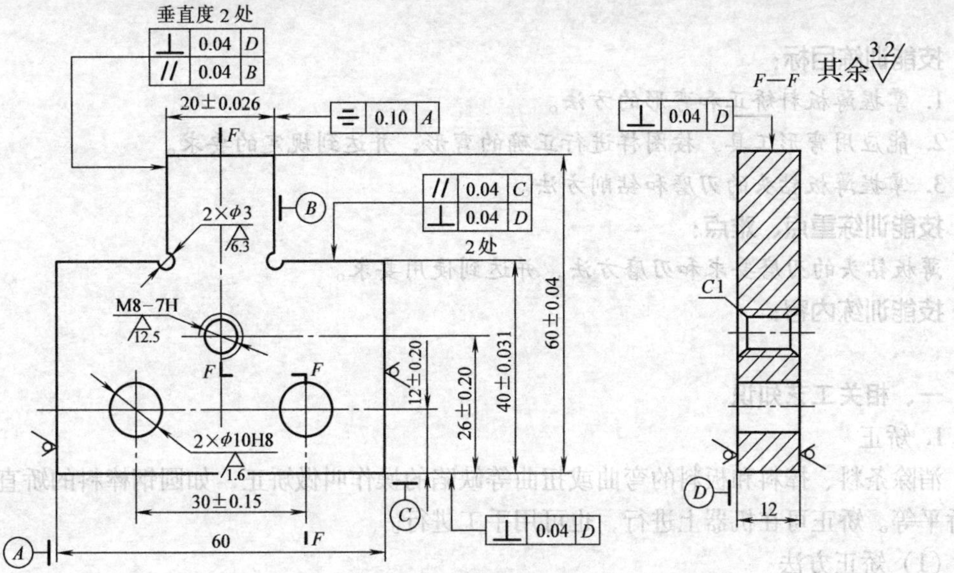

图 8-30 凸形块

3. 试加工如图 8-31 所示工件

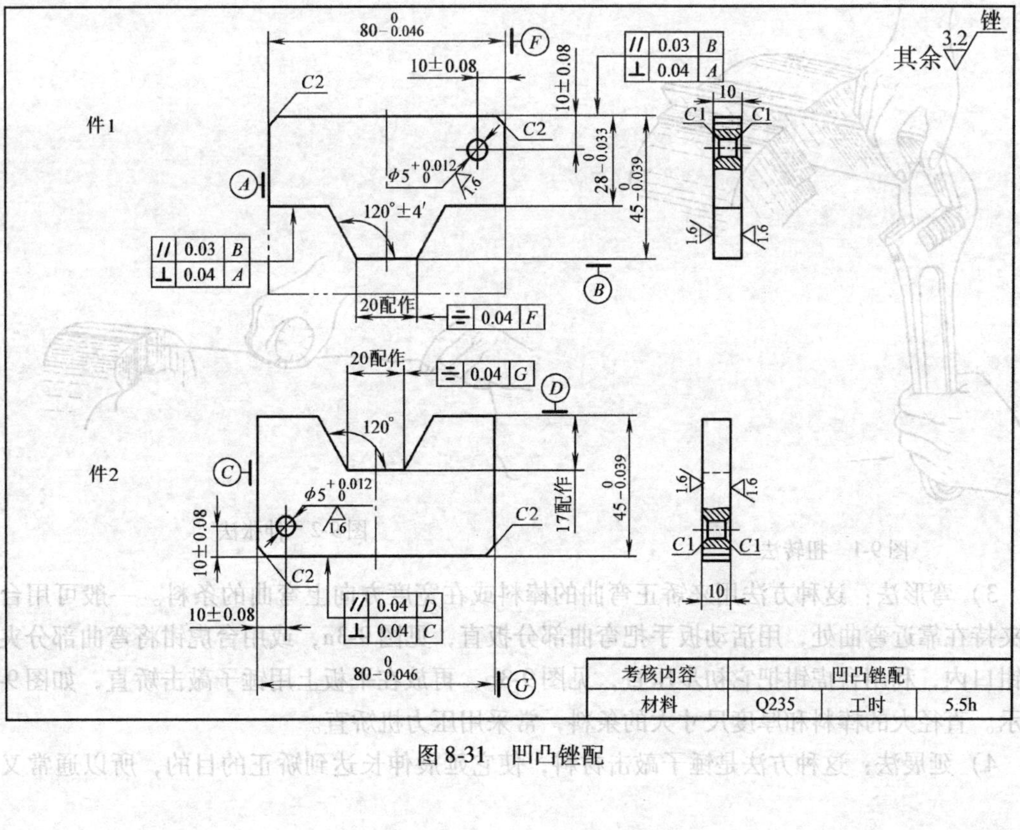

考核内容	凹凸锉配		
材料	Q235	工时	5.5h

图 8-31 凹凸锉配

第九章　矫正与弯形

技能训练目标：

1. 掌握薄板料矫正和弯形的方法。

2. 能应用弯形工具，按图样进行正确的弯形，并达到规定的要求。

3. 掌握薄板钻头的刃磨和钻削方法。

技能训练重点、难点：

薄板钻头的刃磨要求和刃磨方法，并达到使用要求。

技能训练内容：

一、相关工艺知识

1. 矫正

消除条料、捧料和板料的弯曲或扭曲等缺陷的操作叫做矫正，如圆钢棒料的矫直，铁板的矫平等。矫正可在机器上进行，也可用手工进行。

（1）矫正方法

1）扭转法：这种方法用于矫正扭曲变形的条料，方法如图 9-1 所示。

2）伸张法：这种方法用于矫正直线料，方法如图 9-2 所示。

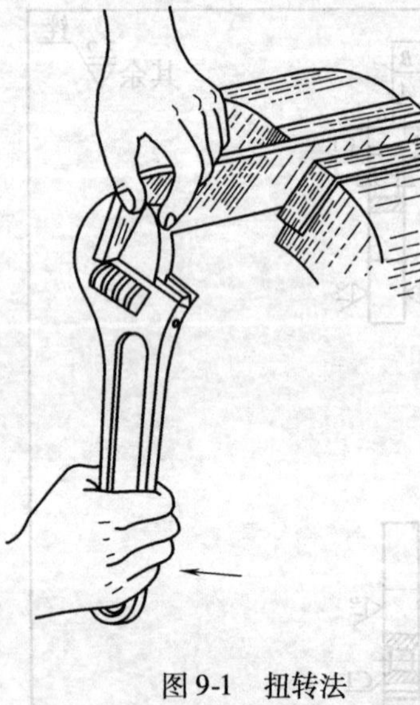

图 9-1　扭转法

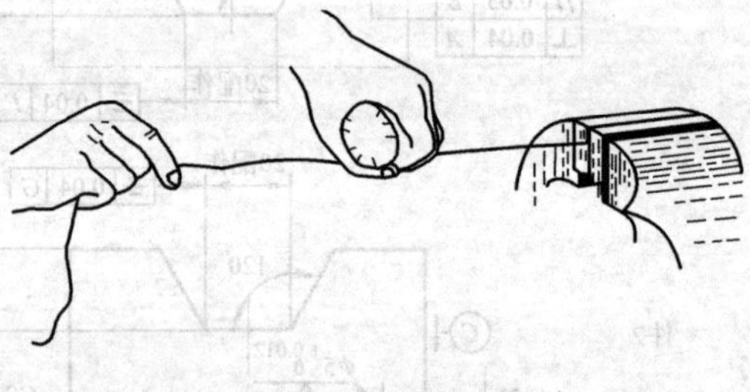

图 9-2　伸张法

3）弯形法：这种方法用来矫正弯曲的棒料或在宽度方向上弯曲的条料。一般可用台虎钳夹持在靠近弯曲处，用活动扳手把弯曲部分扳直，见图 9-3a，或用台虎钳将弯曲部分夹持在钳口内，利用台虎钳把它初步压直，见图 9-3b，再放在平板上用锤子敲击矫直，如图 9-3c 所示。直径大的棒料和厚度尺寸大的条料，常采用压力机矫直。

4）延展法：这种方法是锤子敲击材料，使它延展伸长达到矫正的目的，所以通常又叫

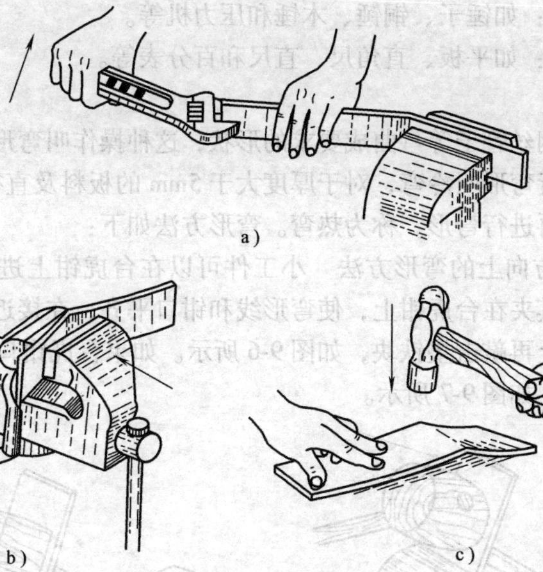

图 9-3　弯形法

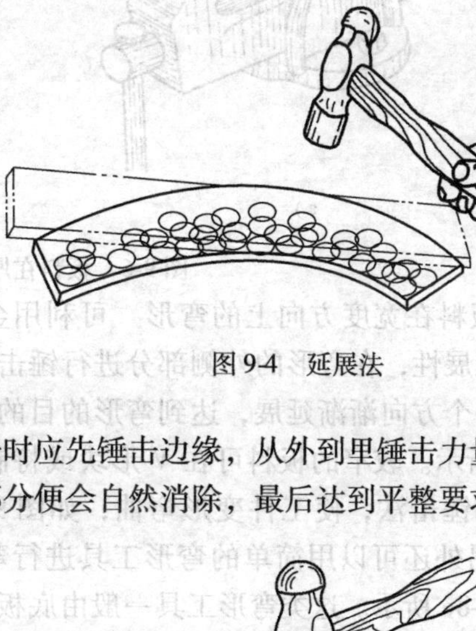

图 9-4　延展法

锤击矫正法。图 9-4 所示为宽度方向上弯曲的条料，如果利用弯形法矫直，就会发生裂痕或折断，此时可用延展法来矫直，即锤击材料弯曲内侧，使内侧材料延展伸长而得到矫直。图 9-5 所示为中部凸起的薄板料，如果锤击凸起部分，由于材料的延展，就会使凸起更高，因此必须在凸起部分的四周锤击。锤击时，锤面要保持水平，不可使锤边接触材料而敲击出麻点，同时要不断翻转板料，在正反两面进行锤击。在锤击时应先锤击边缘，从外到里锤击力量逐渐由大到小，锤击点由密到稀，使材料延展，凸起部分便会自然消除，最后达到平整要求。

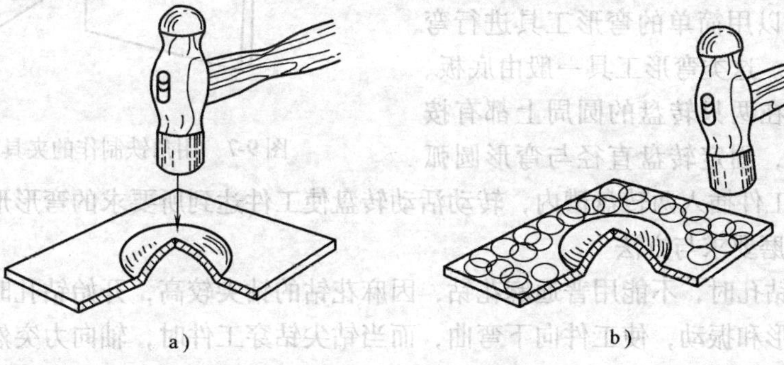

图 9-5　薄板料的矫正

a）错误　b）正确

（2）矫正工具

1）支承矫正件的工具：如铁砧、矫正用的平板和 V 形块等。

2）加力用的工具：如锤子、铜锤、木锤和压力机等。

3）检验用的工具：如平板、直角尺、直尺和百分表等。

2. 弯形

将棒料、条料、钢丝管子等弯曲成要求的形状，这种操作叫弯形。弯形方法有冷弯和热弯两种。在常温下进行弯形叫冷弯，对于厚度大于5mm的板料及直径较大的棒料和管子等，通常要将工件加热后再进行弯形，称为热弯。弯形方法如下：

（1）板料在厚度方向上的弯形方法　小工件可以在台虎钳上进行弯形，先在弯形的地方划好线，然后再将其夹在台虎钳上，使弯形线和钳口平齐，在接近划线处锤击，或用木垫块与铁垫块垫在工件上再敲击垫铁块，如图9-6所示。如果台虎钳口比工件短，可用角铁制作的夹具来夹持工件，如图9-7所示。

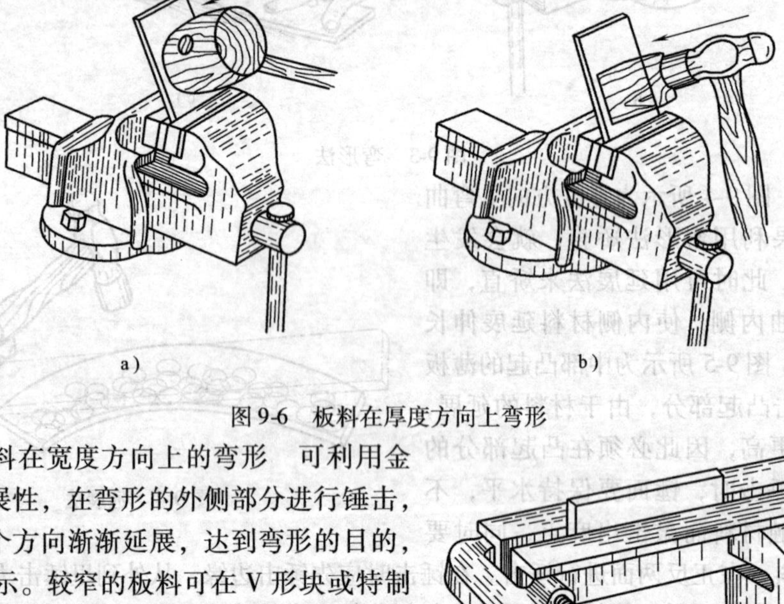

a）　b）

图9-6　板料在厚度方向上弯形

（2）板料在宽度方向上的弯形　可利用金属材料的延展性，在弯形的外侧部分进行锤击，使材料向一个方向渐渐延展，达到弯形的目的，如图9-8a所示。较窄的板料可在V形块或特制弯形模上用锤击法，使工件变形弯曲，如图9-8b所示。另外还可以用简单的弯形工具进行弯形，如图9-8c所示。这类弯形工具一般由底板、转盘和手柄组成，在两只转盘的圆周上都有按工件厚度车制的槽，固定转盘直径与弯形圆弧一致，使用时，将工件插入两转盘槽内，转动活动转盘使工件达到所要求的弯形形状。

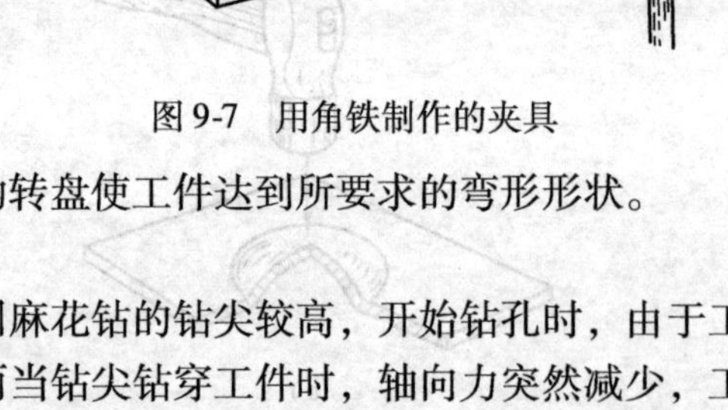

图9-7　用角铁制作的夹具

3. 薄板钻头刃磨要求与方法

在薄板工件上钻孔时，不能用普通麻花钻，因麻花钻的钻尖较高，开始钻孔时，由于工件刚性差，容易变形和振动，使工件向下弯曲，而当钻尖钻穿工件时，轴向力突然减少，工件迅速回弹，使切削刃突然切入过多而产生扎刀或钻头折断，另外钻尖钻出工件后，钻头失去定心作用，此时振动突然增大，会使钻出的孔不圆或孔口有很大的毛边。针对上述情况必须将麻花钻进行改良或修磨，制成薄板钻。

（1）薄板钻刃磨要求　薄板钻是把麻花钻两主切削刃磨成圆弧形切削刃（见表9-1图），

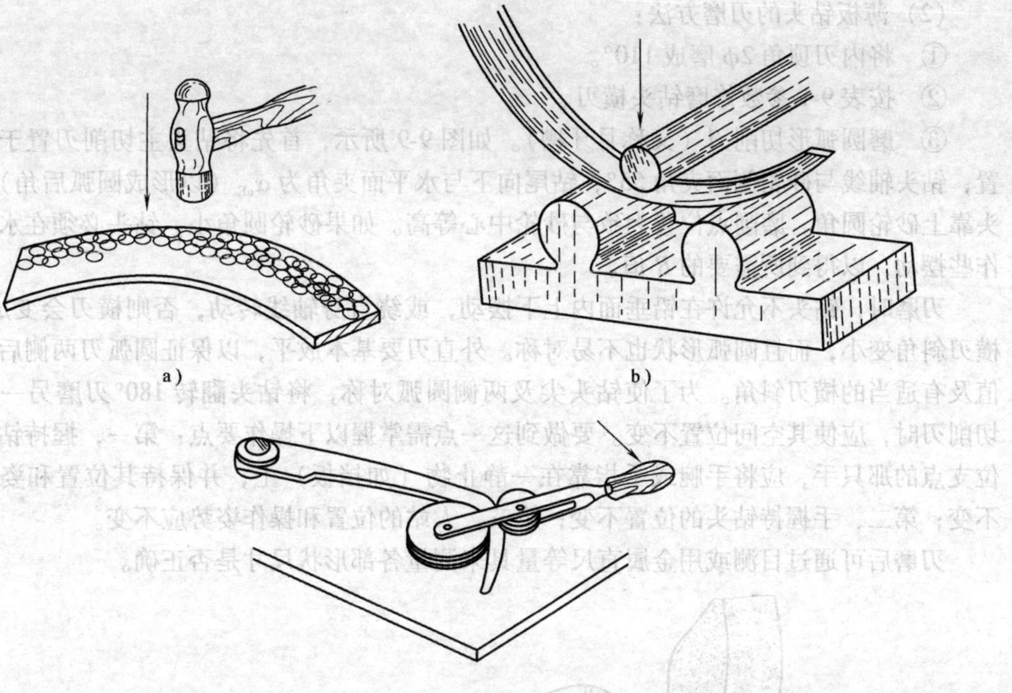

a)　　b)　　c)

图 9-8　板料在宽度方向上的弯形

a）锤击延展弯形　b）在特制弯形模上弯形　c）用弯形工具弯形

将钻尖高度磨低，切削刃外缘磨成锋利的两个刀尖，两外刃刀尖比钻头低 0.5 ~ 1.5mm。在钻孔时，钻尖先切入工件，起到定心作用，由于工件向下弯曲变形，使两外刃马上切入工件。当钻尖心尚未钻穿工件时，两锋利的刀尖已在工件上切出圆环槽，并迅速地切出所要求的孔。另外刃磨时还必须使两缘处刀尖高低一样和两个刀尖到钻尖心的切削刃的长度一致，这样才能使薄板工件上钻出的孔合乎要求，孔圆整和光洁。薄板钻的主要参数见表 9-1。

表 9-1　薄板钻切削部分的形状和几何参数

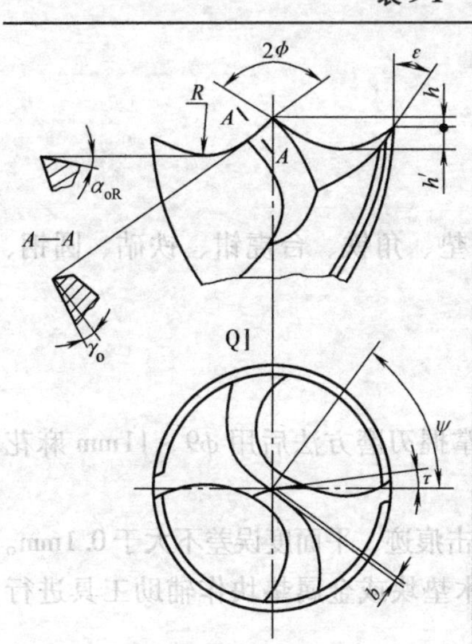

钻头直径 D/mm	横刃长 b/mm	尖高 h/mm	圆弧半径 R/mm	圆弧深度 h'/mm²	内刃顶角 2ϕ/(°)	刃尖角 ε/(°)	内刃前角 γ_o/(°)	圆弧后角 α_{oR}
5 ~ 7	0.15	0.5	用单圆弧连接	$>(\delta+1)$	110	40	-10	15
>7 ~ 10	0.2							
>10 ~ 15	0.3							
>15 ~ 20	0.4	1	用双圆弧连接					12
>20 ~ 25	0.48							
>25 ~ 30	0.55							
>30 ~ 35	0.65	1.5						
>35 ~ 40	0.75							
附　注	δ——料厚							

（2）薄板钻头的刃磨方法：

① 将内刃顶角 2ϕ 磨成 110°。

② 按表 9-1 参数修磨钻头横刃。

③ 磨圆弧形切削刃（又称月牙槽）。如图 9-9 所示，首先将钻头主切削刃置于水平位置，钻头轴线与砂轮侧面夹角 55°，钻尾向下与水平面夹角为 α_{oR}（以形成圆弧后角）。使钻头靠上砂轮圆角，磨削点位置大致与砂轮中心等高。如果砂轮圆角小，钻头必须在水平面内作些摆动，以得到所需要的 R 值。

刃磨时，钻头不允许在铅垂面内上下摆动，或绕自身轴线转动，否则横刃会变成 S 形，横刃斜角变小，而且圆弧形状也不易对称。外直刃要基本放平，以保证圆弧刃两侧后角为正值及有适当的横刃斜角。为了使钻头尖及两侧圆弧对称，将钻头翻转 180°刃磨另一圆弧形切削刃时，应使其空间位置不变。要做到这一点需掌握以下操作要点：第一，握持钻头作定位支点的那只手，应将手腕或手指靠在一静止物（如挡板）上，并保持其位置和姿势固定不变；第二，手握持钻头的位置不变；第三，人站的位置和操作姿势应不变。

刃磨后可通过目测或用金属直尺等量具来测量各部形状尺寸是否正确。

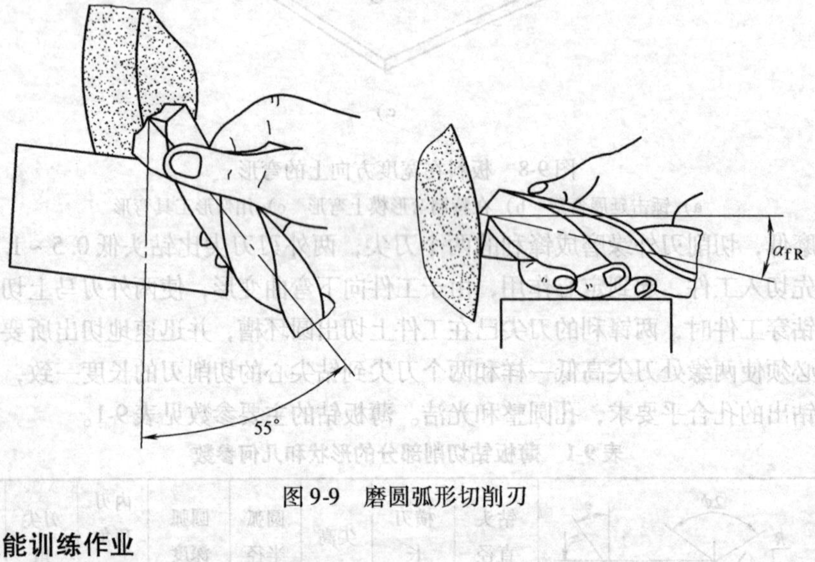

图 9-9　磨圆弧形切削刃

二、技能训练作业

1. 技能训练作业图（见图 9-10）

2. 训练准备

1）工、量具：矫正平板、锤子、木锤、木垫、金属垫、角铁、台虎钳、铁砧、圆钢、短麻花钻。

2）训练件规格及要求见表 9-2。

3. 训练步骤

1）练习刃磨薄板钻。先用短旧钻头进行刃磨练习，掌握刃磨方法后用 $\phi 9 \sim 11$mm 麻花钻磨成薄板钻。试钻达到使用要求。

2）在训练件（件 1）上进行矫正练习，要求无明显锤击痕迹，平面度误差不大于 0.1mm。

3）弯制多直角工件（件 2）。如图 9-11 所示，可用木垫块或金属垫块作辅助工具进行弯形，其步骤如下：

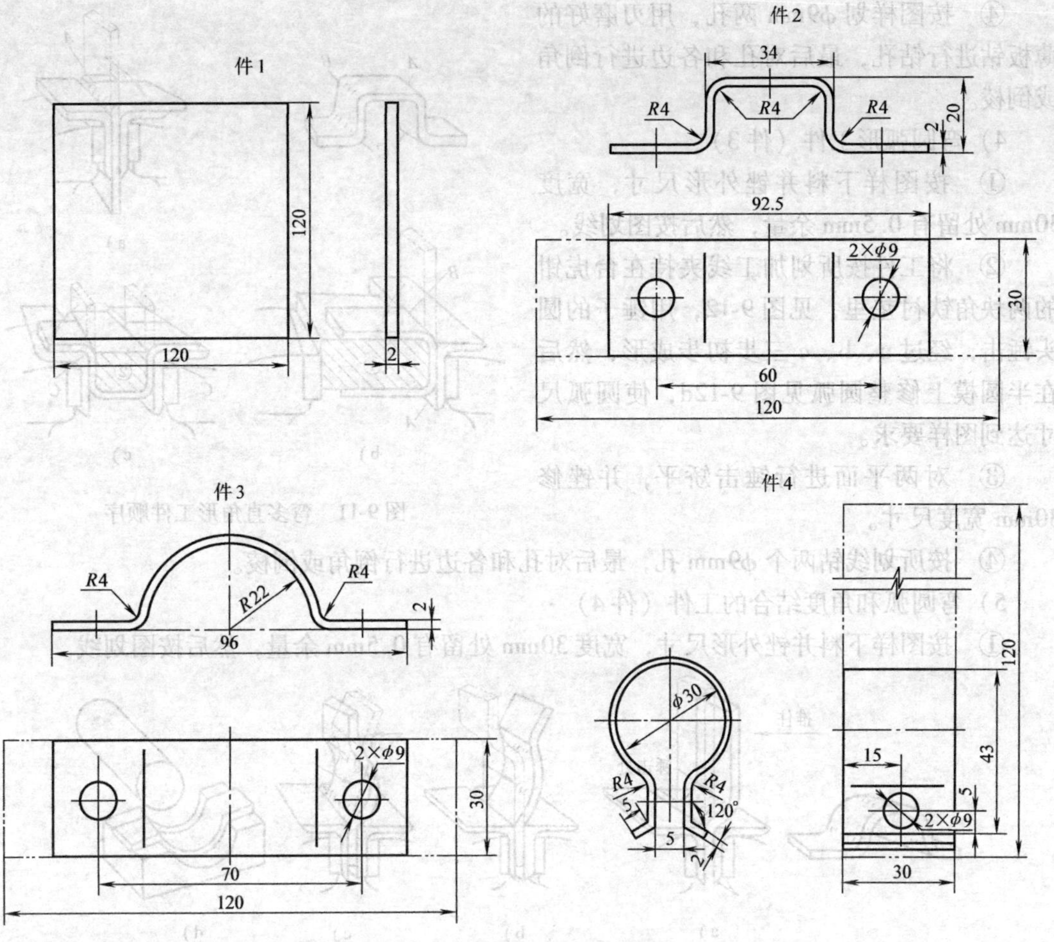

图 9-10　矫正、弯形、钻孔

① 按图样下料并锉外形尺寸，宽度 30mm 处留 0.5mm 余量，然后按图划线。

表 9-2　训练件规格及要求

序　号	训练件名称	材　料	材料来源	下道工序	件数	工时/h
件 1	薄板件	Q235	备料 120mm×120mm×2mm	转件 2、 件 3、件 4	1	0.5
件 2	多直角形件	Q235	从件 1 转来并下料	—	1	1
件 3	圆弧形件	Q235	从件 1 转来并下料	—	1	1
件 4	圆弧和 角度结合件	Q235	从件 1 转来	—	1	1.5

② 将工件按所划加工线夹入角铁衬内，弯 *A* 角，见图 9-11a，再用衬垫①弯 *B* 角，见图 9-11b，最后用衬垫②弯 *C* 角，如图 9-11c 所示。

③ 对 30mm 宽度进行锤击矫平，锉修 30mm 宽度尺寸。

④ 按图样划 ϕ9mm 两孔，用刃磨好的薄板钻进行钻孔，最后对孔和各边进行倒角或倒棱。

4）弯圆弧形工件（件3）

① 按图样下料并锉外形尺寸，宽度30mm 处留有0.5mm 余量，然后按图划线。

② 将工件按所划加工线夹持在台虎钳的两块角铁衬垫里，见图9-12，用锤子的圆头锤击，经过a、b、c 三步初步成形，然后在半圆模上修整圆弧见图9-12d，使圆弧尺寸达到图样要求。

③ 对两平面进行锤击矫平，并锉修30mm 宽度尺寸。

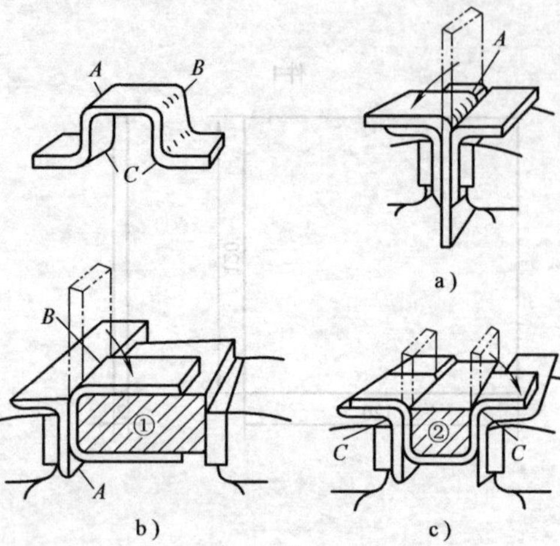

图9-11 弯多直角形工件顺序

④ 按所划线钻两个 ϕ9mm 孔，最后对孔和各边进行倒角或倒棱。

5）弯圆弧和角度结合的工件（件4）

① 按图样下料并锉外形尺寸，宽度30mm 处留有0.5mm 余量，然后按图划线。

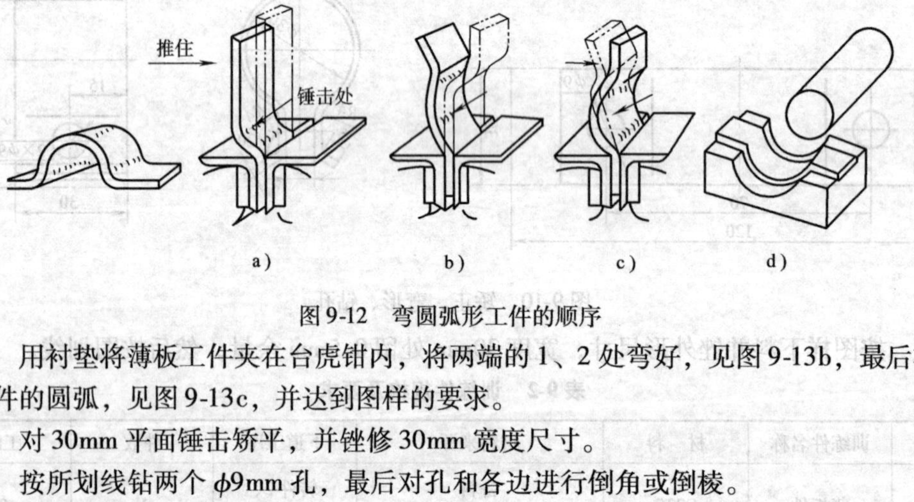

图9-12 弯圆弧形工件的顺序

② 用衬垫将薄板工件夹在台虎钳内，将两端的1、2 处弯好，见图9-13b，最后在圆钢上弯工件的圆弧，见图9-13c，并达到图样的要求。

③ 对30mm 平面锤击矫平，并锉修30mm 宽度尺寸。

④ 按所划线钻两个 ϕ9mm 孔，最后对孔和各边进行倒角或倒棱。

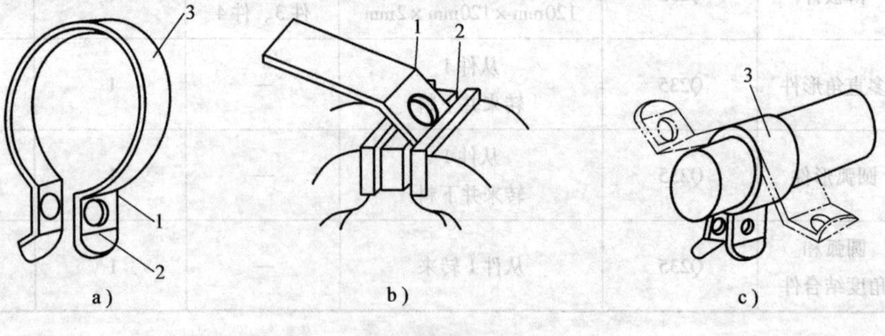

图9-13 弯圆弧和角度结合工件的顺序

三、注意事项

1）薄板钻的刃磨应尽量选用废旧钻头进行练习。

2）薄板料在钻孔前必须作倒角或倒棱，钻孔必须用机用虎钳夹持，以避免划伤手。

3）在薄板上作矫正之前，可以在平板上作锤平练习，避免在薄板上出现大量锤击痕迹。

4）本课题的训练在安排时可以交替轮换进行练习，训练的工件作考查工件。结束后应作一次讲评，总结本课题执行情况。

本课题小结

通过对薄板料的矫正和弯形的技能练习，进一步提高和掌握冷作钳工的基本技能和技巧。将来在实际工作和生产中，碰到本课题内容，能及时处理和完成矫正和弯形的任务。

技能训练思考题

1. 手工矫正方法有哪几种？
2. 试述手工绕制弹簧的步骤。
3. 试加工如图 9-14 所示的工件。

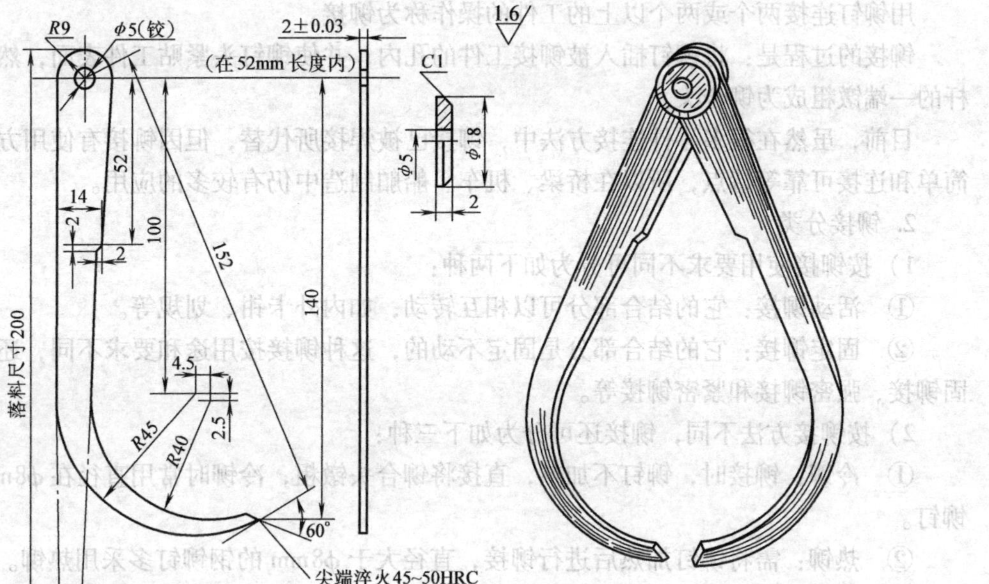

图 9-14　外卡钳弯形和制作

第十章　铆　　接

技能训练目标：

1. 掌握铆接方法及铆条直径和长度的计算方法。

2. 掌握半圆头铆钉的铆接技巧。

技能训练重点、难点：

活动铆接的技能和技巧。能达到松紧均匀，转动灵活的要求。

技能训练内容：

一、相关工艺知识

1. 铆接

用铆钉连接两个或两个以上的工件的操作称为铆接。

铆接的过程是：将铆钉插入被铆接工件的孔内，并使铆钉头紧贴工件表面，然后将铆钉杆的一端镦粗成为铆合头。

目前，虽然在很多零件连接方法中，铆接已被焊接所代替，但因铆接有使用方便、工艺简单和连接可靠等特点，所以在桥梁、机车、船舶制造中仍有较多的应用。

2. 铆接分类

1）按铆接使用要求不同可分为如下两种：

①　活动铆接：它的结合部分可以相互转动，如内外卡钳、划规等。

②　固定铆接：它的结合部分是固定不动的，这种铆接按用途和要求不同，还可分为强固铆接、强密铆接和紧密铆接等。

2）按铆接方法不同，铆接还可分为如下三种：

①　冷铆：铆接时，铆钉不加热，直接将铆合头镦粗，冷铆时常用直径在 $\phi8$mm 以下的铆钉。

②　热铆：需将铆钉加热后进行铆接，直径大于 $\phi8$mm 的钢铆钉多采用热铆。

③　混合铆：在铆接时，只对铆合头端部加热，此类铆接常用细长的铆钉。

3. 铆钉种类

铆钉按形状、用途和材料不同可分为半圆头铆钉、沉头铆钉、平头铆钉、半圆沉头铆钉、空心铆钉和抽芯铆钉，如图 10-1 所示。

制造铆钉的材料要有好的塑性，常用的材料有钢、黄铜、纯铜和铝等。选用铆钉材料应尽量和铆接件的材料相近。

4. 铆接工具

铆接时所用的主要工具有以下几种：锤子，压紧冲头（见图 10-2a），罩模（见图 10-2b）和顶模（见图 10-2c）。锤子多用圆头；压紧冲头用于将铆钉插入孔内后压紧被铆工件；罩模和顶模都有半圆形的凹球面，经淬火和抛光，按照铆钉的半圆头尺寸制成。罩模是罩制半圆头的，顶模夹在台虎钳内，作为铆钉头的支撑。

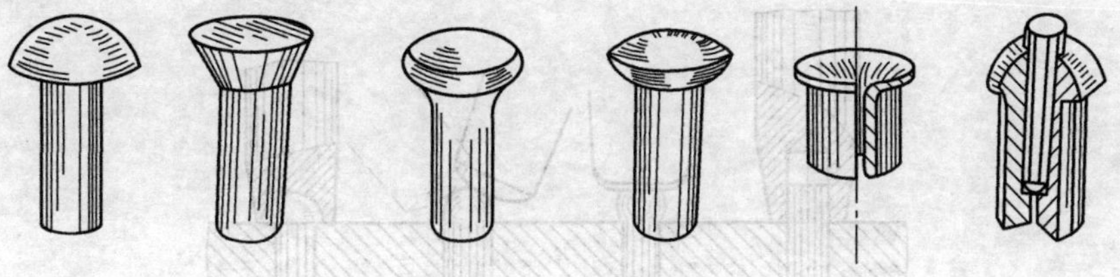

图 10-1　铆钉种类

a）半圆头铆钉　b）沉头铆钉　c）平头铆钉　d）半圆沉头铆钉　e）空心铆钉　f）抽芯铆钉

5. 铆钉尺寸的确定

为了保证铆接的质量，常要进行铆钉尺寸的计算，如图 10-3 所示。

铆钉在工作中承受剪力，它的直径是由铆接强度决定的，而铆钉直径一般常采用被连接板厚的 1.8 倍。标准铆钉的直径可参阅有关手册。

铆接时，铆钉所需长度 L 等于被铆接板料的总厚度 s 与铆钉伸出长度 l 的和，即 $L=s+l$。铆钉杆的伸出长度必须合适，过长和过短都会造成的铆接废品。半圆头铆钉杆的伸出长度一般等于铆钉直径的 1.25 ~ 1.5 倍，即 $L=(1.25\sim1.5)d$；沉头铆钉杆的伸出长度一般等于铆钉直径的 0.8 ~ 1.2 倍，即 $L=(0.8-1.2)d$。

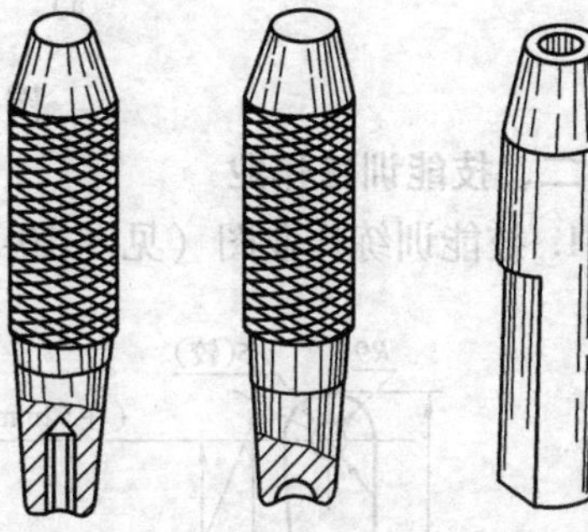

图 10-2　铆接工具

a）压紧冲头　b）罩模　c）顶模

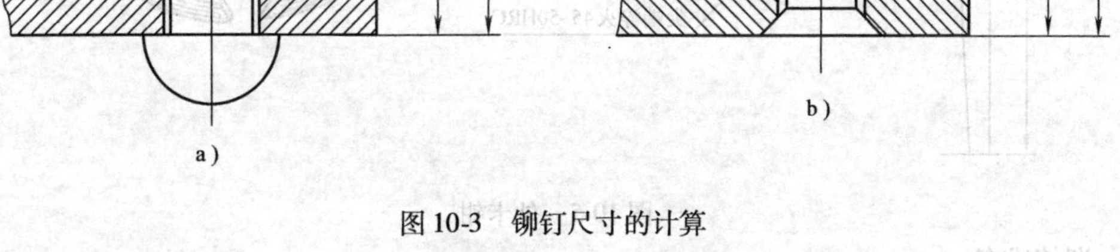

图 10-3　铆钉尺寸的计算

a）半圆头铆钉　b）沉头铆钉

6. 半圆头铆钉的铆接方法

把铆接件彼此贴合，按所划加工线钻孔、倒角，并去毛刺，然后插入铆钉，把铆钉半圆头放在顶模上，用压紧冲头压紧板料，见图 10-4a，再用锤子镦粗铆钉伸出部分，见图 10-4b，并将四周锤成形，见图 10-4c，最后用罩模修整，如图 10-4d 所示。

在活动铆接时，要经常检查活动情况，如果发现太紧，可把铆钉原头垫在有孔的垫铁上，锤击铆合头，使其活动。

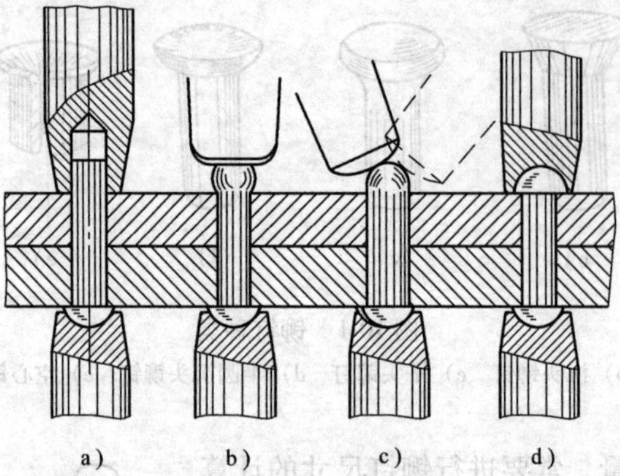

图 10-4　半圆头铆钉的铆接过程

二、技能训练作业

1. 技能训练作业图（见图 10-5）

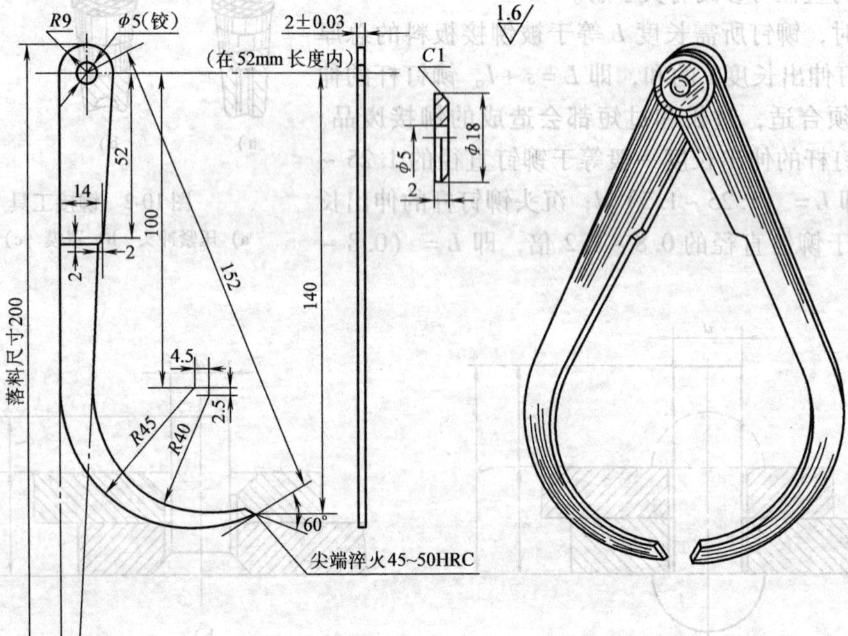

图 10-5　外卡钳

2. 训练准备

1）工、量具：木锤、铜锤、铁砧、扁锉、钻头、铰刀、罩模、顶模、压紧冲头、划针、划规、样冲、砂布、金属直尺、游标卡尺、弯形工具、木板、钉子。

2）训练件规格及要求见表 10-1。

3. 训练步骤

1）自制外卡钳外形检验样板及展开尺寸样板。

2）采用扭转法与弯形法矫平来料，使其放在平板上时能贴平。

表 10-1　训练件规格及要求

序　号	训练件名称	材　料	材料来源	下道工序	件数	工时/h
1	垫片	45	备料 $\phi18\text{mm}\times2\text{mm}$	—	2	4
2	半圆头铆钉	45	采购 $\phi5\text{mm}\times16\text{mm}$	—	1	
3	外卡钳	45	备料 $200\text{mm}\times20\text{mm}\times3\text{mm}$	—	2	

3）将薄板料用木钉装夹在木板上，见图 10-6，然后把木板夹在钳口内，粗锉薄板料的两平面至尺寸 2.1mm 左右，可同时加工两件。

4）按展开尺寸样板划线，并钻、铰 $\phi5\text{mm}$ 孔，孔口倒角 $C0.5$。

5）两件合并起来按所划加工线粗锉外形。

6）用特制的弯形模或用弯形工具弯制两钳脚，使其符合图样尺寸要求，并将铆钉串入两脚，检查两脚形状是否一致。

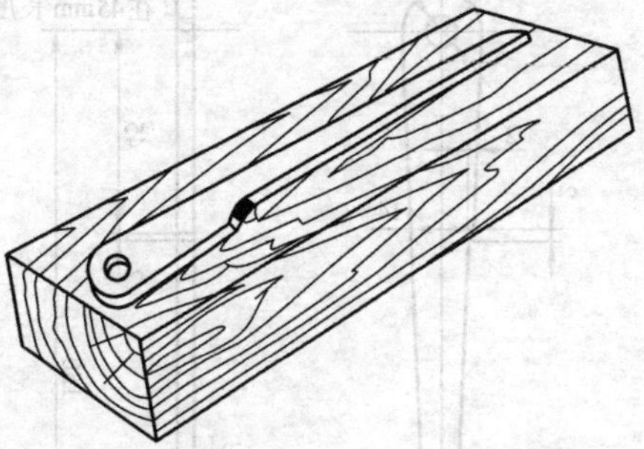

图 10-6　薄板料的装夹

7）精锉两平面，达到尺寸（2 ± 0.03）mm，两面平行度误差小于 0.03mm，表面粗糙度 $R_a\leqslant1.6\mu\text{m}$ 的要求。

8）把两卡脚与两只垫片用铆钉串装好，并铆至要求。

9）修整外形与脚尖，要求两卡钳测量面对齐、对平。淬火达硬度 45～50HRC，最后全面用砂布打光。

三、注意事项

1）卡钳脚是薄板料，故在矫平时必须用木锤敲击。如果采用钢锤，则必须将锤子端平，以免锤边将工件表面敲出印痕。

2）对外卡钳弯形时，要用铜质圆头锤子敲击，敲击时，必须从宽处逐步敲到卡脚尖处，如果敲击方向相反会造成圆弧太小。

3）在用半圆头铆钉铆接时，必须将铆钉头放入顶模凹圆内再敲击，防止未放好就敲击，造成铆钉头圆面损坏。

4）铆钉长度要正确，如伸出部分长度太短，会铆不成半圆；太长会使铆接的半圆头产生涨边现象。

5）铆接时要检查卡脚与卡脚之间、铆合头与卡脚之间是否贴合，发现间隙时不能铆接，否则铆接质量会不符合要求。

6）用罩模在前后左右摇动铆合时，应防止罩模接触垫片表面，敲出印痕，破坏外形。

7）铆接接触面必须平直，两卡脚的平行度误差必须控制在最小范围内，这样才能使铆接后松紧一致。

本课题小结

通过外卡钳的制作训练，将薄板料的矫正、弯形、锉削加工和铆接等各项技能综合起来，进一步巩固和提高钳工基本技能。

技能训练思考题

1. 试述用半圆头铆钉铆接时的操作方法。
2. 试加工如图 10-7 所示工件。

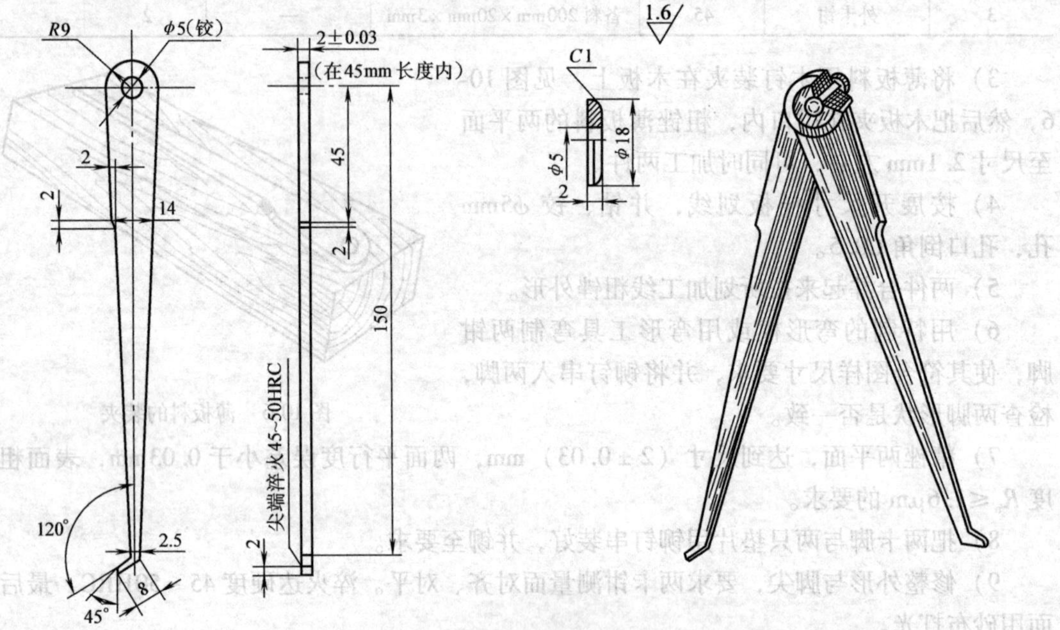

图 10-7 内卡钳

课题十一　综合技能训练（二）

技能训练目标：

1. 能按操作步骤正确完成一般零件的制作，并达到图样规定的技术要求。

2. 掌握锉削方法，巩固和提高锉配技能，并达到规定的精度要求。

技能训练重点、难点：

通过制作各种工具和锉配各种形体，进一步巩固和提高锉配、钻孔、铰孔、攻螺纹的综合技能，达到中级工技能考核要求。

分课题一　制 作 划 规

一、技能训练作业

1. 技能训练作业图（见图 11-1）

2. 训练准备

1）工、量具：木锤、铁砧、扁锉（粗、细各一）、整形锉、砂布、钻头、铰刀、丝锥、罩模、顶模、压紧冲头、木块、木钉、金属直尺、游标卡尺、刀口形直角尺、120°角度样板、划线平板、高度游标卡尺、千分尺、刀口形直尺、涂料、毛刷。

2）训练件规格及要求见表 11-1。

表 11-1　训练件规格及要求

序号	训练工件	材料	材料来源	下道工序	件数	工时/h
1	垫片	45	备料 ϕ20mm×10mm 车工加工	—	2	
2	半圆头铆钉	Q235	采购 ϕ5mm×20mm	—	1	
3	右划规脚	45	备料 175mm×20mm×6mm	—	1	14
4	左划规脚	45	备料 175mm×20mm×6mm	—	1	
5	半圆头铆钉	Q235	采购 ϕ3mm×12mm	—	1	

3. 训练步骤

1）检查两划规脚毛坯料的形状及尺寸，并校直两脚毛坯。

2）把划规脚钉在木板上，然后夹在钳口内粗、精锉两平面，使平面达到平直要求，厚度尺寸 $6^{+0.01}_{0}$mm 范围。

3）粗、精锉两脚 9mm 宽的内侧平面，保证其与 9mm 宽的外平面垂直，并保证宽度方向各尺寸的余量。

4）分别以外平面和内侧面为基准划 3mm 及内、外 120°角加工线。

5）锉 120°角及（3±0.03）mm 的凹平面时，应保证平行度误差≤0.01mm（此面装配后允许刮削修整），120°角交线必须在内侧面上，并留有 0.2～0.3mm 的锉配修整余量（加工时要注意角交线到端面 30mm 的尺寸余量）。

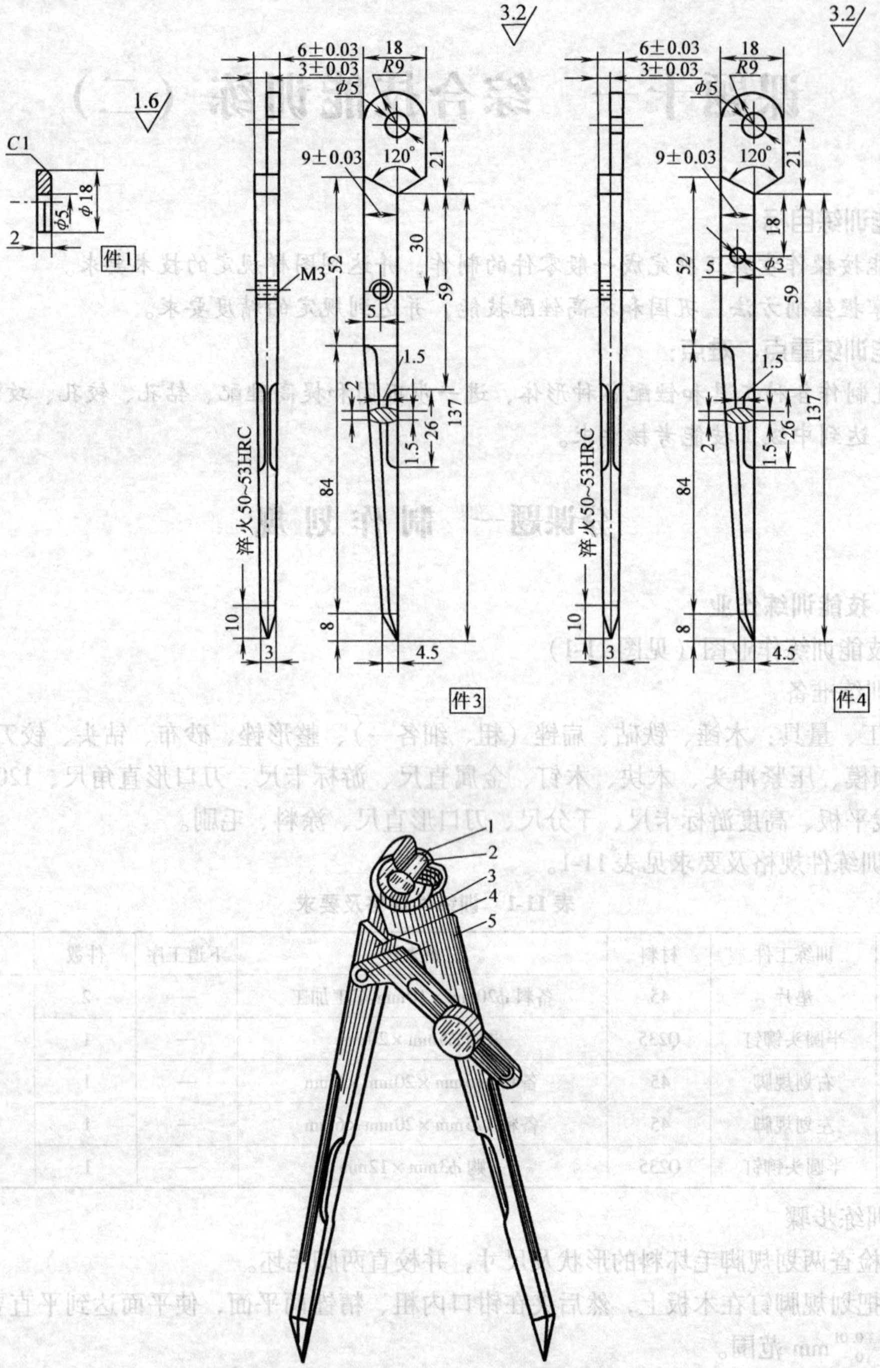

图 11-1　划规

6）配合修锉两划规脚 120°角度，达到配合间隙≤0. 06mm。

7）以内侧面和 120°角交线为基准，划 ϕ5mm 孔位线（ϕ5mm 孔的中心线应在内侧面的延长线上）。

8）两脚并合夹紧，钻、铰 ϕ5mm 孔，并作 C 0. 5 倒角。

9）以内侧面和外平面为基准，分别划 9mm、18mm 及 6mm 的加工线，后用 M5 螺钉、螺母连接垫片和两脚，按线进行外形粗锉加工。

10）确定一个脚为右脚，按同样尺寸划线，钻 $\phi 2.5$mm 孔（孔口倒角），攻螺纹 M3。

11）用 $\phi 5$mm 铆钉铆接，达到活动铆接的要求。

12）精加工外形尺寸，达到（9±0.03）mm 和（6±0.03）mm 的尺寸要求，满足表面粗糙度 $R_a \leqslant 3.2\mu m$ 要求，并根据垫圈外径锉修 $R9$mm 圆弧头。

13）按图在两脚上划出外侧倒角线及内侧捏手槽位置线，并按要求锉出。各棱交线要清晰，内圆弧要求圆滑光洁。

14）将脚尖锉削成形，淬火硬度 50～53HRC，并将表面全部用砂纸打光。

15）活动连板不做要求。

16）全部复查及修整，达到使用要求。

4. 质量检查内容及评分标准（见表 11-2）

表 11-2 质量检查内容及评分标准

学号			姓名		总得分	
项目	序号	质量检查内容	配分	评分标准	扣分	得分
	1	（9±0.03）mm，2 处	6	超差 1 处扣 3 分		
	2	（6±0.03）mm，2 处	6	超差 1 处扣 3 分		
	3	120°配合间隙≤0.06mm，2 处	16	超差 1 处扣 8 分		
	4	两脚并合间隙≤0.08mm	8	超差不得分		
	5	$R9$mm 圆头光滑正确	6	目测不合格全扣		
	6	铆接松紧适宜 铆合头完整，2 处	8	每处铆合头有缺陷扣 4 分		
	7	$\phi 3$mm 铆合头，2 处	6	每处缺陷扣 3 分		
	8	件 6 形状和尺寸	4	超差不得分		
	9	两脚倒角对称，8 处	16	每处不合格扣 2 分		
	10	脚尖倒角对称，2 处	6	每处不合格扣 3 分		
	11	$R_a \leqslant 3.2\mu m$，8 处	8	每处升高一级扣 1 分		
	12	安全文明生产	10	违者一项扣 5 分		

二、注意事项

1）120°角度面与 3mm 的平面的垂直度误差方向以小于 90°为好，且成清角，以便于达到配合要求。

2）为了保证铆接后两脚转动时松紧适度，铆合面必须平直光洁，平行度误差必须控制在最小范围内。

3）钻 $\phi 5$mm 的铆钉孔时，必须两脚配合正确，且在可靠夹紧情况下，并钻在两脚内侧面延长线上，否则并合间隙将达不到要求，而且不能再作修整加工。

4）在加工外侧倒角与内侧捏手槽时，必须一起划线，锉两脚时应经常并拢两脚检查大小和长短是否一致，否则会影响划规外形质量。

5）在加工活动连板时，由于厚度尺寸小，应先加工长槽后再加工外形轮廓，钻孔时必须夹牢，避免造成工伤和折断钻头。

6）由于活动连板加工时有尺寸、形状的误差，为了使装配后位置正确，可将 M3 螺钉孔（或 ϕ3mm 铆钉孔）的位置用试配、配钻的方法确定。

分课题二　制作角度对块

一、技能训练作业

1. 技能训练作业图（见图 11-2）

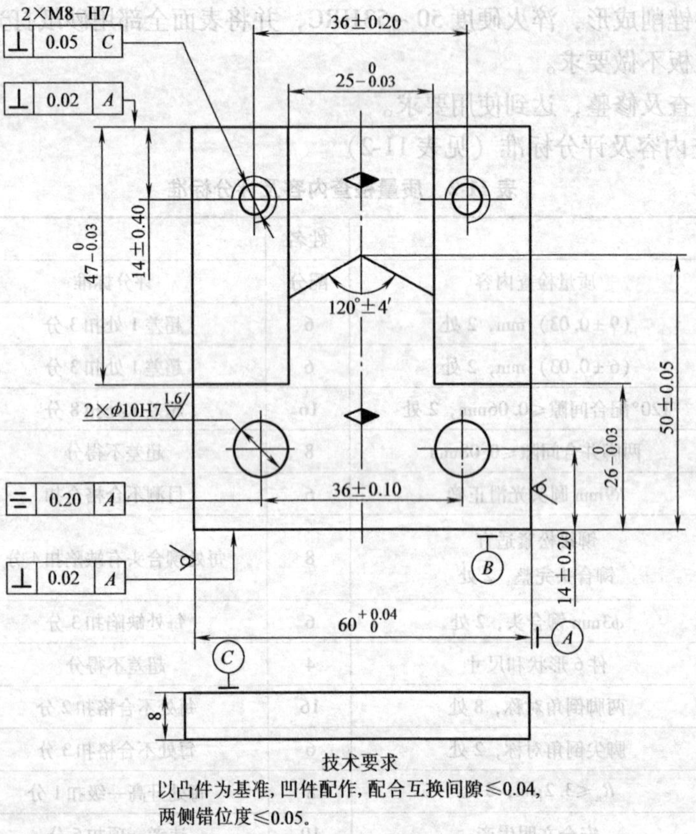

图 11-2　角度对块

2. 技能训练准备

1）工、量具：锤子、样冲、划针、划规、锯弓、锯条、扁锉（粗、细各一）、三角锉、方锉、钻头、铰刀、丝锥、铰杠、铜钳口、整形锉、划线平板、高度游标卡尺、游标卡尺、刀口形直角尺、刀口形直尺、千分尺、游标万能角度尺、塞规（ϕ10H7）、灯箱、塞尺、毛刷、钢丝刷、涂料。

2）训练件规格及要求见表 11-3。

表 11-3　训练件规格及要求

训练件名称	材料	材料来源	下道工序	件数	工时/h
角度对块	Q235	备料 62mm×108mm×8mm	—	1	10

3. 训练步骤

1）检查来料尺寸，按图样要求先加工基准面 A、B、C 面，使其平面度误差、垂直度误差和表面粗糙度值的符合要求。

2）加工外形尺寸线达到 $60^{+0.04}_{0}$mm 尺寸精度和各项技术要求。

3）划凸件、凹件的分割线，留锉削余量。按图形要求划凸件的形体和各面加工线。

4）锯削中间分割线，按所划加工线锯去一侧垂直角，粗、精锉两垂直面，根据 60mm 处的实际尺寸，通过控制 42.5mm 的尺寸误差值（本处应控制在 1/2 ×（60mm 处的实际尺寸）$+12.5^{+0.020}_{-0.015}$mm 的范围内），从而保证 $25^{\ 0}_{-0.03}$mm，同时又能保证错位度在 0.05mm 以内。

5）以 B 面为基准加工另一垂直边，保证尺寸精度 $26^{\ 0}_{-0.03}$mm 的技术要求，如图 11-3a 所示。

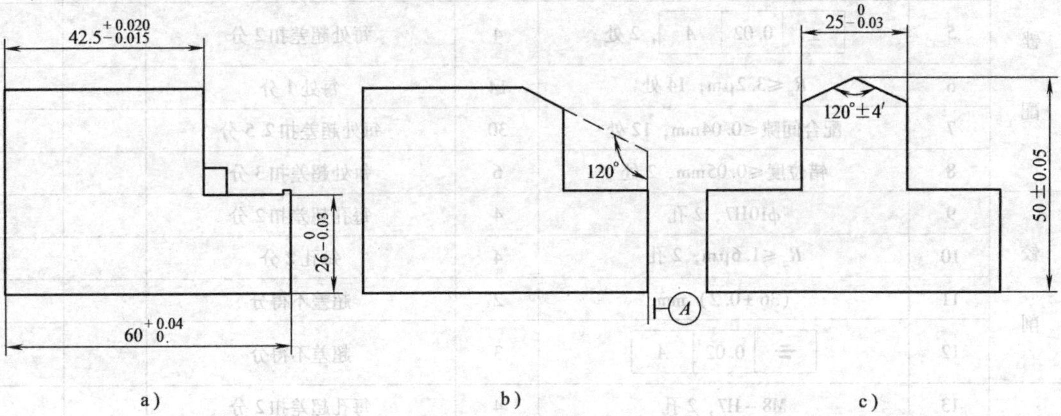

图 11-3　凸件的加工步骤

6）以 A 面为基准，加工 120°角度边并保证斜面角度边的各项技术要求，如图 11-3b 所示。

7）按所划加工线锯去另一垂直角，用上述方法控制并锉到尺寸 $25^{\ 0}_{-0.03}$mm、（50 ± 0.05）mm、120° ±4′全部达到技术要求（用量具直接测量），如图 11-3c 所示。

8）加工凹形面：按图形划外形尺寸线和各形体的加工线。粗、精锉尺寸边 $47^{\ 0}_{-0.03}$mm 并与 *A* 面垂直。用钻头钻出排孔，并锯除凹形面多余部分，然后粗锉至接近线条。

9）精锉两侧垂直面，两面用同样方法根据 60mm 处的实际尺寸和 25mm 处的实际尺寸，通过控制 17.5mm 尺寸误差值（如凸形面为 24.97mm，一侧面可用 1/2 ×（60mm 处的实际尺寸）$-12.5^{+0.020}_{-0.015}$mm，而另一侧面必须控制 1/2 ×（60mm 处的实际尺寸）$-12.5^{+0.020}_{-0.015}$mm），从而保证达到与凸形面 $25^{\ 0}_{-0.03}$mm 的配合精度要求，同时也能保证其错位度在 0.05mm 范围内。

10）锉削凹形面的 120°角度用内角样板控制，最后凸形面 120°角度对配修整角度和深度，使配合间隙≤0.04mm。

11）按图样划钻孔线和螺纹孔线，在孔中心用样冲冲中心眼，并用划规划检查圆。

12）用 ϕ9.8mm 钻头钻孔，达到孔中心距的要求，然后在孔口倒角，并用 ϕ10H7 铰刀对孔进行精铰，用 ϕ10H7 的塞规检查铰孔质量。

13）钻两个 M8 的螺纹孔，并达到中心距要求。在孔口处倒角，并用 M8 丝锥对孔进行攻丝，并达到要求。

14）复检全部尺寸，各棱边，孔口去毛刺倒角，最后交检待验。

4. 质量检查内容和评分标准（见表 11-4）

表 11-4　质量检查内容和评分标准

学号			姓名		总得分	
项目	序号	质量检查内容	配分	评分标准	扣分	得分
锯削	1	$25^{\ 0}_{-0.03}$mm	3	超差不得分		
	2	$26^{\ 0}_{-0.03}$mm，2 处	8	每处超差扣 4 分		
	3	$47^{\ 0}_{-0.03}$mm，2 处	8	每处超差扣 4 分		
锉配	4	120° ±4′	2	超差不得分		
	5	⊥ 0.02 A，2 处	4	每处超差扣 2 分		
	6	R_a≤3.2μm，14 处	14	每处 1 分		
	7	配合间隙≤0.04mm，12 处	30	每处超差扣 2.5 分		
	8	错位度≤0.05mm，2 处	6	每处超差扣 3 分		
铰削	9	φ10H7，2 孔	4	每孔超差扣 2 分		
	10	R_a≤1.6μm，2 孔	4	每孔 2 分		
	11	（36 ±0.2）mm	2	超差不得分		
	12	⌯ 0.02 A	3	超差不得分		
攻螺纹	13	M8 – H7，2 孔	4	每孔超差扣 2 分		
	14	（36 ±0.2）mm	2	超差不得分		
	15	R_a≤3.2μm，2 孔	2	每孔 1 分		
	16	⊥ 0.05 C，2 孔	4	每孔超差扣 2 分		
	17	安全文明生产		违反一项从总分扣 5 分		

注：1. 未注公差按 IT14 要求检测。

2. 局部有缺陷酌情扣 1 ~ 5 分。

二、注意事项

1）所有的内直角都要清角。清角用刃磨好的清角锉刀推出，动作要慢要稳。锉削时应紧靠邻边，并采用直锉，以防锉坏邻面或锉成混角。

2）加工各小平面时必须保证其与大平面垂直。

3）加工凸形面 120°角度单边时，为了控制斜边的长度：①划线要准确，锉削到划线线条中心来控制斜边长度。②用测量棒放在斜边侧面通过计算来控制斜边尺寸，如图 11-4 所示。

4）锉配 120°角度边时，必须用内槽导向边为基准边来锉配内 120°角度边。在配合修锉时，可通过透光法和涂色显示法来确定其修锉部位和余量，逐步达到配合间隙要求。

5）锉配完成后，进行钻孔划线。钻铰削孔时，钻头必须刃磨、试钻合格后，才能在工件上钻孔。

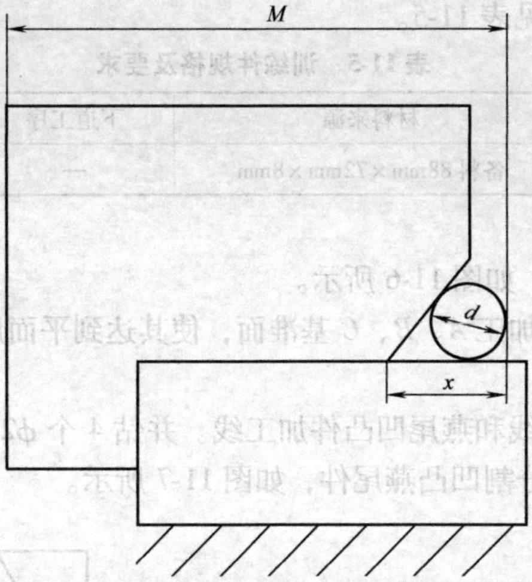

图 11-4　控制角度斜边时的测量方法

分课题三　镶配燕尾

一、技能训练作业

1. 技能训练作业图（见图 11-5）

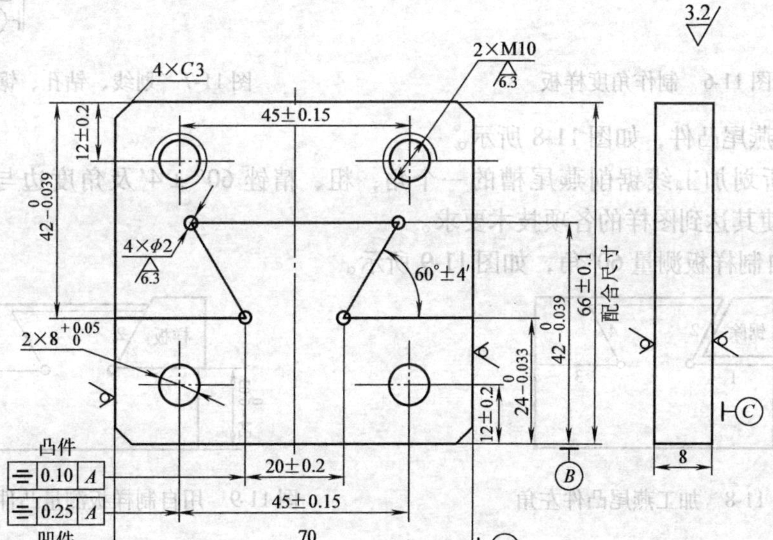

图 11-5　镶配燕尾

2. 训练准备

1）工、量具：划针、样冲、划规、锤子、尖錾、锯弓、锯条、扁锉（粗、细各一）、三角锉，方锉、钻头、丝锥、铰刀、铰杠、金属直尺、划线平板、高度游标卡尺、游标卡尺、刀口形直角尺、刀口形直尺、千分尺、游标万能角度尺、60°角度样板、φ10mm 圆柱测量棒、毛刷、钢丝刷、铜钳口。

2）训练件规格及要求见表11-5。

表11-5　训练件规格及要求

训练件名称	材料	材料来源	下道工序	件数	工时/h
燕尾镶配	Q235	备料88mm×72mm×8mm	—	1	10

3. 训练步骤

1）自制60°角度样板，如图11-6所示。

2）检查来料尺寸，先加工A、B、C基准面，使其达到平面度误差、垂直度误差、表面粗糙度值的技术要求。

3）按图样划外形加工线和燕尾凹凸件加工线。并钻4个ϕ2mm的工艺孔，燕尾凹槽用ϕ11mm钻头钻孔，再锯削分割凹凸燕尾件，如图11-7所示。

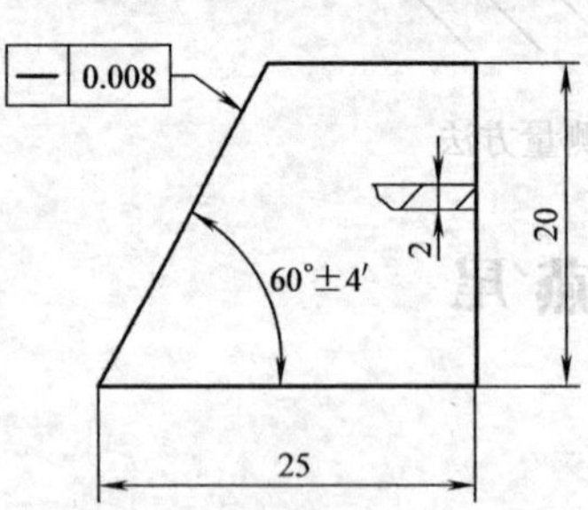

图11-6　制作角度样板

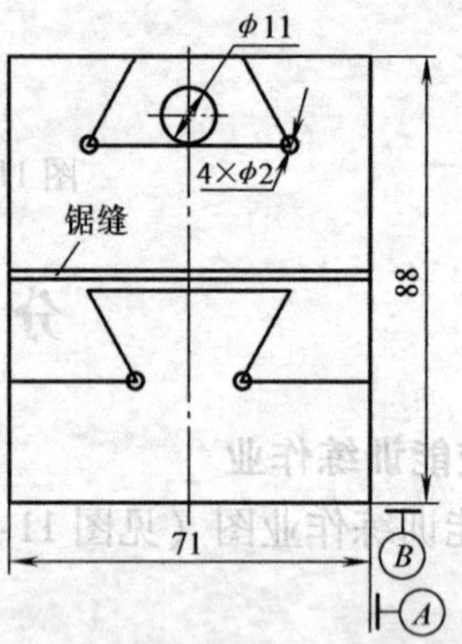

图11-7　划线、钻孔、锯削

4）加工燕尾凸件，如图11-8所示。

①　按所划加工线锯削燕尾槽的一个角，粗、精锉60°±4′及角度边与B面尺寸线$24_{-0.03}^{\ 0}$mm，使其达到图样的各项技术要求。

②　用自制样板测量60°角，如图11-9所示。

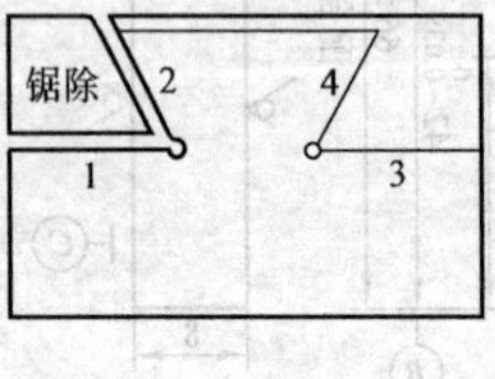

图11-8　加工燕尾凸件左角

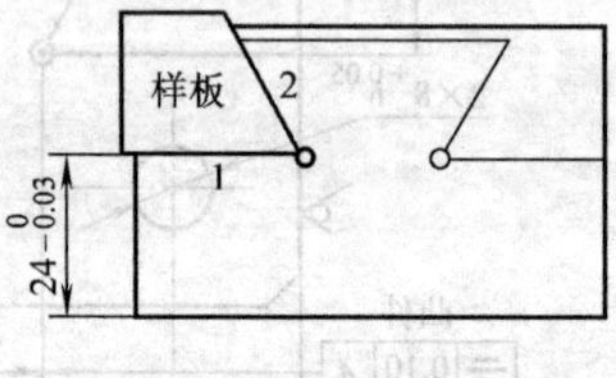

图11-9　用自制样板测量凸件的角度

③　用圆柱测量棒采用间接测量法控制边角尺寸M，见图11-10，测量尺寸M与样板尺寸及圆柱测量棒直径d之间的关系如下

$$M = B + \frac{d}{2}\cot\frac{a}{2} + \frac{d}{2}$$

式中　M——测量读数值，mm；

B——图样技术要求尺寸，mm；

d——圆柱测量棒直径，mm；

a——斜面的角度值，°。

④ 按所划加工线锯削另一侧 60°角，并留有 0.8mm 的锉削余量，如图 11-11 所示。

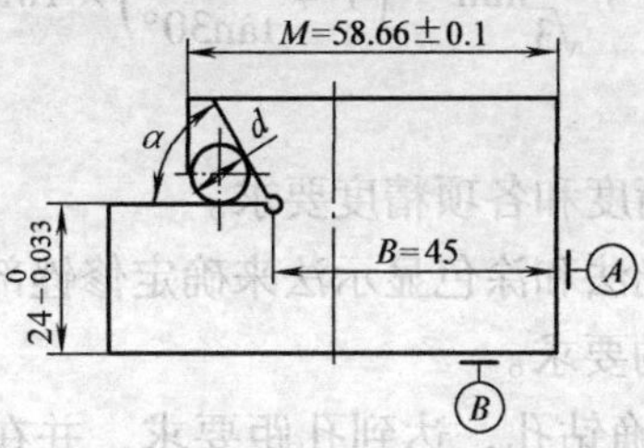

图 11-10　测量棒间接测量尺寸

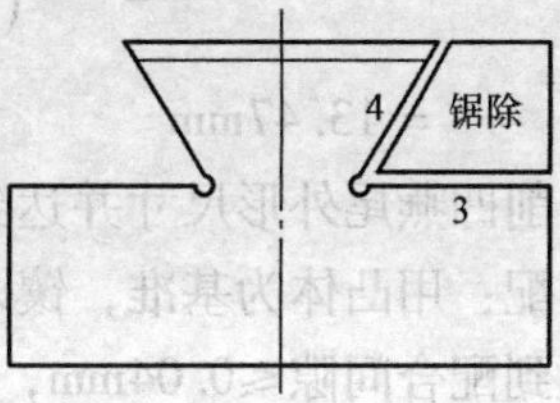

图 11-11　锯削另一侧角度

⑤ 粗、精锉另一角度边，用 60°样板测量角度达到 60° ±4′，并保证 $24\,^{0}_{-0.03}$mm 的尺寸精度（利用圆柱棒测量控制角度边的计算方法），如图 11-12 所示。L 的计算方法如下

已知圆柱棒直径 $d=\phi10$mm，$\alpha=60°$，$b=20$mm。

计算式 $L = b + d + d\cot\dfrac{\alpha}{2} = 20\text{mm} + 10\text{mm} + 10\text{mm} \times \cot30° = 47.32\text{mm}$

⑥ 锉削加工面 5，保证其与底面 B 的尺寸精度达到 $42\,^{0}_{-0.039}$mm。

⑦ 检查各形体面的各项精度，去掉毛刺。

5）加工燕尾凹体。

① 按所划加工线锯去燕尾凹槽的余料，各面留有锉削加工余量 0.8 ~ 1.2mm 的加工余量，如图 11-13 所示。

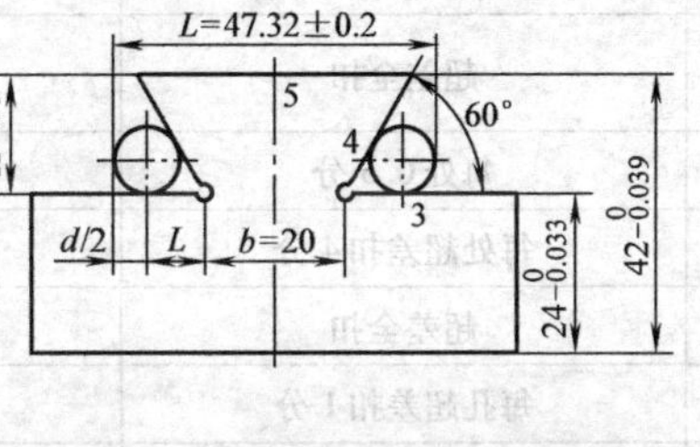

图 11-12　锉削测量另一角度边

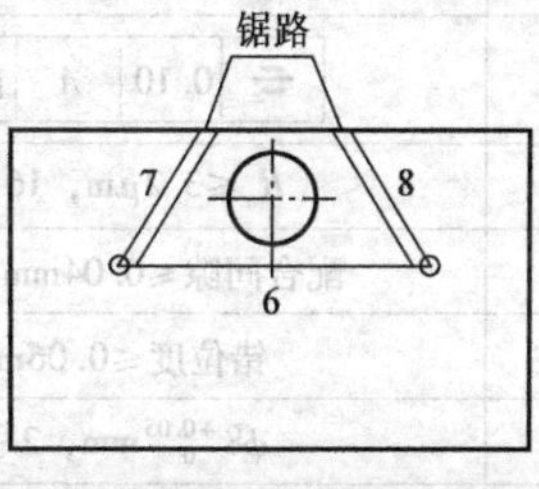

图 11-13　锯削燕尾凹槽

② 按所划加工线锉削面 6、7、8。在加工面 6 时，必须与底面平行，并控制燕尾 18mm 的深度尺寸并留有 0.2mm 的修配量，保证外形尺寸 $42\,^{0}_{-0.033}$mm 的要求。

③ 锉削燕尾凹槽的 60°角度边并用自制样板测量控制内 60°角，如图 11-14 所示。

④ 用 $\phi10$mm 圆柱测量棒测量控制尺寸，如图 11-15 所示。其内燕槽计算方法如下

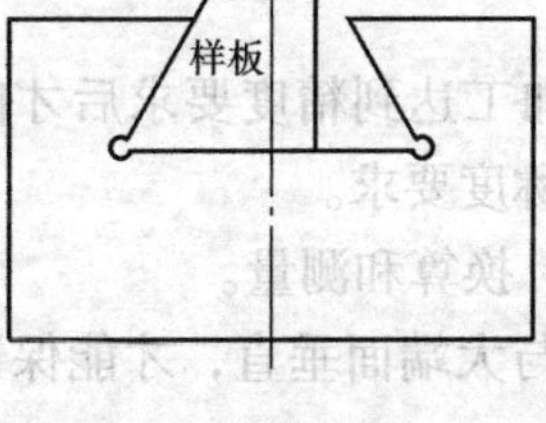

图 11-14　自制样板测量凹件的角度

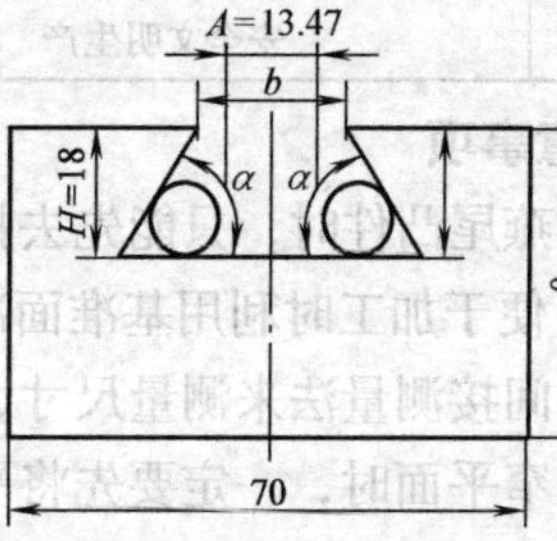

图 11-15　测量棒控制内燕尾尺寸 A

已知：$H=18$mm，$b=20$mm，$\alpha=60°$。

计算式 $A = b + 2H\cot\alpha - d\left(1 + \cot\frac{\alpha}{2}\right) = 20\text{mm} + \frac{36}{\sqrt{3}}\text{mm} - \left(1 + \frac{1}{\tan 30^\circ}\right) \times 10\text{mm}$

$= 13.47\text{mm}$

⑤ 锉削凹燕尾外形尺寸并达到 $42\ ^{0}_{-0.039}$mm 尺寸精度和各项精度要求。

⑥ 镶配：用凸体为基准，镶入凹件中并通过透光法和涂色显示法来确定修锉部位和余量。逐步达到配合间隙≤0.04mm，错位度≤0.06mm 的要求。

⑦ 按图样划钻孔线和螺纹孔线，在训练件上正确钻孔，达到孔距要求，并在孔口倒角。

⑧ 用 M10 手用丝锥进行攻螺纹，并达到图样要求。最后加工 4 处 C3 斜面。

⑨ 复检全部精度，去毛刺，倒棱，并交检待验。

4. 质量检查内容及评分标准（见表 11-6）

表 11-6 质量检查内容及评分标准

学号			姓名		总得分	
项目	序号	质量检查内容	配分	评分标准	扣分	得分
锉配	1	$42\ ^{0}_{-0.039}$mm，2 处	12	每处超差扣 6 分		
	2	$24\ ^{0}_{-0.03}$mm，2 处	8	每处超差扣 4 分		
	3	60° ±4′，2 处	8	每处超差扣 4 分		
	4	（20 ±0.20） mm	4	超差全扣		
	5	⌯ | 0.10 | A | 凸件	4	超差全扣		
	6	R_a≤3.2μm，16 处	8	每处 0.5 分		
	7	配合间隙≤0.04mm，5 处	20	每处超差扣 4 分		
	8	错位度≤0.06mm	4	超差全扣		
钻孔、攻螺纹	9	$\phi 8\ ^{+0.05}_{0}$mm，2 孔	2	每孔超差扣 1 分		
	10	（45 ±0.15） mm，2 处	4	每处超差扣 2 分		
	11	（12 ±0.2） mm，2 处	4	每处超差扣 1 分		
	12	M10，2 孔	2	每孔超差扣 1 分		
	13	⌯ | 0.25 | A	6	超差全扣		
	14	R_a≤6.3μm，4 处	4	每处 1 分		
	15	安全文明生产	10	每项违者扣 5 分		

二、注意事项

1）加工燕尾凸件时，只能先去掉一端 60°角料，待加工达到精度要求后才能去掉另一端 60°角料，便于加工时利用基准面准确地测量和控制对称度要求。

2）采用间接测量法来测量尺寸，必须能正确地计算、换算和测量。

3）加工窄平面时，一定要先将平面锉平，保证此面与大端面垂直，才能保证达到较高的配合精度。

4）凸凹件锉配时，凸形体作为基准件不予修锉加工，否则失去精度基准，使锉配后达不到配合精度要求。

5）锉配时的修锉部位应用透光法与涂色检查后，再从整体情况考虑合理确定修锉部位。应避免局部修配，造成配合面局部出现过大间隙，达不到精度要求。

分课题四　制 作 拼 块

一、技能训练作业

1. 技能训练作业图（见图 11-16）

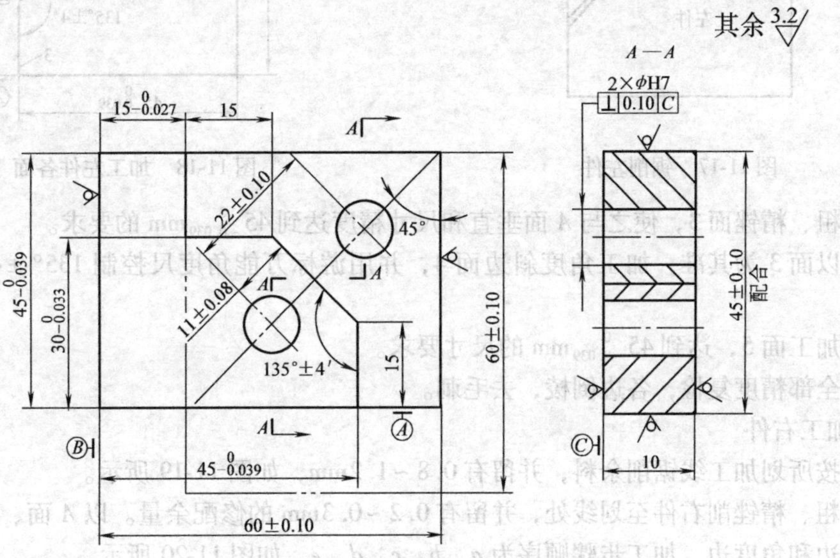

技术要求

1. 各配合面平面度达到 0.02。
2. 以左件为基准，右件配作，按图示位置及换位配合左、右件，检测两次，配合间隙小于等于 0.04。

图 11-16　拼块制作

2. 技能训练准备

1）工、量具：锤子、样冲、划规、划针、锯弓、锯条、扁锉（粗、细各一）、三角锉、方锉、整形锉、钻头、ϕ10H7 手用铰刀、铰杠、铜钳口、钢丝刷、毛刷、涂料、划线平板、高度游标卡尺、游标卡尺、刀口形直角尺、刀口形直尺、千分尺、万能角度尺、塞尺、灯箱、90°V 形铁。

2）训练件规格及要求见表 11-7。

表 11-7　训练件规格及要求

训练件名称	材料	材料来源	下道工序	件数	工时/h
拼块制作	Q235	备料 46mm×46mm×10mm	—	2	8

3. 训练步骤

1）检查来料外形尺寸。先加工 A、B、C 3 个基准面达到图样各项精度的要求。

2）按图样要求划工件各形体面的加工线。

3）加工左件

① 按所划加工线锯削并留锉削余量 0. 8 ~ 1. 2mm 的锉削余量，如图 11-17 所示。

② 粗、精锉内直角面 1 和面 2，使面 1 与面 2 垂直，并分别与 C 面垂直，在加工面 1 和面 2 时必须保证 $30_{-0.03}^{\ 0}$mm 和 $15_{-0.027}^{\ 0}$mm 尺寸合格，如图 11-18 所示。

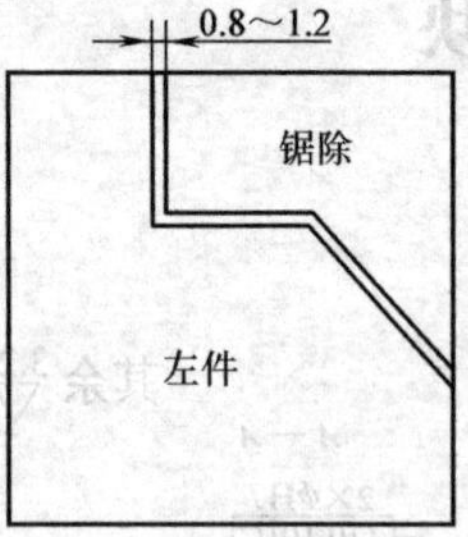

图 11-17　锯削左件

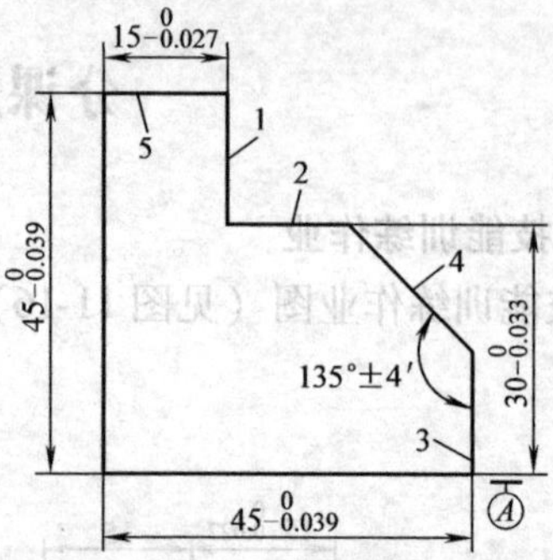

图 11-18　加工左件各面

③ 粗、精锉面 3，使之与 A 面垂直和尺寸精度达到 $45_{-0.039}^{\ 0}$mm 的要求。

④ 以面 3 为其准，加工角度斜边面 4，并用游标万能角度尺控制 135°±4′的角度要求。

⑤ 加工面 5，达到 $45_{-0.039}^{\ 0}$mm 的尺寸要求。

⑥ 全部精度复检，各边倒棱，去毛刺。

4）加工右件

① 按所划加工线锯削余料，并留有 0.8～1.2mm，如图 11-19 所示。

② 粗、精锉削右件至划线处，并留有 0.2～0.3mm 的修配余量。以 A 面、B 面为基准加工对应边和角度边。加工步骤顺序为 a、b、c、d、e，如图 11-20 所示。

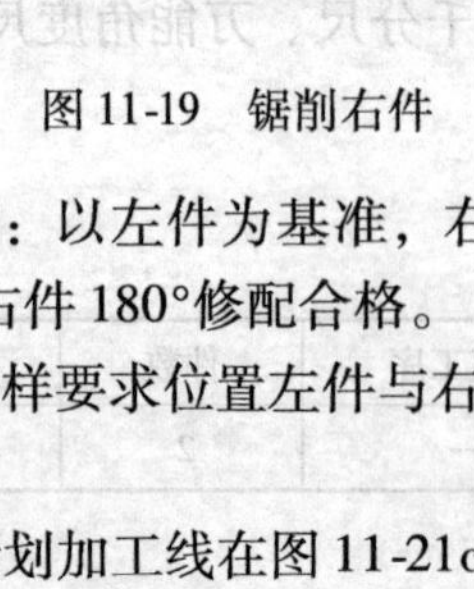

图 11-19　锯削右件

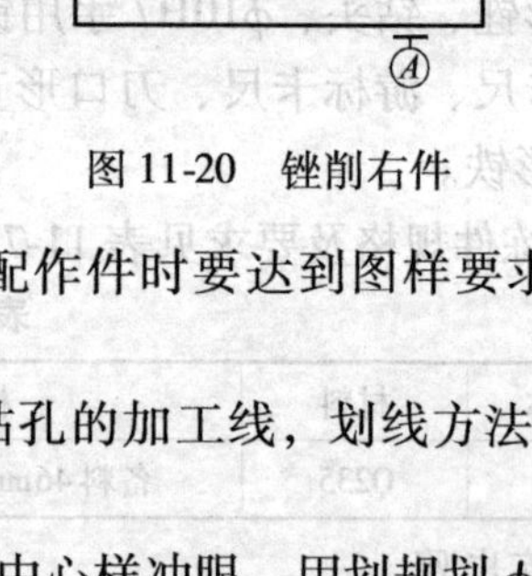

图 11-20　锉削右件

5）锉配：以左件为基准，右件作配作件，在修整配作件时要达到图样要求的配合精度，再翻转右件 180°修配合格。

6）按图样要求位置左件与右件配合后，整体划配钻孔的加工线，划线方法如图 11-21 所示。

7）按所划加工线在图 11-21c 中标注的 A、B 处打上中心样冲眼，用划规划 ϕ10mm 的圆周线或检查圆。钻两个 ϕ9.8mm 的孔，并达到中心距要求，再用 ϕ10H7 的手用铰刀进行铰孔，使孔的表面粗糙度达到 $R_a \leqslant 1.6\mu m$ 的要求。

8）全部精度复检，各棱边去毛刺，孔口倒角。

4. 质量检查内容及评分标准（见表 11-8）

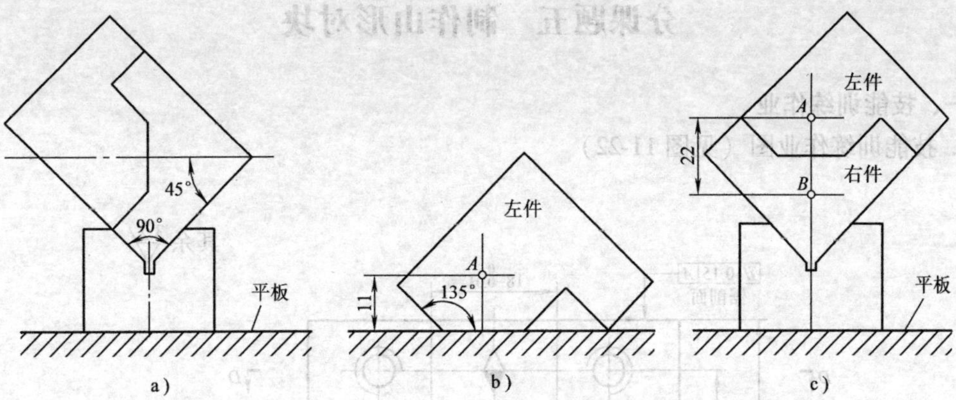

图 11-21　整体配合划钻孔线方法

a）配合角度　b）划左件孔中心　c）配合后划孔距线

表 11-8　质量检查内容及评分标准

学号			姓名		总得分	
项目	序号	质量检查内容	配分	评分标准	扣分	得分
锉配	1	$15_{-0.027}^{0}$ mm	5	超差不得分		
	2	$30_{-0.033}^{0}$ mm	5	超差不得分		
	3	$45_{-0.039}^{0}$ mm，2 处	8	一处超差扣 4 分		
	4	135° ±4′，2 处	8	一处超差扣 4 分		
	5	$R_a \leqslant 3.2\mu m$，10 处	10	一处 1 分		
	6	配合间隙≤0.04mm，4 处	24	一处超差扣 6 分		
	7	(60 ±0.10) mm，2 处	5	一处超差扣 2.5 分		
	8	(45 ±0.10) mm，2 处	5	一处超差扣 2.5 分		
铰削	9	(22 ±0.10) mm	5	超差不得扣分		
	10	ϕ10H7，2 处	4	一处超差扣 2 分		
	11	(11 ±0.08) mm	5	超差不得分		
	12	⊥ 0.03 C ，2 处	4	一处超差扣 2 分		
	13	$R_a \leqslant 1.6\mu m$，2 处	2	一处 1 分		
	14	安全文明生产	10	违者一项扣 5 分		

二、注意事项

1）加工左、右件时，首先保证基准面 *A*、*B*、*C* 面。基准面之间必须达到垂直度误差、平面度误差和表面粗糙度值的要求。

2）所有内直角都要清角。

3）锉配后，才能进行划线、钻孔。划线方法如图 11-21 所示。

4）检查配合间隙时最好在灯箱上用透光法加塞尺检查配合间隙。

分课题五　制作山形对块

一、技能训练作业

1. 技能训练作业图（见图 11-22）

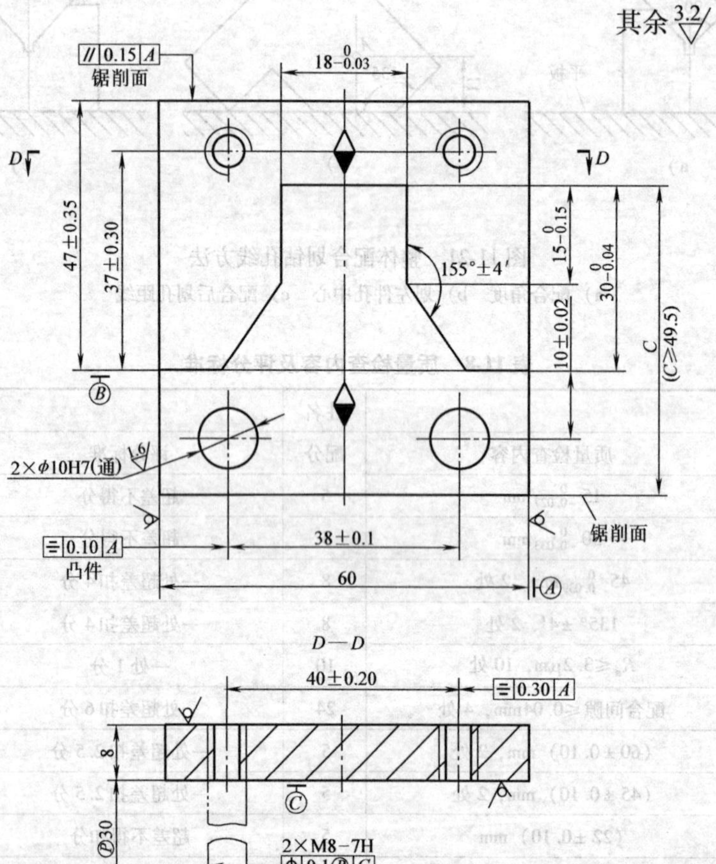

技术要求

1. 凹件按凸件配作，配合互换间隙≤0.04，两侧错位量≤0.05。
2. 锯削面一次完成，不得修锯，不考核此面的表面粗糙度。

图 11-22　山形对块制作

2. 训练准备

工、量具：锤子、样冲、划规、划针、锯弓、锯条、扁锉（粗、细各一）、三角锉、方锉、钻头、手用铰刀、丝锥、铰杠、铜钳口、钢丝刷、毛刷、涂料、划线平板、高度游标卡尺、游标卡尺、刀口形直角尺、刀口形直尺、千分尺、游标万能角度尺、塞尺、155°角度样板（自制）。

表 11-9 训练件规格及要求

训练件名称	材料	材料来源	下道工序	件数	工时/h
山形对块	Q235	备料 100mm×61mm×8mm	—	1	8

3. 训练步骤

1）按图样要求，先加工 *A*、*B*、*C* 基准面达到各项精度要求。

2）自制 155°角度样板，如图 11-23 所示。

3）按图样形体划凸凹件加工线和中间锯削线。锯削时必须保证 47±0.35mm 尺寸精度，见图 11-24，并一次锯成，不允许修整锯面。

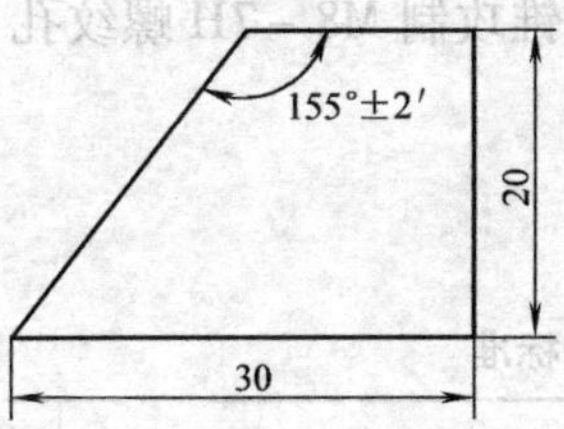

图 11-23 自制 155°角度样板

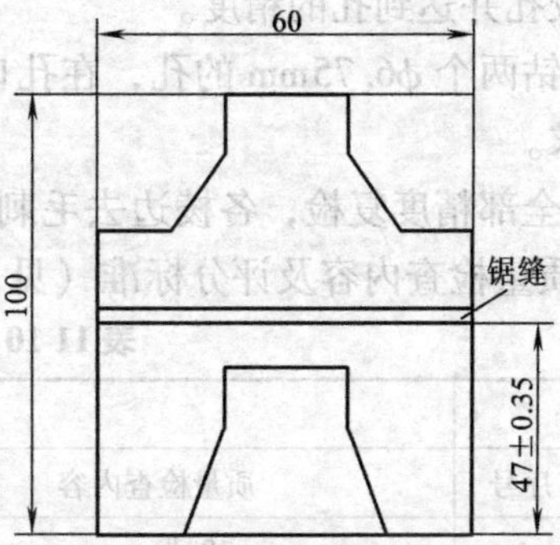

图 11-24 锯削分割凸凹件

4）加工凸形体

① 按所划加工线锯削山形体一侧余料，并完成高度尺寸 $30_{-0.04}^{\ 0}$mm 的加工。并根据 60mm 处的实际尺寸，通过控制 39mm 的尺寸误差值，便能保证其错位度在 0.05mm 内，如图 11-25 所示。

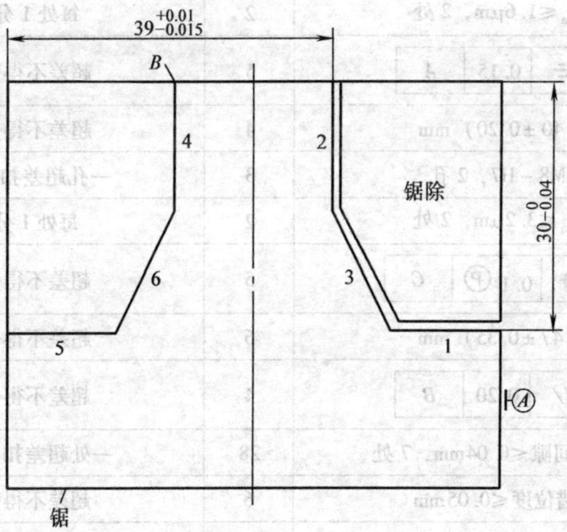

图 11-25 锯、锉凸件一角

② 以面 2 为基准加工面 3 的 155°角度边，控制面 2 的尺寸 $15_{-0.15}^{\ 0}$mm，并达到精度要求。

③ 用同样方法加工另一侧加工面，保证尺寸精度 $18_{-0.03}^{\ 0}$mm，及 155°±4′、$15_{-0.15}^{\ 0}$mm

的各项精度要求和表面粗糙度值的要求。

5）加工凹形体

① 按所划加工线锯、钻凹形体的余料，各面应留有0.8～1.2mm锉削加工余量。

② 修锉凹形体内槽尺寸$18^{+0.03}_{0}$mm。与凸形体镶配，并修锉155°内角，达到角度配合和整体配合的配合间隙≤0.05mm。

③ 在锉配中采用透光法和涂色法相结合的方法检查接触部位，逐步修锉达到配合要求。最后作转位互换的修整，达到配合间隙要求。

6）按图样划钻孔线。钻两个ϕ9.8mm的孔，并达到中心距要求，再用ϕ10H7的手用铰刀进行铰孔并达到孔的精度。

7）钻两个ϕ6.75mm的孔，在孔口倒角，并用M8丝锥攻制M8－7H螺纹孔，并达到垂直度要求。

8）全部精度复检，各棱边去毛刺。

4. 质量检查内容及评分标准（见表11-10）

表11-10 质量检查内容及评分标准

学号			姓名		总得分	
项目	序号	质量检查内容	配分	评分标准	扣分	得分
锉削	1	$18^{0}_{-0.03}$mm	4	超差不得分		
	2	$30^{0}_{-0.04}$mm，2处	4	一处超差扣2分		
	3	155°±4′，2处	6	一处超差扣3分		
	4	R_a≤3.2μm，14处	14	一处1分		
钻、铰孔	5	(38±0.1) mm	4	超差不得分		
	6	ϕ10H7，2孔	3	超差不得分		
	7	R_a≤1.6μm，2处	2	每处1分		
	8	⌯ | 0.15 | A	5	超差不得分		
	9	(40±0.20) mm	4	超差不得分		
	10	M8－H7，2孔	3	一孔超差扣1.5		
	11	R_a≤3.2μm，2处	2	每处1分		
	12	⌖ | 0.1 Ⓟ | C	5	超差不得分		
配检	13	(47±0.35) mm	6	超差不得分		
	14	// | 0.20 | B	4	超差不得分		
	15	配合间隙≤0.04mm，7处	28	一处超差扣4分		
	16	错位度≤0.05mm	6	超差不得分		
	17	安全文明生产		违反一项总分扣5分		
	18	训练件局部无缺陷		有缺陷的酌情扣1～5分		

二、注意事项

1）锯削面一次锯削完成，不得修锯。所以应保证锯削完毕后，能达到尺寸精度和平面度要求。

2）加工凸形面时，应先锯、锉一侧角，待一侧加工面达到尺寸精度和错位度要求后，才能加工另一侧面角。

3）测量155°角时必需以侧直面为基准。为了准确控制直面交线点 $15_{-0.15}^{0}$ mm 的尺寸，可以采用间接测量法，通过换算和计算控制直面与斜交点线（用 ϕ8mm 的圆柱量棒）。

4）注意掌握角度交角的清角方法。

5）钻孔完毕后，必须对孔口进行倒角。

6）攻螺纹时，要掌握丝锥两个方向垂直度的校正方法，保证攻螺纹的质量。

7）本训练工件是中级工技能的训练件，总体考核钳工各项技能技巧的熟练和掌握程度。

本课题小结

1. 通过锉配各种工具和各种形体，进一步提高钳工各项基本功的技能，达到中级工水平。

2. 能根据图样要求，独立编写加工工艺和加工步骤。

技能训练思考题

1. 在锉配制作过程中，怎样保证试配后达到合格的对称度要求或错位度？

2. 试编写如图11-26所示的150mm钢丝钳的加工工艺。

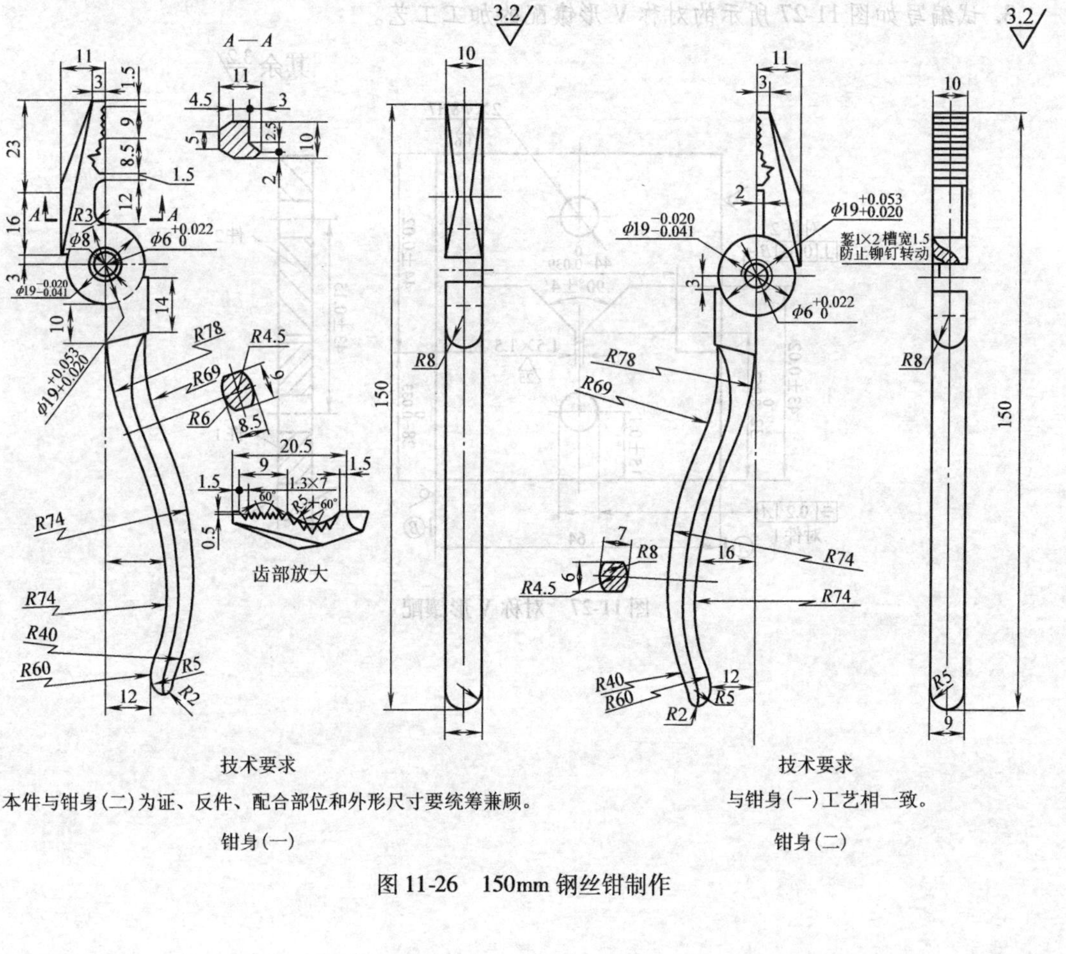

图11-26　150mm钢丝钳制作

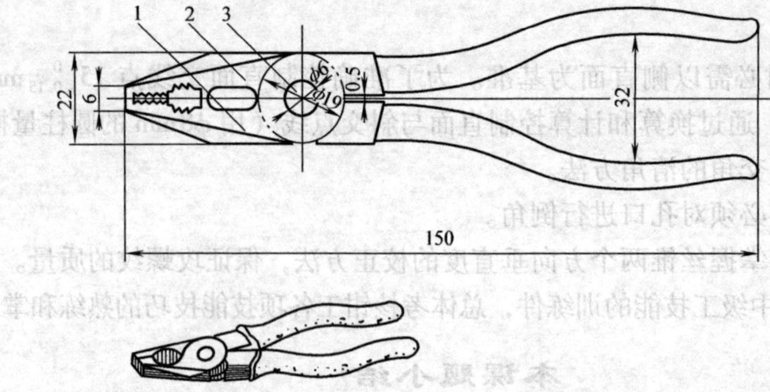

技术要求

1. ϕ19处配合为$\frac{F8}{f7}$；ϕ6处配合为$\frac{H8}{f7}$。
2. 热处理：工作部位52~58HRC，钳身32~40HRC。
3. 装配后钳口方正平齐；闭合时钳嘴及剪口能密闭；钳口能全开且松紧适中。
4. 铆接后钉头应圆正，且与孔面平滑无伤痕。

3	铆钉	1	Q235	$\phi6\times12$
2	钳身(二)	1	T10	
1	钳身(一)	1	T10	
序号	名称	数量	材料	备注
训练内容	制作钢丝钳			
材　料	T10	工　时	20h	

图 11-26　（续）

3. 试编写如图 11-27 所示的对称 V 形镶配的加工工艺。

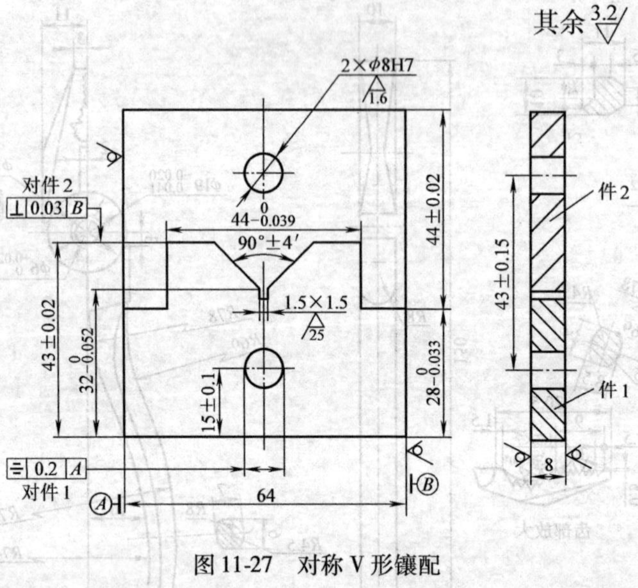

图 11-27　对称 V 形镶配

课题十二　刮　　削

技能训练目标：

1. 了解刮削的特点、应用，以及刮刀的材料、种类、尺寸及几何角度。

2. 掌握刮刀的热处理及粗、细、精刮刀的刃磨方法。

3. 掌握手刮和挺刮的方法，并做到刮削姿势正确，刀迹准确，刮点合理。

4. 了解显示剂的种类和应用，并会合理选择。

5. 掌握原始平板的刮削方法。

6. 掌握粗、细、精刮削的方法和要领，并能达到规定的精度要求。

7. 掌握用千分尺、百分表和标准圆柱测量刮削件的尺寸、平行度误差和垂直度误差的方法。

8. 掌握刮削质量的检验方法。

9. 熟悉刮削操作的安全文明生产知识。

技能训练重点、难点：

重点：粗、细、精刮的方法和要领，并达到平行度误差、垂直度误差及尺寸精度的要求。

难点：原始平板的刮削方法。

分课题一　刮刀刃磨与热处理

一、相关工艺知识

用刮刀在工件表面上刮去一层很薄金属，以提高工件加工精度的操作叫刮削。

1. 刮削的特点

1）刮削时，刮刀的负前角对工件表面进行切削，能起到推挤压光作用，能减小工件表面粗糙度值，使表面组织紧密。

2）刮削一般是利用标准件或互配件对工件进行涂色显点来确定其加工部位的，能保证工件有较高的形位精度和精密配合。

2. 刮削的应用

刮削一般用于：

1）零件的形位精度和尺寸精度要求较高时。

2）互配件配合精度要求较高时。

3）装配精度要求较高时。

4）零件需要得到美观的表面时。

3. 刮刀种类

刮刀头一般由碳素工具钢 T10A、T12A 或耐磨性较好的 GCr15 滚动轴承钢锻造，并经磨制和热处理淬硬而成。

刮刀分平面刮刀和曲面刮刀两大类。

（1）平面刮刀　平面刮刀主要用来刮削平面和外曲面，它又分为普通刮刀和活头刮刀两种。

普通刮刀如图 12-1a 所示，按所刮削表面的精度要求不同，可分为粗刮刀、细刮刀和精刮刀三种，刮刀的尺寸见表 12-1。

表 12-1　平面刮刀的规格　（单位：mm）

种类	全长 L	宽度 B	厚度 e	活动头长度 l
粗刮刀	450 ~ 600	25 ~ 30	3 ~ 4	100
细刮刀	400 ~ 500	15 ~ 20	2 ~ 3	80
精刮刀	400 ~ 500	10 ~ 12	1.5 ~ 2	70

活头刮刀如图 12-1b 所示，刮刀刀头采用碳素工具钢或轴承钢制成，刀身则由中碳钢制成，通过焊接或机械装夹将刀头固定于刀身上。

（2）曲面刮刀　曲面刮刀主要用来刮削内曲面，如滑动轴承的内孔等。曲面刮刀主要有三角刮刀和蛇头刮刀两种。

1）三角刮刀可由三角锉改制或用工具钢锻制，有三个长弧形切削刃和三条长的凹槽，如图 12-2a 所示。

2）蛇头刮刀由工具钢锻制成型。它利用两圆弧面刮削内曲面，其特点是有四个刃口。为了使平面易于磨平，在刮刀头部两个平面上各磨出一条凹槽，如图 12-2b 所示。

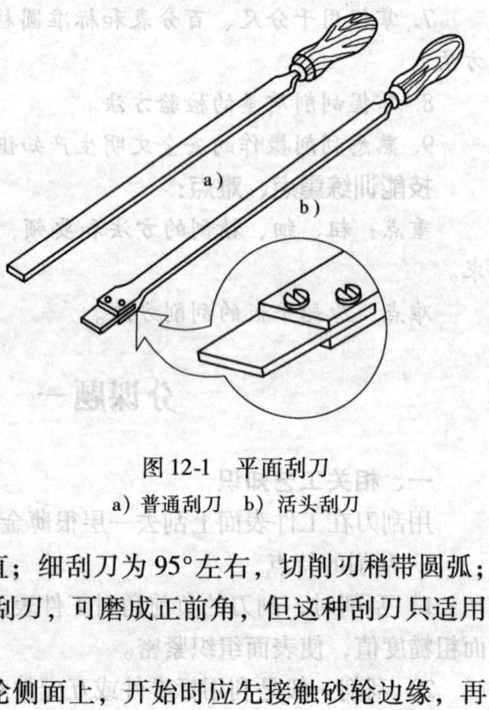

图 12-1　平面刮刀
a）普通刮刀　b）活头刮刀

4. 平面刮刀的刃磨和热处理

（1）平面刮刀的几何角度　刮刀的角度按粗刮、细刮、精刮的要求而定。三种刮刀的楔角 β 如图 12-3 所示：粗刮刀为 90° ~ 92.5°，切削刃平直；细刮刀为 95°左右，切削刃稍带圆弧；精刮刀为 97.5°左右，刀刃带圆弧。刮韧性材料的刮刀，可磨成正前角，但这种刮刀只适用粗刮。刮刀平面应平整光洁，刃口无缺陷。

（2）粗磨　粗磨时分别将刮刀两平面贴在砂轮侧面上，开始时应先接触砂轮边缘，再慢慢平放在侧面上，不断地前后移动进行刃磨，见图 12-4a，使两面都达到平整，在刮刀全宽上用肉眼看不出有显著的厚薄差别。然后粗磨顶端面，把刮刀的顶端放在砂轮轮缘上平稳地、左右移动刃磨，见图 12-4b，要求端面与刀身中心线垂直，磨时应先以一定倾斜度与砂轮接触，见图 12-4c，再逐步按图示箭头方向转动至水平。如直接按水平位置靠上砂轮，刮刀会颤抖不易磨削，甚至会出事故。

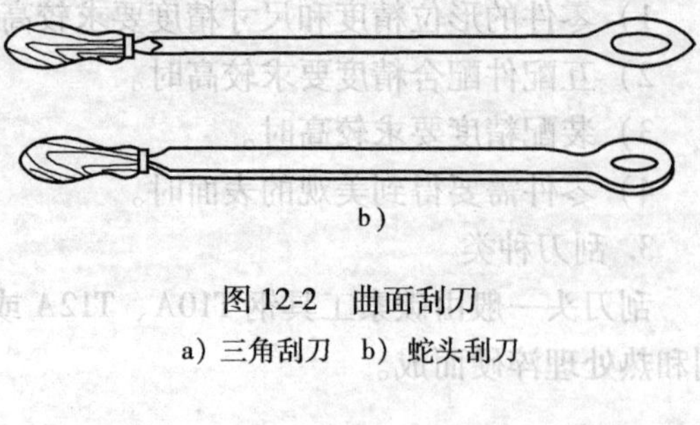

图 12-2　曲面刮刀
a）三角刮刀　b）蛇头刮刀

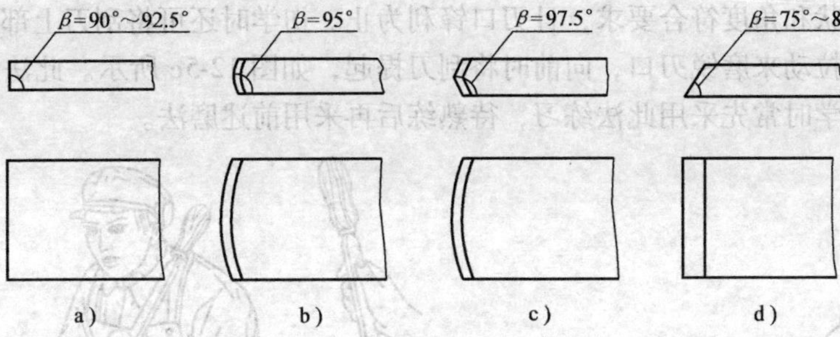

图 12-3 刮刀切削部分几何形状和角度
a）粗刮刀 b）细刮刀 c）精刮刀 d）韧性材料刮刀

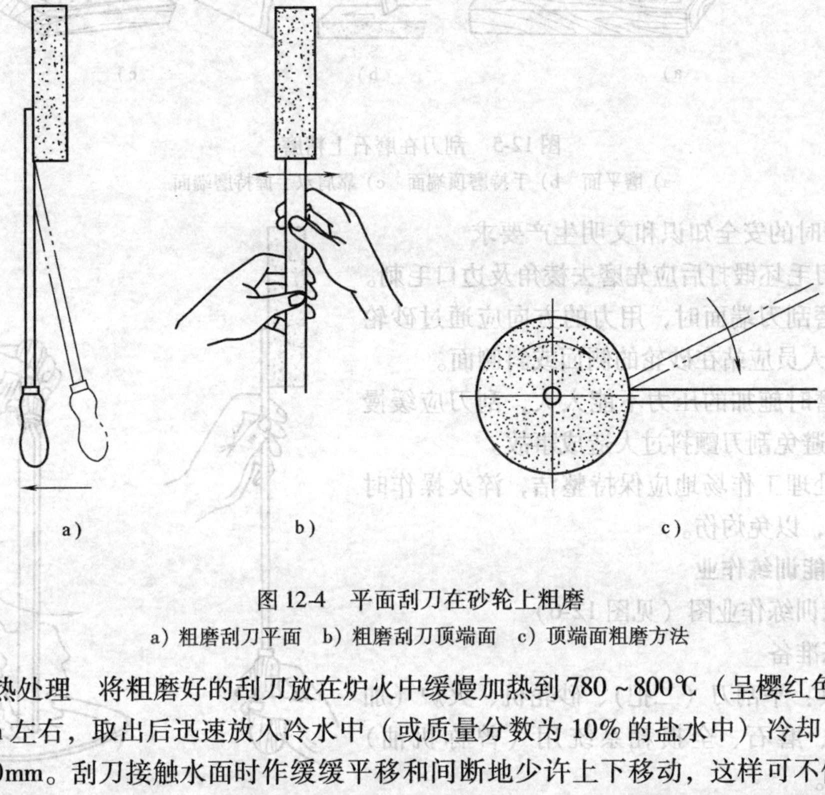

图 12-4 平面刮刀在砂轮上粗磨
a）粗磨刮刀平面 b）粗磨刮刀顶端面 c）顶端面粗磨方法

（3）热处理 将粗磨好的刮刀放在炉火中缓慢加热到 780～800℃（呈樱红色），加热长度为 25mm 左右，取出后迅速放入冷水中（或质量分数为 10% 的盐水中）冷却，浸入深度约为 8～10mm。刮刀接触水面时作缓缓平移和间断地少许上下移动，这样可不使淬硬部分留下明显界限。当刮刀露出水面部分呈黑色，且将刮刀由水中取出观察其刃部颜色为白色时，应迅速把整个刮刀浸入水中冷却，直到刮刀全冷后取出即完成热处理。热处理后刮刀切削部分硬度应在 60HRC 以上，用于粗刮。对于精刮刀及刮花刮刀，淬火时可用油冷却，这样刀头不会产生裂纹，且金属的组织较细，容易刃磨，切削部分硬度接近 60HRC。

（4）细磨 热处理后的刮刀在细砂轮上细磨，基本达到刮刀形状和几何角度要求。刮刀刃磨时必须常蘸水冷却，避免刃口部分退火。

（5）精磨 刮刀精磨在磨石上进行。操作时在磨石上加适量全损耗系统用（曾称机油）油，先磨两平面，见图 12-5a，直至平面平整，表面粗糙度 $R_a \leqslant 0.2\mu m$。然后精磨端面，见图 12-5b，刃磨时左手扶住手柄，右手紧握刀身，使刮刀直立在磨石上，略带前倾（前倾角根据刮刀 β 角的不同而定）地向前推移，拉回时刀身略微提起，以免磨损刃口，如此反复，直到切削部分形状和角度符合要求，且刃口锋利为止。初学时还可将刮刀上部靠在肩上，两手握刀身，向后拉动来磨锐刃口，向前时将刮刀提起，如图 12-5c 所示。此法速度较慢，但容易掌握。在初学时常先采用此法练习，待熟练后再采用前述磨法。

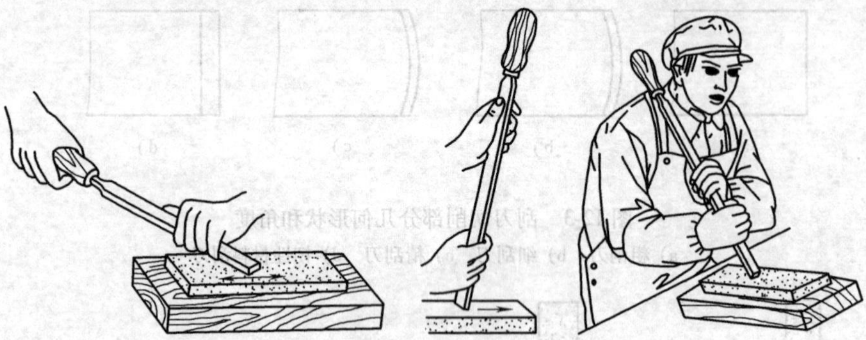

a）　　b）　　c）

图 12-5　刮刀在磨石上精磨

a）磨平面　b）手持磨顶端面　c）靠肩双手握持磨端面

5. 刃磨时的安全知识和文明生产要求

1）刮刀毛坯锻打后应先磨去棱角及边口毛刺。

2）刃磨刮刀端面时，用力的方向应通过砂轮轴线，操作人员应站在砂轮的侧面或斜侧面。

3）刃磨时施加的压力不能太大，刮刀应缓慢接近砂轮，避免刮刀颤抖过大造成事故。

4）热处理工作场地应保持整洁，淬火操作时应小心谨慎，以免灼伤。

二、技能训练作业

1. 技能训练作业图（见图 12-6）

2. 训练准备

1）工具：平刮刀（二把）、砂轮机、火炉（加热）、冷水、磨石、全损耗系统用（曾称机油）油、刮削件。

2）训练件规格及要求见表 12-2。

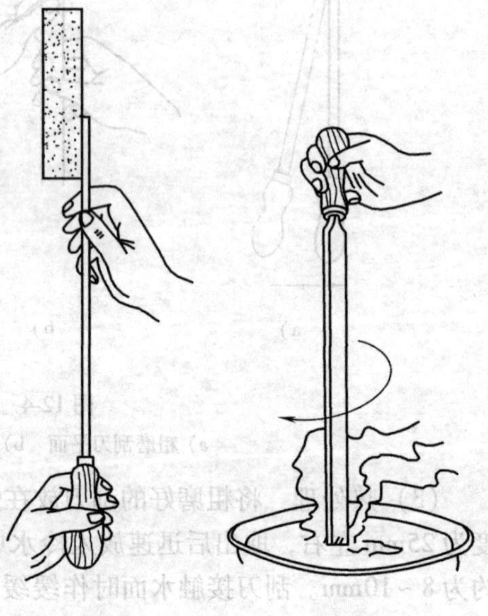

a）　　b）

图 12-6　平面刮刀刃磨和热处理

3. 训练步骤

1）将锻打后的刮刀在砂轮上磨去锐棱与锋口。

2）在砂轮上粗磨刮刀侧平面和顶端面。

3）热处理淬火。

4）在砂轮上细磨刮刀的侧平面和顶端面。

表 12-2　训练件规格及要求

训练件名称	材料	材料来源	下道工序	件数	工时/h
平面刮刀	T12A	备料→锻件	—	2	2

5）在磨石上精磨刮刀的侧平面和顶端面。

6）试刮工件，如刮出的工件表面有丝纹，表面粗糙度值 R_a 较大，应重新修磨。

三、注意事项

1）粗磨平面时，必须使刮刀平面稳固地贴在砂轮的侧面上，每次磨削应均匀一致。否则，磨出的平面会不平，以至多次刃磨使刮刀磨薄。

2）淬火温度是通过刮刀加热时颜色来控制的，因此要掌握加热时刮刀的颜色特征。加热温度太低，刮刀不能淬硬；加热温度太高，会使金属内部组织的晶粒变得粗大，刮削时容易出现丝纹。

3）刃磨刮刀平面与端面的磨石，应分开使用，刃磨时不可将磨石磨出凹槽，其表面不应有砂粒、切屑和杂质。

分课题二　手刮、挺刮与原始平板的刮削

一、相关工艺知识

1. 手刮法

手刮的姿势如图 12-7 所示，右手姿势如握锉刀柄，左手四指向下握住近刮刀头部约 50mm 处，刮刀与被刮削表面成 20°～30°角度。同时，左脚前跨一步，上身随着往前倾斜，这样可以增加左手压力，也易看清刮刀前面点的情况。刮削时，右手随着上身前倾，将刮刀向前推进，左手下压，落刀要轻，当推进到所需要位置时，左手迅速提起，完成一次手刮动作。练习时，应以直刮为主。手刮法动作灵活，适应性强，适用于各种工作位置，对刮刀的长度也不太严格，姿势可合理掌握，但手较易疲劳，故不适用于加工余量较大的场合。

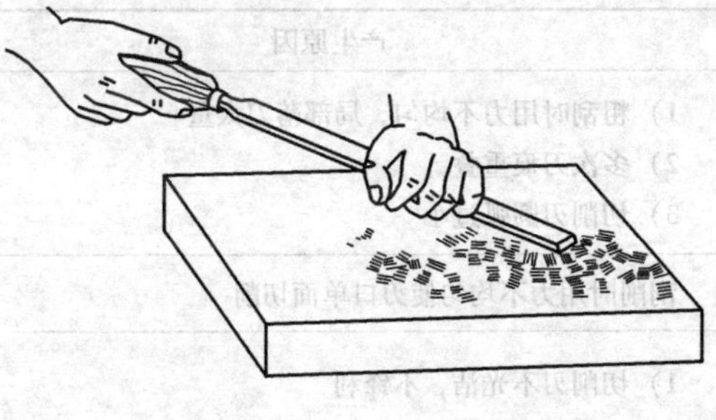

图 12-7　手刮法

图 12-8　挺刮法

2. 挺刮法

挺刮的姿势如图 12-8 所示，将刮刀柄放在小腹右下侧，双手并拢握在刮刀前部切削刃约 80mm 左右处（左手在前，右手在后）。刮削时，刮刀对准研点，左手下压，腿部和臂部用力，使刮刀向前推挤，在推动到位的瞬间，同时用双手将刮刀提起，完成一次刮削。

挺刮时每刀切削量较大，适合大余量的刮削，工作效率较高，但腰部易疲劳。

3. 显示剂的应用

常用的显示剂有：红丹粉（褐红色铁丹和橘红色铅丹），用全损耗系统用油调和，用于铸铁和钢件；蓝油，由普鲁士蓝粉和蓖麻油加适量全损耗系统用油调和而成，用于铜和巴氏合金等软金属。粗刮时，显示剂可调得稀些，涂层可略厚些，以增加显点面积；精刮时，显示剂应调得稠些，涂层薄而均匀，从而保证显点小而清晰。刮削临近符合要求时，显示剂涂层更薄，把工件上在刮削后的剩余显示剂涂抹均匀即可。显示剂在使用过程中应注意清洁，避免因混入砂粒、切屑和其他污物而划伤工件表面。

4. 显示研点方法

用标准平板作涂色显点时，平板应放置稳定。工件表面涂色后放在平板上，均匀地施加适当压力，并作直线或回转研点运动，粗刮研点时移动距离可略长些，精刮研点时移动距离应小于30mm，以保证准确显点。当工件长度与平板长度相差不多时，研点时其错开距离不能超过工件本身长度的1/4。

5. 刮削表面的要求

刮削表面应无明显丝纹、振痕及落刀痕迹。刮削刀迹应交叉，粗刮时刀迹宽度应为刮刀宽度的$\frac{2}{3}\sim\frac{3}{4}$，长度为15～30mm，每25mm×25mm面积上均匀达到4～6个研点。细刮时刀迹宽度约5mm，长度约6mm，每25mm×25mm面积上均匀达到8～12个研点。精刮时刀迹宽度和长度均小于5mm，每25mm×25mm面积上20个研点以上。

6. 刮削点数计数方法

刮削面积较小时，用单位面积（即25mm×25mm）上有多少研点来计数，计数时多点连成一体者，则作一点计，并取各单位面积中最少点数计数。当刮削面积较大时，应采取平均计数，即在计算面积（规定为100cm^2）内作平均计算。

7. 刮削面缺陷的分析（见表12-3）

表12-3　刮削面的缺陷形式及其产生原因

缺陷形式	特　征	产生原因
深凹痕	刀迹太深 局部显点稀少	1）粗刮时用力不均匀，局部落刀太重 2）多次刀痕重叠 3）切削刃圆弧过小
梗痕	刀迹单面产生刻痕	刮削时用力不均匀使刃口单面切削
撕痕	刮削面上呈粗糙刮痕	1）切削刃不光洁，不锋利 2）切削刃有缺口或裂纹
落刀或起刀痕	刃迹的起始或终了处产生深的刀痕	落刀时，左手压力和速度较大及起刀不及时
振痕	刮削面上呈现有规则的波纹	多次同向切削，刀迹没有交叉
划道	刮削面上划有深浅不一的直线	显示剂不清洁，或研点时混有砂粒和切屑等杂物
切削面 精度不高	显点变化情况无规律	1）研点时压力不均匀，工件外露太多，而出现假点子 2）研具不正确 3）研点时放置不平稳

8. 原始平板刮削法

1）刮削原始平板采用的方法一般为渐近法，即不用标准平板，而以三块（或三块以上）平板，依次循环互研互刮，来达到平板平面度要求。

2）刮削的步骤按图 12-9 所示的序号顺序进行。

3）研点方法是先直研（纵向、横向）以消除纵横起伏误差，通过几次循环刮削，达到各平板显点一致，然后必须采用对角刮研以消除平面的扭曲误差，见图 12-10，直到直研和对角研时三块平板显点一致为止。

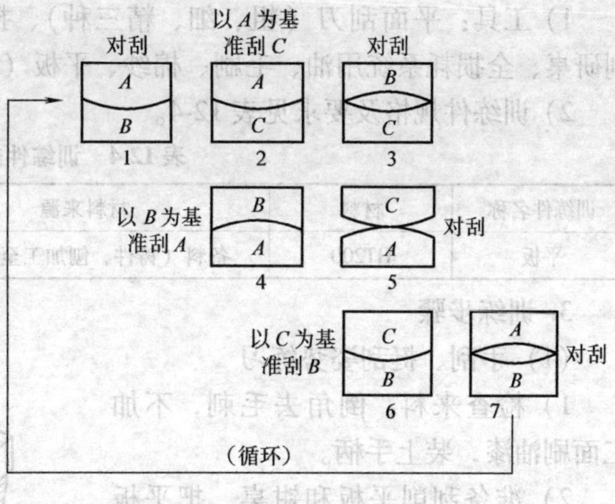

图 12-9　原始平板刮削步骤

4）一般平板通常按接触精度分级，以每 25mm × 25mm 内 25 个研点以上为 0 级平板，25 个研点为 1 级平板，20 个研点以上为 2 级平板，16 个研点以上为 3 级平板。

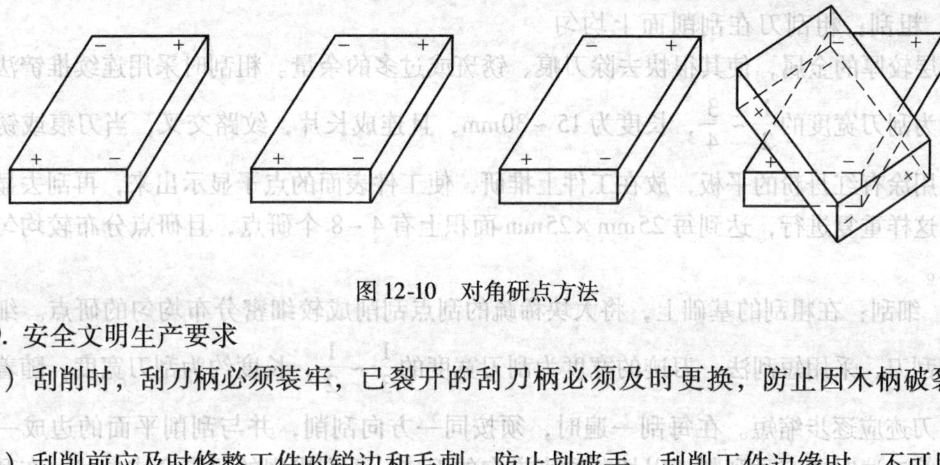

图 12-10　对角研点方法

9. 安全文明生产要求

1）刮削时，刮刀柄必须装牢，已裂开的刮刀柄必须及时更换，防止因木柄破裂而伤人。

2）刮削前应及时修整工件的锐边和毛刺，防止划破手。刮削工件边缘时，不可用力过猛，以免失控，发生事故。

3）显点刮研时，工件不能超出标准平板太多，以免掉下而损坏工件或伤人。

4）在砂轮上刃磨刮刀时，施加压力不能太大，刮刀应缓慢接近砂轮，避免刮刀颤抖过大造成事故。

5）挺刮时，因高度不够，人需站在垫脚板上工作时，必须将垫脚板放平稳后，才可以站上去操作，以免因垫板不稳，用力时跌倒出事故。

6）刮刀用后，要安放好，工作场地内禁止嬉戏。标准平板直尺放平稳可靠，防止平板、直尺变形。

二、技能训练作业

1. 技能训练作业图（见图 12-11）

2. 训练准备

1）工具：平面刮刀（粗、细、精三种）、挺刮刀、手刮刀、显示剂、磨石、砂轮机、刮研桌、全损耗系统用油、毛刷、棉纱、平板（三块为一组）。

2）训练件规格及要求见表 12-4。

表 12-4 训练件规格及要求

训练件名称	材料	材料来源	件数	工时/h
平板	HT200	备料（铸件，刨加工至尺寸）	3	12

3. 训练步骤

（1）手刮、挺刮姿势练习

1）检查来料，倒角去毛刺，不加工面刷油漆，装上手柄。

2）准备刮削平板和钳桌，把平板平稳地放在钳桌上。练习刮削站立姿势和手刮，掌握挺刮的刮削要领，逐步达到刮削姿势正确，落刀和起刀正确，防止梗刀。

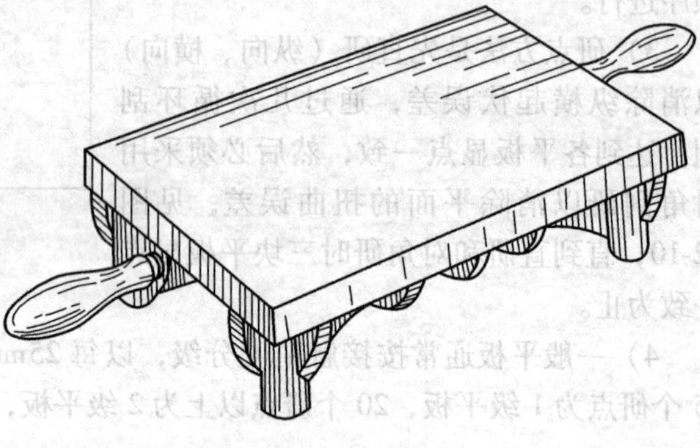

图 12-11 平面

（2）刮削训练

1）粗刮：粗刮刀在刮削面上均匀铲去一层较厚的金属，使其很快去除刀痕、锈斑或过多的余量。粗刮时采用连续推铲法，刀迹宽度为刮刀宽度的$\frac{1}{2}\sim\frac{3}{4}$，长度为 15 ~ 30mm，且连成长片，纹路交叉，当刀痕或锈斑消除后，用涂有红丹粉的平板，放在工件上推研，使工件表面的点子显示出来，再刮去显示的点子，这样重复进行，达到每 25mm × 25mm 面积上有 4 ~ 8 个研点，且研点分布较均匀，刀迹交叉。

2）细刮：在粗刮的基础上，将大块稀疏的刮点刮削成较细密分布均匀的研点。细刮时要用细刮刀，采用短刮法，刀迹的宽度为刮刀宽度的$\frac{1}{3}\sim\frac{1}{2}$，长度约为刮刀宽度，随着研点增多，刀迹应逐步缩短。在每刮一遍时，须按同一方向刮削，并与刮削平面的边成一定角度。刮第二遍时要交叉刮削，以切断原来方向的刀迹，否则出现的研点会成条状。在刮削过程中落刀要轻，推出要稳，防止因刮刀倾斜而划出深痕。随着研点的增多，应将显示剂涂在工件表面上，且应涂得薄而均匀，使研点显示清晰，避免产生误刮。对显示出有些发亮的研点（硬点）应刮得重些；对暗淡的研点（软点）应刮得轻些，直至显示出来的研点软硬均匀。细刮要求研点数达每 25mm × 25mm 面积上有 8 ~ 12 个。

3）精刮：在细刮的基础上增加研点和提高工件的表面质量。精刮时用精刮刀采用点刮法，刀迹的宽度和长度均小于 5mm。精刮时，落刀更要轻，提刀要快，在每个研点上只刮一刀，不可重复，并始终交叉进行刮削。当研点数接近精刮要求时，可不涂显示剂。交叉的刀迹大小要一致，排列要整洁均匀。精刮要求研点数达到每 25mm × 25mm 面积上有 20 个以上，如图 12-12 所示。

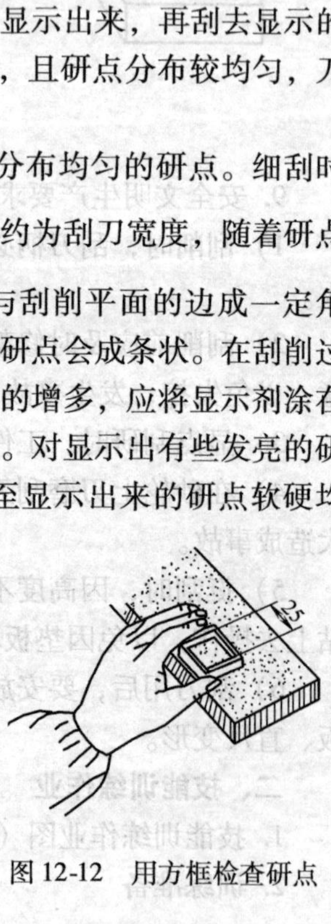

图 12-12 用方框检查研点

（3）原始平板刮削方法的训练

1）将三块平板先单独分别进行粗刮，去除机械加工刀痕和锈斑。然后将平板分别编为*A*、*B*、*C*，按编号次序进行刮削，其刮削步骤如图 12-9 所示。

2）一次循环：先将平板*A*、*B*合研对刮，使*A*、*B*平板贴合，再以*A*为基准刮削*C*，使之相互贴合，然后合研对刮*B*与*C*平板，使*B*和*C*全部贴合，此时*B*和*C*的平面度误差已有改善。

3）二次循环：以平板*B*为基准研刮平板*A*，再将平板*C*与*A*合研对刮，改善*C*和*A*平板的平面度误差。

4）三次循环：以平板*C*为基准研刮平板*B*，再将*A*与*B*平板合研对刮，改善*A*和*B*平板的平面度误差。

以后依次分别以平板*A*、*B*、*C*，按上述三个顺序循环地进行刮削，循环次数愈多，则平板愈精密，直到三块平板中任取两块对研，基本无明显凸凹，显点一致，每块平板的研点都在 25mm×25mm 接触面上达到 12 个以上的研点。

5）注意：在正研刮削后，往往会在平板对角部位产生平面扭曲现象，而且三块平板高低位置相同，即同向扭曲，这种现象的产生是由于在正研时一块平板高处（+）正和另一块平板的低处（-）重合造成的。所以平板在正研刮削后，还必须进行对角研刮，直到三块平板相互之间，无论是直研、对角研、调头研，研点情况相同，研点数符合要求为止。

三、注意事项

1）刮削姿势是本课题的重点，应严格训练。

2）要重视刮刀的修磨，正确刃磨各种刮刀的切削角度，是提高刮削速度和保证精度的基本条件。

3）涂色显点时，平板必须放置稳定，施力要均匀，以保证研点显示真实。涂色时，表面必须保持清洁，防止平板表面划伤拉毛。

4）粗刮是为了获得工件初步形位精度，一般都是要刮去较多的金属，所以刮削要有力，每刀刮削量要大，而细刮和精刮主要是为了提高刮削表面的光整和研点数，所以必须挑点准确，刀迹细小光整。因此，不要在平板还没有达到粗刮要求的情况下，过早地进入细刮工序，这样既影响刮削速度，也不易将平板刮好，这一点必须注意。

5）细刮时每个研点尽量只刮一刀，逐步提高刮点的准确性。

6）在原始平板研刮中，每三块轮刮后应掉换一次研点方法，并在粗刮到细刮的过程中，逐渐缩短研点移动距离，逐步减小显示剂涂层的厚度，使显点真实、清晰。

7）在刮削中要勤于思考，善于分析，随时掌握工件的实际误差情况，并选择适当的部位进行刮削修整，以最少的加工量和刮削时间来达到技术要求。

分课题三　平行面和垂直面的刮削

一、相关工艺知识

1. 平行面的刮削与测量

（1）百分表　百分表是一种指示式量仪，是用来测量工件尺寸、形状、位置误差的精密量具，其分度值为 0.01mm，是钳工常用的量具，如图 12-13 和图 12-14 所示。

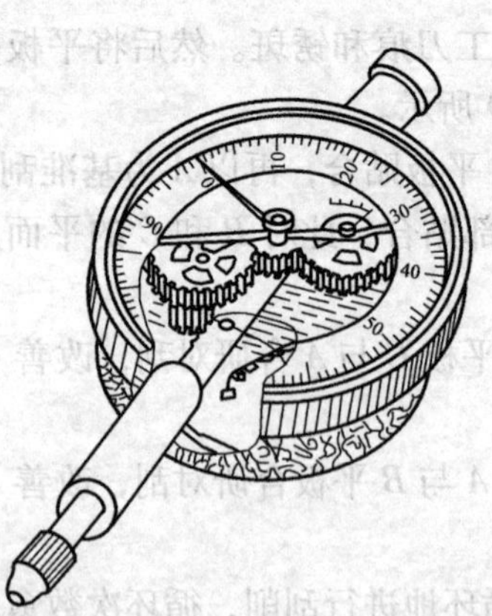

图 12-13　百分表

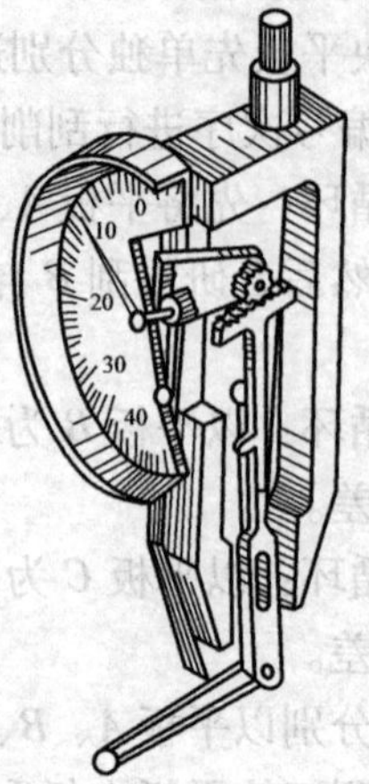

图 12-14　杠杆百分表

（2）百分表的装夹方法　百分表在磁性表架子上的装夹方法有两种：用套圈装夹和用耳环装夹，如图 12-15 所示。百分表应装夹牢固，如套圈式装夹时，必须使测杆灵活活动。

（3）用百分表测量平行度误差的方法　测量时，将工件基准平面放在标准平面上，百分表测杆头在加工表面上，见图 12-16，触及测量表面时，应调整到使其有 0.3mm 左右的初始读数，沿着工件被测表面的四周及两条对角线方向进行测量，测得的最大读数与最小读数之差即为平行度误差。

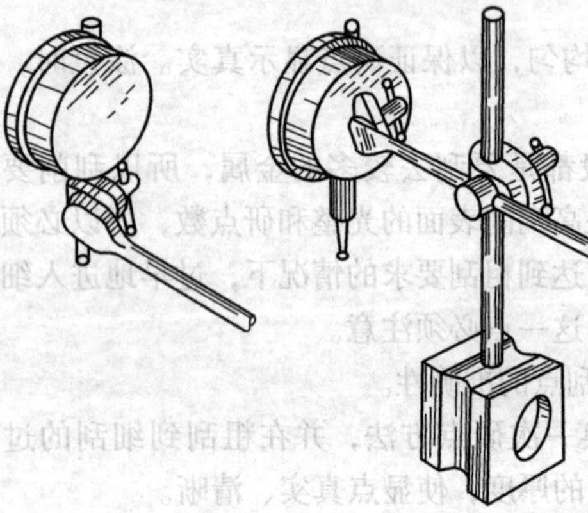

a)　b)

图 12-15　百分表的固定法

图 12-16　百分表测量平行度

（4）保证平行度误差的刮削方法　用标准平板平面作测量基准，应先粗、精刮基准面，达到表面粗糙度值及研点数要求，再刮对面平行面。粗刮平行面时，应先用百分表测量该面对基准面的平行度误差，以确定刮削部位及其刮削量，并结合涂色显点刮削，以保证该面的平面度，在初步保证平面度和平行度的条件下，可进入细刮工序。此时主要根据涂色显点来确定刮削部位，同时用百分表进行平行度误差的测量，作必要的刮削修整，达到要求后可过渡到精刮工序。此时主要按研点进行挑点精刮，以达到表面粗糙度值和研点要求，同时也要间断地进行平行度误差的测量。

2. 垂直面的刮削和测量

其刮削方法与平行面刮削相似，即粗刮时主要靠垂直度测量来确定其刮削部位，并结合涂色显点刮削来保证平面度误差的要求。精刮时，主要按研点进行挑点刮削，并进行控制垂直度误差的测量。垂直度误差的测量方法如图12-17所示。四个垂直侧面的刮削顺序与锉削四方体相同。

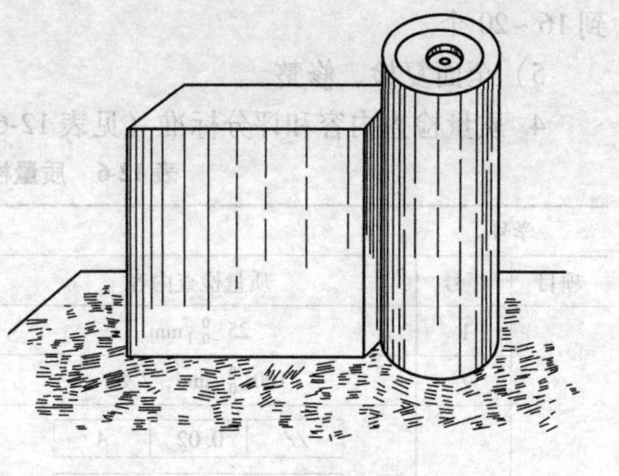

图 12-17 垂直度误差的测量方法

二、技能训练作业

1. 技能训练作业图（见图 12-18）

2. 技能训练准备

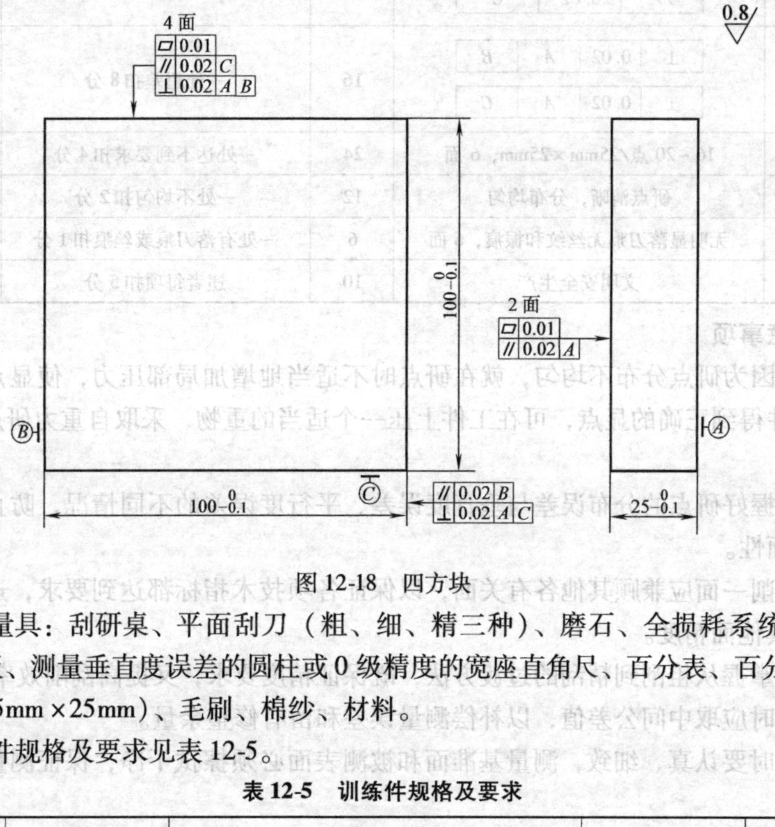

图 12-18 四方块

1）工、量具：刮研桌、平面刮刀（粗、细、精三种）、磨石、全损耗系统用油、显示剂、标准平板、测量垂直度误差的圆柱或0级精度的宽座直角尺、百分表、百分表架、千分尺、方框（25mm×25mm）、毛刷、棉纱、材料。

2）训练件规格及要求见表 12-5。

表 12-5 训练件规格及要求

训练件名称	材料	材料来源	件数	工时/h
四方块	HT200	备料 100mm×100mm×25mm，刨加工	1	6

3. 训练步骤

1）检查来料，各棱边倒角 *C*1。

2）测量来料尺寸和各面位置误差，正确控制加工余量，有目的地进行刮削加工。

3）粗、精刮两大平面，使其研点达到 16～20 个/25mm×25mm。各项精度达到图样要求。

4）粗、精刮四个侧面，使各项精度达到图样要求，研点数在25mm×25mm 接触面内达到16～20个。

5）全面复检、修整。

4. 质量检查内容和评分标准（见表12-6）

表12-6　质量检查内容及评分标准

学号			姓名		总得分	
项目	序号	质量检查内容	配分	评分标准	扣分	得分
刮削四方体	1	$25_{-0.1}^{\ 0}$ mm	10	超差不得分		
	2	$100_{-0.1}^{\ 0}$ mm，2处	10	一处超差扣5分		
	3	// 0.02 A // 0.02 B // 0.02 C	12	一处超差扣4分		
	4	⊥ 0.02 A B ⊥ 0.02 A C	16	一处超差扣8分		
	5	16～20点/25mm×25mm，6面	24	一处达不到要求扣4分		
	6	研点清晰，分布均匀	12	一处不均匀扣2分		
	7	无明显落刀痕无丝纹和振痕，6面	6	一处有落刀痕或丝痕扣1分		
	8	文明安全生产	10	违者每项扣5分		

三、注意事项

1）不要因为研点分布不均匀，就在研点时不适当地增加局部压力，使显点不正确。有时为了使工件得到正确的显点，可在工件上压一个适当的重物，采取自重力研点，以保证研点的准确性。

2）要掌握好研点的分布误差与垂直度误差、平行度误差的不同情况，防止刮削修整的盲目性和片面性。

3）每刮削一面应兼顾其他各有关面，以保证各项技术指标都达到要求，避免因修整某一面时影响其他面精度。

4）正确掌握从粗刮到精刮的过渡方法，既保证精度要求，又提高刮削效率。

5）加工时应取中间公差值，以补偿测量误差和留有修整余量。

6）测量时要认真、细致，测量基准面和被测表面必须擦拭干净，保证测量的可靠性和准确性。

分课题四　曲面的刮削

一、相关工艺知识

1. 曲面刮刀的刃磨和热处理

（1）三角刮刀的刃磨和热处理　先将锻好的毛坯在砂轮上进行刃磨，其方法先是右手握刀柄，使它按切削刃形状进行弧形摆动，同时在砂轮宽度上来回移动，基本成形后，将刮刀调转，顺着砂轮外圆柱面进行修整，如图 12-19a 所示。接着将三角刮刀的三个圆弧面用砂轮角开槽（目的是便于精磨）如图 12-19b 所示。槽要磨在两刃中间，磨时刮刀应稍作上下和左右移动，使切削刃边上只留有 2 ~3mm 的棱边。

三角刮刀的淬火长度应为切削刃全长。方法和要求与平面刮刀相同。淬火后必须在磨石上精磨如图 12-19c 所示：右手握柄，左手轻压切削刃，两切削刃同时放在磨石上，精磨时顺着磨石长度方向来回移动，并按弧形作上下摆动，把三个弧面全部磨光洁，切削刃磨锋利。

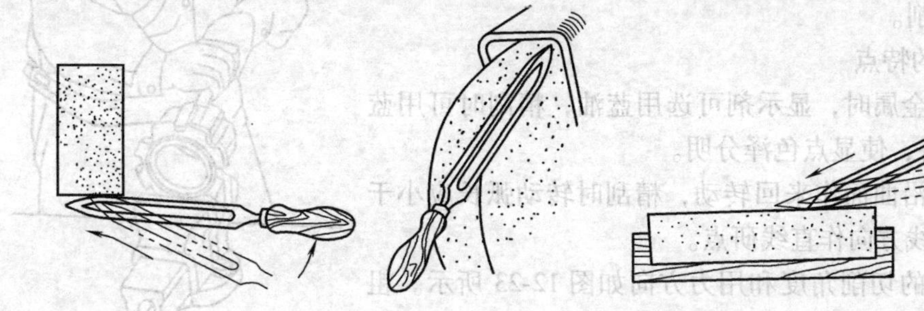

a） b） c）

图 12-19 三角刮刀刃磨

a）磨弧面刀刃 b）在三角刮刀上开槽 c）在磨石上精磨

（2）蛇头刮刀的刃磨和热处理 粗精磨两平面与平面刮刀相同，刀头两圆弧面的刃磨方法与三角刮刀磨法类似，如图 12-20 所示。

淬火方法要求与上述相同，圆弧部分全部淬硬。曲面刮刀若用于刮削非铁金属时可在油中冷却，通常称为油淬。

2. 内曲面刮削姿势

1）第一种姿势如图 12-21a 所示，右手握刀柄，左手掌心向下四指横握刀身，拇指抵着刀身。刮时左、右手同作圆弧运动，且顺曲面使刮刀作后拉或前推运动，刀迹与曲面轴线约成 45°夹角，且交叉进行。

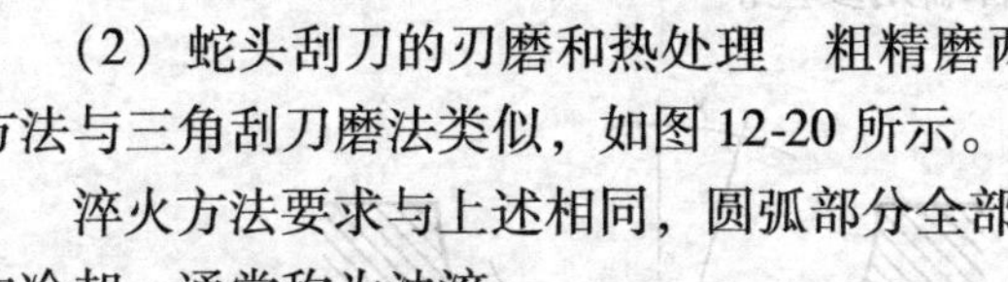

a） b）

图 12-20 蛇头刮刀刃磨

a）两圆弧面的粗磨 b）两圆弧面的精磨

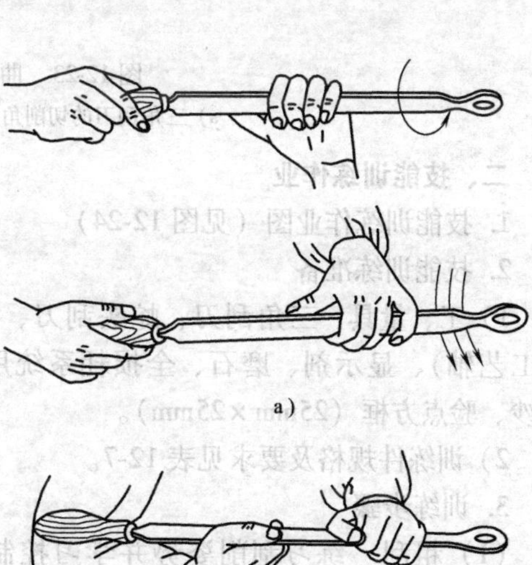

a）

b）

图 12-21 内曲面刮削姿势

2）第二种姿势如图 12-21b 所示，刮刀柄搁在右手臂上，双手握住刀身，刮削时的动作和刮刀运动轨迹与上一种姿势相同。

3. 外曲面的刮削姿势

如图 12-22 所示两手捏住平面刮刀的刀身，用右手掌握方向，左手加压或提起。刮削时刮刀面与轴承端面倾斜角约为 30°，也应交叉刮削。

图 12-22　外曲面的刮削姿势

4. 曲面刮削的特点

1）刮削非铁金属时，显示剂可选用蓝油，精刮时可用蓝色或黑色油墨代替，使显点色泽分明。

2）研点时应沿曲面作来回转动，精刮时转动弧长应小于 25mm，切忌沿轴线方向作直线研点。

3）曲面刮削的切削角度和用力方向如图 12-23 所示。粗刮时前角大些，精刮时前角小些，蛇头刮刀的刮削与平面刮刀刮削一样，利用负前角进行切削。

4）内孔刮削精度的检查，也是以 25mm×25mm 面积内研点数而定。一般要求是中间点可以少些，而前后端则多些。

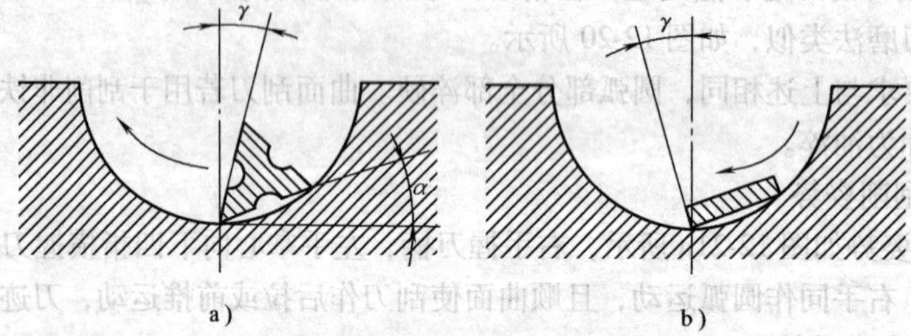

a）　　b）

图 12-23　曲面刮削的切削角度

a）三角刮刀的切削角度　b）蛇头刮刀的切削角度

二、技能训练作业

1. 技能训练作业图（见图 12-24）

2. 技能训练准备

1）工、量具：三角刮刀、蛇头刮刀、校准轴（标准工艺轴）、显示剂、磨石、全损耗系统用油、毛刷、棉纱、验点方框（25mm×25mm）。

2）训练件规格及要求见表 12-7。

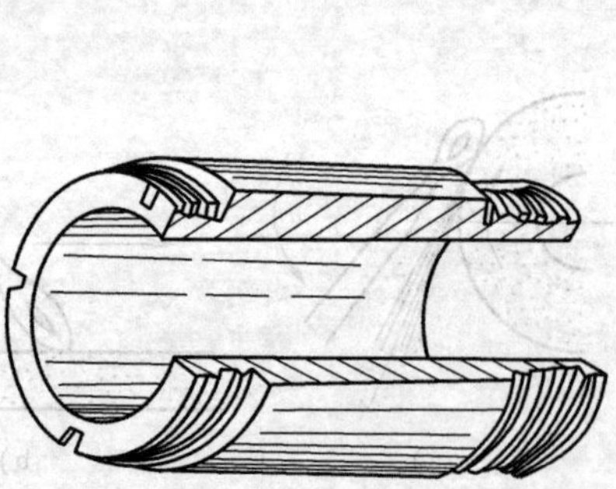

图 12-24　铜轴承

3. 训练步骤

（1）粗刮　练习刮削姿势并学习控制刮削力量。根据配合轴颈研点作大切削量的刮削，使研点均匀。如加工工件有尺寸要求，应控制加工余量，以保证细刮和精刮达到尺寸精度要求。

（2）细刮　练习挑点，控制刀迹的长度，宽度以及刮点的准确性，要求达到 90%。

表 12-7 训练件规格及要求

训练件工件	材料	材料来源	件数	工时/h
铜轴承	ZCuSn10Pb1	备料（车加工）	1	6

（3）精刮　达到形位和尺寸精度要求配合研点每 25mm×25mm、8～12 个，点的分布要求在轴承中间少些，点要清晰，表面粗糙度 $R_a \leqslant 1.6\mu m$，无丝纹、振痕和明显落刀痕。

三、注意事项

1）操作姿势要正确。粗刮时用力不可太大，防止发生抖动，产生振痕，同时要控制加工余量，以保证细刮和精刮达到尺寸精度要求。

2）研点时，标准轴需配合轴颈作来回旋转，精刮时转动弧长应小于 25mm。

3）每刮一遍后，采用交叉刮削，避免刮面产生波纹，研点也不能成条状。

4）前后端约 1/3 轴承长度的研点应“硬”，而“密”些，中间研点可稍软些，以防止前后端磨损太快，也有利切削液进入，使轴工作稳定。

5）选择合适的切削角度，粗刮时前角大些，精刮时前角小些。精刮刀可使刀具处于负前角状态，这样刮出切屑极薄，不会产生凹痕。并注意刮点准确性。

6）使用三角刮刀时应注意安全。

本课题小结

通过平面、曲面刮削的练习，进一步提高保证加工产品的各项精度（尺寸精度、形位精度、研点精度、表面粗糙度值）的技能，并为刮研机床导轨奠定基础。

技能训练思考题

1. 平面刮削质量如何检验？
2. 在刮削原始平板中产生对角扭曲误差时你将用什么办法消除？
3. 试加工如图 12-25 所示的工件。

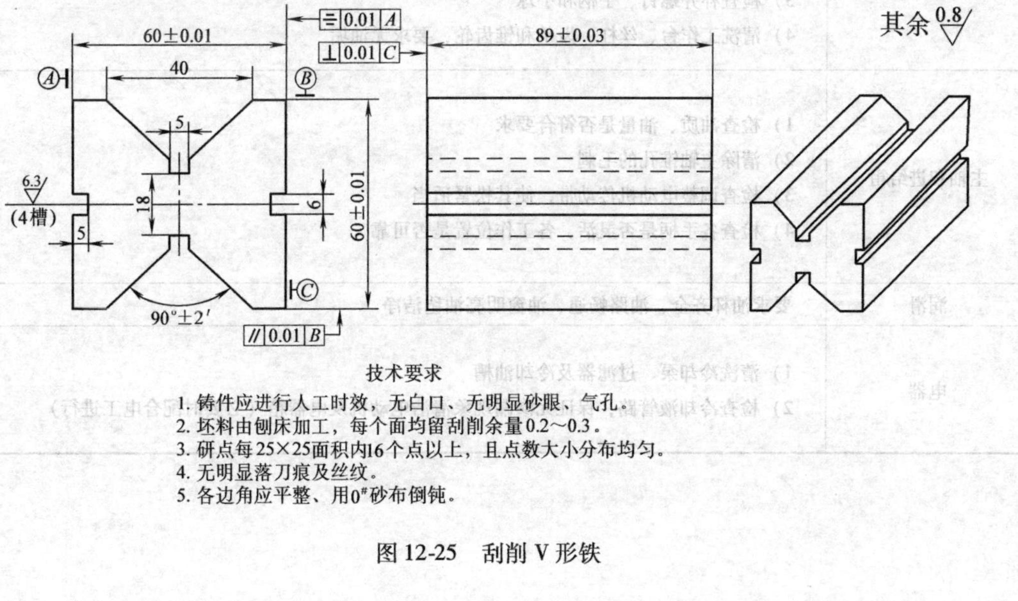

技术要求

1. 铸件应进行人工时效，无白口、无明显砂眼、气孔。
2. 坯料由刨床加工，每个面均留刮削余量 0.2～0.3。
3. 研点每 25×25 面积内16个点以上，且点数大小分布均匀。
4. 无明显落刀痕及丝纹。
5. 各边角应平整、用0#砂布倒钝。

图 12-25　刮削 V 形铁

附　录

附录A　钳工技能训练场地的规章制度

1）热爱集体，尊师守纪，团结同学，互帮互学，听从指挥，勤学苦练。

2）不迟到，不早退，不无故缺席，不擅自离开训练岗位，不擅自开动与自己训练工作无关的机床设备。

3）进入技能训练场地必须穿好工作服和工作鞋，女同学要戴好工作帽，操作机床时严禁戴手套。

4）离开使用的机床前应停机、关灯、切断电源，电器设备损坏应由专职电工进行维修，其他人员不得擅自拆动。

5）爱护设备及工、量具，工作场地要保持清洁整齐，每天下班应清理好个人用的工具并把工作场地打扫干净，做到文明生产。

附录B　立式钻床的一级保养（表1）

表1　立钻的一级保养内容和要求

保养部位	保养内容及要求
机床外表	1）清洗机床外表面及死角，拆洗各罩盖，要求内外清洁，无锈蚀、无“黄袍”，漆见本色，铁见亮 2）清除导轨面及工作台面上的磕碰毛刺 3）检查补齐螺钉、手柄和手球 4）清洗工作台、丝杠、齿条和锥齿轮，要求无油垢
主轴和进给箱	1）检查油质、油量是否符合要求 2）清除主轴锥孔的毛刺 3）检查调整电动机传动带，使其松紧适当 4）检查各手柄是否灵活，各工作位置是否可靠
润滑	要求油杯齐全、油路畅通、油窗明亮油毡洁净
电器	1）清洗冷却泵、过滤器及冷却油槽 2）检查冷却液管路，保证无渗漏现象清洁电动机及电器箱（必要时配合电工进行）

附录 C 攻螺纹底孔直径（表 2 ~ 表 4）

表 2 普通螺纹攻螺纹前钻底孔的钻头直径 （单位：mm）

螺纹直径 D	螺距 P	钻头直径 d_0 铸铁、青铜、黄铜	钻头直径 d_0 钢、可锻铸铁、紫铜、层压板
2	0.4	1.6	1.6
	0.25	1.75	1.75
2.5	0.45	2.05	2.05
	0.35	2.15	2.15
3	0.5	2.5	2.5
	0.35	2.65	2.65
4	0.7	3.3	3.3
	0.5	3.5	3.5
5	0.8	4.1	4.2
	0.5	4.5	4.5
6	1	4.9	5
	0.75	5.2	5.2
8	1.25	6.6	6.7
	1	6.9	7
	0.75	7.1	7.2
10	1.5	8.4	8.5
	1.25	8.6	8.7
	1	8.9	9
	0.75	9.1	9.2
12	1.75	10.1	10.2
	1.5	10.4	10.5
	1.25	10.6	10.7
	1	10.9	11
14	2	11.8	12
	1.5	12.4	12.5
	1	12.9	13
16	2	13.8	14
	1.5	14.4	14.5
	1	14.9	15
18	2.5	15.3	15.5
	2	15.8	16
	1.5	16.4	16.5
	1	16.9	17
20	2.5	17.3	17.5
	2	17.8	18
	1.5	18.4	18.5
	1	18.9	19
22	2.5	19.3	19.5
	2	19.8	20
	1.5	20.4	20.5
	1	20.9	21
24	3	20.7	21
	2	21.8	22
	1.5	22.4	22.5
	1	22.9	23

表 3　英制螺纹、圆柱管螺纹攻螺纹前钻底孔的钻头直径

英制螺纹				圆柱管螺纹		
螺纹直径/in	每英寸牙数	钻头直径/mm		螺纹直径/in	每英寸牙数	钻头直径/mm
		铸铁、青铜、黄铜	钢、可锻铸铁			
3/16	24	3.8	3.9	1/8	28	8.8
1/4	20	5.1	5.2	1/4	19	11.7
5/16	18	6.6	6.7	3/8	19	15.2
3/8	16	8	8.1	1/2	14	18.9
1/2	12	10.6	10.7	3/4	14	24.4
5/8	11	13.6	13.8	1	11	30.6
3/4	10	16.6	16.8	$1\frac{1}{4}$	11	39.2
7/8	9	19.5	19.7	$1\frac{3}{8}$	11	41.6
1	8	22.3	22.5	$1\frac{1}{2}$	11	45.1
$1\frac{1}{8}$	7	25	25.2			
$1\frac{1}{4}$	7	28.2	28.4			
$1\frac{1}{2}$	6	34	34.2			
$1\frac{3}{4}$	5	39.5	39.7			
2	$4\frac{1}{2}$	45.3	45.6			

表 4　圆锥管螺纹攻螺纹前钻底孔的钻头直径

55°圆锥管螺纹			60°圆锥管螺纹		
公称直径/in	每英寸牙数	钻头直径/mm	公称直径/in	每英寸牙数	钻头直径/mm
1/8	28	8.4	1/8	27	8.6
1/4	19	11.2	1/4	18	11.1
3/8	19	14.7	3/8	18	14.5
1/2	14	18.3	1/2	14	17.9
3/4	14	23.6	3/4	14	23.2
1	11	29.7	1	$11\frac{1}{2}$	29.2
$1\frac{1}{4}$	11	38.3	$1\frac{1}{4}$	$11\frac{1}{2}$	37.9
$1\frac{1}{2}$	11	44.1	$1\frac{1}{2}$	$11\frac{1}{2}$	43.9
2	11	55.8	2	$11\frac{1}{2}$	56

附录 D　套螺纹圆杆直径（表5）

表 5　板牙套螺纹时圆杆直径

粗牙普通螺纹				英制螺纹			圆柱管螺纹		
螺纹直径/mm	螺距/in	螺杆直径/in		螺纹直径/in	螺杆直径/mm		螺纹直径/in	管子外径/mm	
		最小直径	最大直径		最小直径	最大直径		最小直径	最大直径
M6	1	5.8	5.9	1/4	5.9	6	1/8	9.4	9.5
M8	1.25	7.8	7.9	5/16	7.4	7.6	1/4	12.7	13
M10	1.5	9.75	9.85	3/8	9	9.2	3/8	16.2	16.5
M12	1.75	11.75	11.9	1/2	12	12.2	1/2	20.5	20.8
M14	2	13.7	13.85	—	—	—	5/8	22.5	22.8
M16	2	15.7	15.85	5/8	15.2	15.4	3/4	26	26.3
M18	2.5	17.7	17.85	—	—	—	7/8	29.8	30.1
M20	2.5	19.7	19.85	3/4	18.3	18.5	1	32.8	33.1
M22	2.5	21.7	21.85	7/8	21.4	21.6	$1\frac{1}{8}$	37.4	37.7
M24	3	23.65	23.8	1	24.5	24.8	$1\frac{1}{4}$	41.4	41.7
M27	3	26.65	26.8	$1\frac{1}{4}$	30.7	31	$1\frac{3}{8}$	43.8	44.1
M30	3.5	29.6	29.8	—	—	—	$1\frac{1}{2}$	47.3	47.6
M36	4	35.6	35.8	$1\frac{1}{2}$	37	37.3	—	—	—
M42	4.5	41.55	41.75	—	—	—	—	—	—
M48	5	47.5	47.7	—	—	—	—	—	—
M52	5	51.5	51.7	—	—	—	—	—	—
M60	5.5	59.45	59.7	—	—	—	—	—	—
M64	6	63.4	6.37	—	—	—	—	—	—
M68	6	67.4	67.7	—	—	—	—	—	—

参考文献

[1] 蒋增福，等. 钳工工艺与技能训练［M］. 北京：中国劳动社会保障出版社，2001.
[2] 叶春香. 钳工常识［M］. 北京：机械工业出版社，2005.
[3] 刘汉蓉，等. 钳工生产实习［M］. 北京：劳动人事出版社，1997.

读者信息反馈表

感谢您购买《钳工基本技能训练》一书。为了更好地为您服务，有针对性地为您提供图书信息，方便您选购合适图书，我们希望了解您的需求和对我们教材的意见和建议，愿这小小的表格为我们架起一座沟通的桥梁。

姓　名		所在单位名称	
性　别		所从事工作（或专业）	
通信地址		邮　编	
办公电话		移动电话	
E-mail			

1. 您选择图书时主要考虑的因素：（在相应项前面✓）

（　）出版社　　（　）内容　　（　）价格　　（　）封面设计　　（　）其他

2. 您选择我们图书的途径（在相应项前面✓）

（　）书目　　（　）书店　　（　）网站　　（　）朋友推介　　（　）其他

希望我们与您经常保持联系的方式：

☐电子邮件信息　　☐定期邮寄书目

☐通过编辑联络　　☐定期电话咨询

您关注（或需要）哪些类图书和教材：

您对我社图书出版有哪些意见和建议（可从内容、质量、设计、需求等方面谈）：

您今后是否准备出版相应的教材、图书或专著（请写出出版的专业方向、准备出版的时间、出版社的选择等）：

非常感谢您能抽出宝贵的时间完成这张调查表的填写并回寄给我们，您的意见和建议一经采纳，我们将有礼品回赠。我们愿以真诚的服务回报您对机械工业出版社技能教育分社的关心和支持。

请联系我们——

地　　址　北京市西城区百万庄大街 22 号　机械工业出版社技能教育分社

邮　　编　100037

社长电话　(010) 88379080　88379083　68329397（带传真）

E-mail　jnfs@ mail. machineinfo. gov. cn